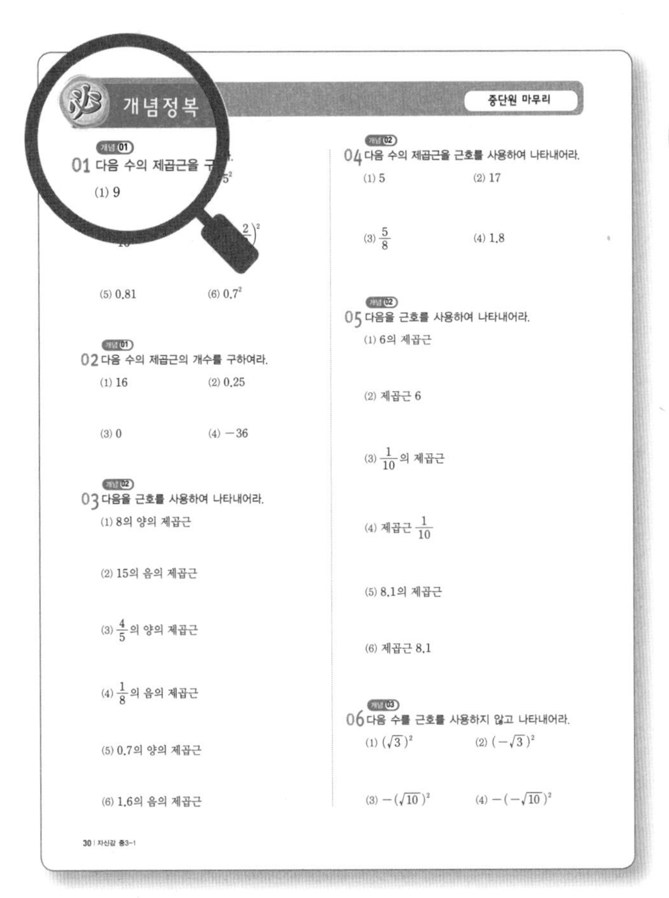
개념정복

중단원 마무리

개념 01

01 다음 수의 제곱근을 구하여라.

(1) 9

(5) 0.81 (6) 0.7^2

개념 01

02 다음 수의 제곱근의 개수를 구하여라.

(1) 16 (2) 0.25

(3) 0 (4) -36

개념 02

03 다음을 근호를 사용하여 나타내어라.

(1) 8의 양의 제곱근

(2) 15의 음의 제곱근

(3) $\frac{4}{5}$의 양의 제곱근

(4) $\frac{1}{8}$의 음의 제곱근

(5) 0.7의 양의 제곱근

(6) 1.6의 음의 제곱근

개념 02

04 다음 수의 제곱근을 근호를 사용하여 나타내어라.

(1) 5 (2) 17

(3) $\frac{5}{8}$ (4) 1.8

개념 02

05 다음을 근호를 사용하여 나타내어라.

(1) 6의 제곱근

(2) 제곱근 6

(3) $\frac{1}{10}$의 제곱근

(4) 제곱근 $\frac{1}{10}$

(5) 8.1의 제곱근

(6) 제곱근 8.1

개념 03

06 다음 수를 근호를 사용하지 않고 나타내어라.

(1) $(\sqrt{3})^2$ (2) $(-\sqrt{3})^2$

(3) $-(\sqrt{10})^2$ (4) $-(-\sqrt{10})^2$

30 | 자신감 중3-1

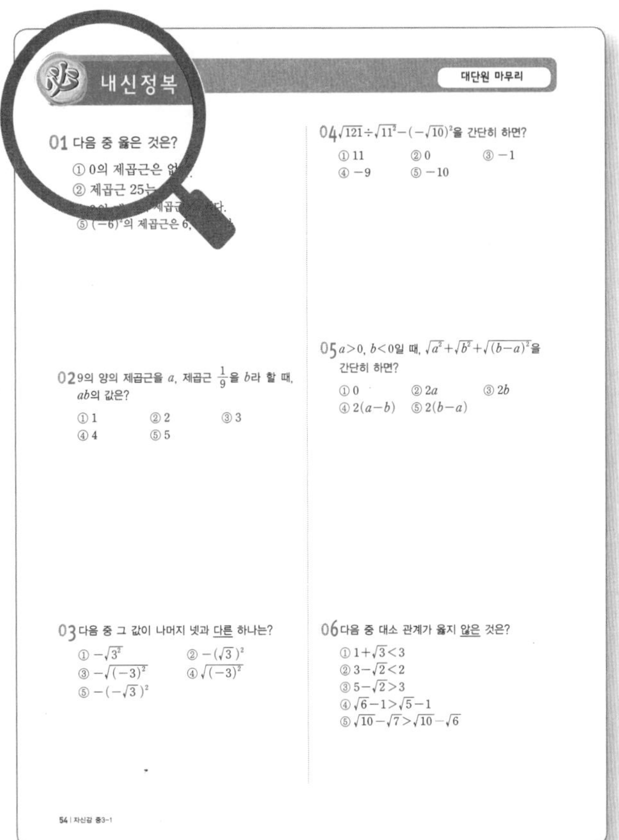
내신정복

대단원 마무리

01 다음 중 옳은 것은?

① 0의 제곱근은 없다.

② 제곱근 25는 …

⑤ $(-6)^2$의 제곱근은 6, …

02 9의 양의 제곱근을 a, 제곱근 $\frac{1}{9}$을 b라 할 때, ab의 값은?

① 1 ② 2 ③ 3 ④ 4 ⑤ 5

03 다음 중 그 값이 나머지 넷과 다른 하나는?

① $-\sqrt{3^2}$ ② $-(\sqrt{3})^2$ ③ $-\sqrt{(-3)^2}$ ④ $\sqrt{(-3)^2}$ ⑤ $-(-\sqrt{3})^2$

04 $\sqrt{121}\div\sqrt{11^2}-(-\sqrt{10})^2$을 간단히 하면?

① 11 ② 0 ③ -1 ④ -9 ⑤ -10

05 $a>0$, $b<0$일 때, $\sqrt{a^2}+\sqrt{b^2}+\sqrt{(b-a)^2}$을 간단히 하면?

① 0 ② $2a$ ③ $2b$ ④ $2(a-b)$ ⑤ $2(b-a)$

06 다음 중 대소 관계가 옳지 않은 것은?

① $1+\sqrt{3}<3$ ② $3-\sqrt{2}<2$ ③ $5-\sqrt{2}>3$ ④ $\sqrt{6}-1>\sqrt{5}-1$ ⑤ $\sqrt{10}-\sqrt{7}>\sqrt{10}-\sqrt{6}$

54 | 자신감 중3-1

앞에서 배운 내용을 중단원별로 다시 한 번 학습함으로써 개념을 확실히 정복할 수 있도록 하였습니다.

실전 예상 문제를 풀어봄으로써 학교 시험을 완벽 대비할 수 있도록 하였습니다.

차례

Contents

중학수학

절대강자

개념에 강하다! **연산**에 강하다!

개념 + 연산

3·1

Construction & Feature

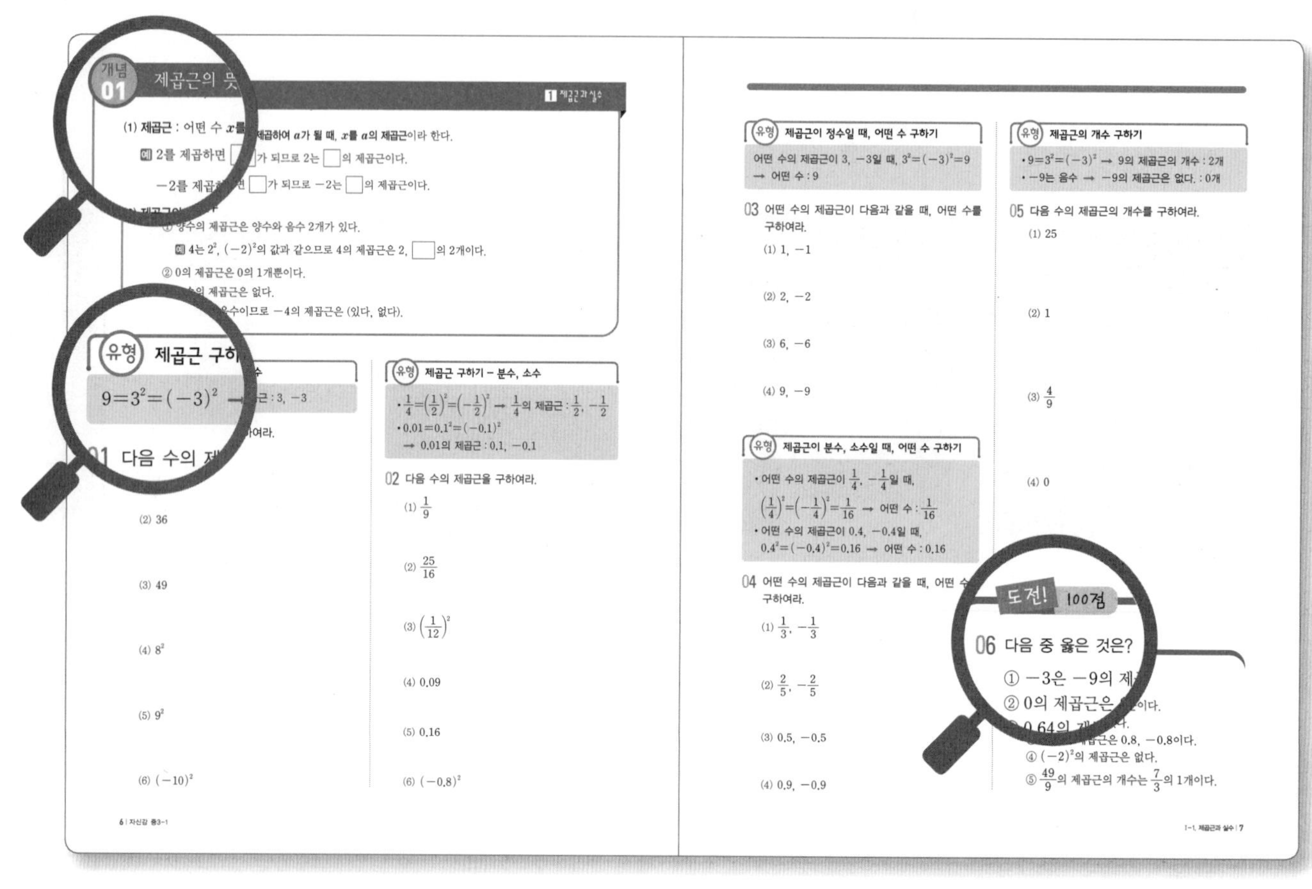

개념 01 제곱근의 뜻

(1) 제곱근 : 어떤 수 x를 제곱하여 a가 될 때, x를 a의 제곱근이라 한다.

예 2를 제곱하면 □가 되므로 2는 □의 제곱근이다.

-2를 제곱하면 □가 되므로 -2는 □의 제곱근이다.

① 양수의 제곱근은 양수와 음수 2개가 있다.

예 4는 2^2, $(-2)^2$의 값과 같으므로 4의 제곱근은 2, □의 2개이다.

② 0의 제곱근은 0의 1개뿐이다.

예 -4는 음수이므로 -4의 제곱근은 (있다, 없다).

유형 제곱근 구하기

$9=3^2=(-3)^2$ → 9의 제곱근 : 3, -3

01 다음 수의 제곱근을 구하여라.

(2) 36

(3) 49

(4) 8^2

(5) 9^2

(6) $(-10)^2$

유형 제곱근 구하기 – 분수, 소수

• $\frac{1}{4}=\left(\frac{1}{2}\right)^2=\left(-\frac{1}{2}\right)^2$ → $\frac{1}{4}$의 제곱근 : $\frac{1}{2}$, $-\frac{1}{2}$

• $0.01=0.1^2=(-0.1)^2$ → 0.01의 제곱근 : 0.1, -0.1

02 다음 수의 제곱근을 구하여라.

(1) $\frac{1}{9}$

(2) $\frac{25}{16}$

(3) $\left(\frac{1}{12}\right)^2$

(4) 0.09

(5) 0.16

(6) $(-0.8)^2$

유형 제곱근이 정수일 때, 어떤 수 구하기

어떤 수의 제곱근이 3, -3일 때, $3^2=(-3)^2=9$ → 어떤 수 : 9

03 어떤 수의 제곱근이 다음과 같을 때, 어떤 수를 구하여라.

(1) 1, -1

(2) 2, -2

(3) 6, -6

(4) 9, -9

유형 제곱근이 분수, 소수일 때, 어떤 수 구하기

• 어떤 수의 제곱근이 $\frac{1}{4}$, $-\frac{1}{4}$일 때, $\left(\frac{1}{4}\right)^2=\left(-\frac{1}{4}\right)^2=\frac{1}{16}$ → 어떤 수 : $\frac{1}{16}$

• 어떤 수의 제곱근이 0.4, -0.4일 때, $0.4^2=(-0.4)^2=0.16$ → 어떤 수 : 0.16

04 어떤 수의 제곱근이 다음과 같을 때, 어떤 수를 구하여라.

(1) $\frac{1}{3}$, $-\frac{1}{3}$

(2) $\frac{2}{5}$, $-\frac{2}{5}$

(3) 0.5, -0.5

(4) 0.9, -0.9

유형 제곱근의 개수 구하기

• $9=3^2=(-3)^2$ → 9의 제곱근의 개수 : 2개

• -9는 음수 → -9의 제곱근은 없다. : 0개

05 다음 수의 제곱근의 개수를 구하여라.

(1) 25

(2) 1

(3) $\frac{4}{9}$

(4) 0

도전! 100점

06 다음 중 옳은 것은?

① -3은 -9의 제곱근이다.

② 0의 제곱근은 없다.

③ 0.64의 제곱근은 0.8, -0.8이다.

④ $(-2)^2$의 제곱근은 없다.

⑤ $\frac{49}{9}$의 제곱근의 개수는 $\frac{7}{3}$의 1개이다.

6 | 자신감 중3-1

I-1. 제곱근과 실수 | 7

단원별로 꼭 알아야 하는 기본 개념을 알기 쉽게 정리한 예를 통하여 다시 한 번 확인할 수 있도록 하였습니다.

도전! 100점

유형별로 개념을 익힌 후 시험에 나오는 형태의 문제를 풀어 볼 수 있도록 하였습니다.

개념을 유형별로 세분화하여 단계별 학습을 할 수 있도록 설계하였습니다.

또한, 유형별 기초 연산 문제를 반복적으로 풀어 보면서 개념을 확실히 익힐 수 있도록 하였습니다.

I 제곱근과 실수

이 단원에서 공부해야 할 필수 개념

개념 01 제곱근의 뜻

(1) **제곱근** : 어떤 수 x를 제곱하여 a가 될 때, x를 a의 제곱근이라 한다.

예 2를 제곱하면 ☐가 되므로 2는 ☐의 제곱근이다.

-2를 제곱하면 ☐가 되므로 -2는 ☐의 제곱근이다.

(2) **제곱근의 개수**

① 양수의 제곱근은 양수와 음수 2개가 있다.

예 4는 2^2, $(-2)^2$의 값과 같으므로 4의 제곱근은 2, ☐의 2개이다.

② 0의 제곱근은 0의 1개뿐이다.

③ 음수의 제곱근은 없다.

예 -4는 음수이므로 -4의 제곱근은 (있다, 없다).

유형 제곱근 구하기 – 자연수

$9=3^2=(-3)^2$ → 9의 제곱근 : 3, -3

01 다음 수의 제곱근을 구하여라.

(1) 16

(2) 36

(3) 49

(4) 8^2

(5) 9^2

(6) $(-10)^2$

유형 제곱근 구하기 – 분수, 소수

• $\frac{1}{4}=\left(\frac{1}{2}\right)^2=\left(-\frac{1}{2}\right)^2$ → $\frac{1}{4}$의 제곱근 : $\frac{1}{2}$, $-\frac{1}{2}$

• $0.01=0.1^2=(-0.1)^2$

→ 0.01의 제곱근 : 0.1, -0.1

02 다음 수의 제곱근을 구하여라.

(1) $\frac{1}{9}$

(2) $\frac{25}{16}$

(3) $\left(\frac{1}{12}\right)^2$

(4) 0.09

(5) 0.16

(6) $(-0.8)^2$

유형 제곱근이 정수일 때, 어떤 수 구하기

어떤 수의 제곱근이 3, -3일 때, $3^2=(-3)^2=9$
→ 어떤 수 : 9

03 어떤 수의 제곱근이 다음과 같을 때, 어떤 수를 구하여라.

(1) 1, -1

(2) 2, -2

(3) 6, -6

(4) 9, -9

유형 제곱근이 분수, 소수일 때, 어떤 수 구하기

- 어떤 수의 제곱근이 $\frac{1}{4}$, $-\frac{1}{4}$일 때,
  $\left(\frac{1}{4}\right)^2=\left(-\frac{1}{4}\right)^2=\frac{1}{16}$ → 어떤 수 : $\frac{1}{16}$
- 어떤 수의 제곱근이 0.4, -0.4일 때,
  $0.4^2=(-0.4)^2=0.16$ → 어떤 수 : 0.16

04 어떤 수의 제곱근이 다음과 같을 때, 어떤 수를 구하여라.

(1) $\frac{1}{3}$, $-\frac{1}{3}$

(2) $\frac{2}{5}$, $-\frac{2}{5}$

(3) 0.5, -0.5

(4) 0.9, -0.9

유형 제곱근의 개수 구하기

- $9=3^2=(-3)^2$ → 9의 제곱근의 개수 : 2개
- -9는 음수 → -9의 제곱근은 없다. : 0개

05 다음 수의 제곱근의 개수를 구하여라.

(1) 25

(2) 1

(3) $\frac{4}{9}$

(4) 0

(5) -16

도전! 100점

06 다음 중 옳은 것은?

① -3은 -9의 제곱근이다.
② 0의 제곱근은 없다.
③ 0.64의 제곱근은 0.8, -0.8이다.
④ $(-2)^2$의 제곱근은 없다.
⑤ $\frac{49}{9}$의 제곱근의 개수는 $\frac{7}{3}$의 1개이다.

개념 02 제곱근의 표현

(1) **제곱근의 표현** : 제곱근을 나타내기 위해 근호($\sqrt{\ }$)를 사용하고, $\sqrt{a}$를 「**제곱근 a**」 또는 「**루트(root) a**」라 읽는다. 예 $\sqrt{3}$ ➡ 제곱근 3, 루트 3

(2) **$a(a>0)$의 제곱근** : $\pm\sqrt{a}$ $\begin{cases} \sqrt{a} : a\text{의 양의 제곱근} \\ -\sqrt{a} : a\text{의 음의 제곱근} \end{cases}$

예 2의 제곱근은 ±☐이고 $\sqrt{2}$는 2의 양의 제곱근, $-\sqrt{2}$는 2의 음의 제곱근이다.

(3) **제곱근 $a(a>0)$** : a의 제곱근 중 양의 제곱근인 $\sqrt{a}$를 **제곱근 a**라 한다.

예 3의 제곱근 중 양의 제곱근인 ☐을 제곱근 ☐이라 한다.

유형 양의 제곱근, 음의 제곱근 – 자연수

- 3의 양의 제곱근 → $\sqrt{3}$
- 3의 음의 제곱근 → $-\sqrt{3}$

01 다음을 근호를 사용하여 나타내어라.

(1) 5의 양의 제곱근

(2) 6의 양의 제곱근

(3) 12의 양의 제곱근

(4) 7의 음의 제곱근

(5) 10의 음의 제곱근

(6) 24의 음의 제곱근

유형 양의 제곱근, 음의 제곱근 – 분수, 소수

- $\frac{1}{2}$의 양의 제곱근 → $\sqrt{\frac{1}{2}}$
- $\frac{1}{2}$의 음의 제곱근 → $-\sqrt{\frac{1}{2}}$
- 0.1의 양의 제곱근 → $\sqrt{0.1}$
- 0.1의 음의 제곱근 → $-\sqrt{0.1}$

02 다음을 근호를 사용하여 나타내어라.

(1) $\frac{1}{3}$의 양의 제곱근

(2) $\frac{3}{4}$의 양의 제곱근

(3) 0.2의 양의 제곱근

(4) $\frac{2}{5}$의 음의 제곱근

(5) 0.5의 음의 제곱근

(6) 1.4의 음의 제곱근

유형 제곱근 구하기

- 3의 제곱근 : $\sqrt{3}$, $-\sqrt{3}$ → $\pm\sqrt{3}$
- $\frac{1}{2}$의 제곱근 : $\sqrt{\frac{1}{2}}$, $-\sqrt{\frac{1}{2}}$ → $\pm\sqrt{\frac{1}{2}}$
- 0.3의 제곱근 : $\sqrt{0.3}$, $-\sqrt{0.3}$ → $\pm\sqrt{0.3}$

03 다음 수의 제곱근을 근호를 사용하여 나타내어라.

(1) 5

(2) 12

(3) 20

(4) 45

(5) $\frac{7}{6}$

(6) $\frac{21}{10}$

(7) 2.55

(8) 3.14

유형 a의 제곱근, 제곱근 a 구하기

- 5의 제곱근 : $\pm\sqrt{5}$ • 제곱근 5 : $\sqrt{5}$
- $\frac{1}{3}$의 제곱근 : $\pm\sqrt{\frac{1}{3}}$ • 제곱근 $\frac{1}{3}$: $\sqrt{\frac{1}{3}}$
- 0.4의 제곱근 : $\pm\sqrt{0.4}$ • 제곱근 0.4 : $\sqrt{0.4}$

04 다음 수의 제곱근을 근호를 사용하여 나타내어라.

(1) 8의 제곱근

(2) 제곱근 8

(3) $\frac{15}{7}$의 제곱근

(4) 제곱근 $\frac{15}{7}$

(5) 1.6의 제곱근

(6) 제곱근 1.6

도전! 100점

05 다음 중 나머지 넷과 값이 다른 하나는?

① 제곱근 3
② 3 또는 -3
③ 9의 제곱근
④ 제곱하여 9가 되는 수
⑤ $x^2=9$를 만족하는 x의 값

06 4의 양의 제곱근을 a, 제곱근 $\frac{1}{4}$을 b라 할 때, ab의 값은?

① 1 ② 2 ③ 3
④ 4 ⑤ 5

개념 03 제곱근의 성질(1)

(1) **제곱근의 제곱 계산하기** : $a>0$일 때, $(\sqrt{a})^2=a$, $(-\sqrt{a})^2=a$

예 $(\sqrt{3})^2=\square$, $(-\sqrt{3})^2=\square$

(2) **제곱의 제곱근 계산하기** : $a>0$일 때, $\sqrt{a^2}=a$, $\sqrt{(-a)^2}=a$

예 $\sqrt{3^2}=\square$, $\sqrt{(-3)^2}=\square$

유형 제곱근의 제곱 계산하기(1)

• $a>0$일 때, $(\sqrt{a})^2=a$, $(-\sqrt{a})^2=a$
→ $(\sqrt{2})^2=2$, $(-\sqrt{2})^2=2$

01 다음 수를 근호를 사용하지 않고 나타내어라.

(1) $(\sqrt{6})^2$

(2) $(\sqrt{7})^2$

(3) $(-\sqrt{10})^2$

(4) $(-\sqrt{11})^2$

(5) $-(\sqrt{5})^2$

(6) $-(\sqrt{8})^2$

(7) $-(-\sqrt{12})^2$

(8) $-(-\sqrt{15})^2$

유형 제곱근의 제곱 계산하기(2)

• $a>0$일 때, $(\sqrt{a})^2=a$, $(-\sqrt{a})^2=a$
→ $\left(\sqrt{\frac{1}{2}}\right)^2=\frac{1}{2}$, $\left(-\sqrt{\frac{1}{2}}\right)^2=\frac{1}{2}$
$(\sqrt{0.2})^2=0.2$, $(-\sqrt{0.2})^2=0.2$

02 다음 수를 근호를 사용하지 않고 나타내어라.

(1) $\left(\sqrt{\frac{1}{3}}\right)^2$

(2) $\left(-\sqrt{\frac{1}{5}}\right)^2$

(3) $-\left(\sqrt{\frac{5}{7}}\right)^2$

(4) $(\sqrt{0.3})^2$

(5) $(-\sqrt{0.7})^2$

(6) $-(-\sqrt{3.6})^2$

유형 제곱의 제곱근 계산하기

• $a>0$일 때, $\sqrt{a^2}=a$, $\sqrt{(-a)^2}=a$
→ $\sqrt{2^2}=2$, $\sqrt{(-2)^2}=2$
$\sqrt{\left(\frac{1}{2}\right)^2}=\frac{1}{2}$, $\sqrt{\left(-\frac{1}{2}\right)^2}=\frac{1}{2}$
$\sqrt{0.2^2}=0.2$, $\sqrt{(-0.2)^2}=0.2$

03 다음 수를 근호를 사용하지 않고 나타내어라.

(1) $\sqrt{6^2}$

(2) $\sqrt{(-7)^2}$

(3) $-\sqrt{14^2}$

(4) $-\sqrt{(-18)^2}$

(5) $\sqrt{\left(-\frac{3}{5}\right)^2}$

(6) $-\sqrt{\left(\frac{1}{7}\right)^2}$

(7) $\sqrt{(-1.7)^2}$

(8) $-\sqrt{(-3.2)^2}$

04 다음 수를 근호를 사용하지 않고 나타내어라.

(1) $\sqrt{9}$

(2) $\sqrt{25}$

(3) $-\sqrt{36}$

(4) $-\sqrt{81}$

(5) $\sqrt{\frac{49}{4}}$

(6) $-\sqrt{\frac{4}{25}}$

(7) $-\sqrt{0.16}$

(8) $\sqrt{1.21}$

유형 제곱근의 성질을 이용한 덧셈

- $(\sqrt{3})^2+(\sqrt{5})^2$ → $3+5=8$
- $\sqrt{6^2}+\sqrt{(-9)^2}$ → $6+9=15$
- $\sqrt{25}+\sqrt{2^2}=\sqrt{5^2}+\sqrt{2^2}$ → $5+2=7$

05 다음을 계산하여라.

(1) $(\sqrt{2})^2+(\sqrt{3})^2$

(2) $\sqrt{5^2}+\sqrt{7^2}$

(3) $\sqrt{(-8)^2}+\sqrt{49}$

(4) $\sqrt{16}+\sqrt{25}$

(5) $(\sqrt{6})^2+\sqrt{(-7)^2}$

(6) $\sqrt{(-3)^2}+(-\sqrt{8})^2$

유형 제곱근의 성질을 이용한 뺄셈

- $(\sqrt{4})^2-(-\sqrt{3})^2$ → $4-3=1$
- $\sqrt{(-12)^2}-\sqrt{9^2}$ → $12-9=3$
- $\sqrt{36}-(-\sqrt{7})^2=\sqrt{6^2}-(-\sqrt{7})^2$
  → $6-7=-1$

06 다음을 계산하여라.

(1) $(\sqrt{10})^2-(-\sqrt{8})^2$

(2) $\sqrt{8^2}-\sqrt{(-5)^2}$

(3) $\sqrt{64}-(-\sqrt{5})^2$

(4) $\sqrt{100}-\sqrt{81}$

(5) $\sqrt{(-5)^2}-(-\sqrt{7})^2$

(6) $(-\sqrt{6})^2-\sqrt{(-10)^2}$

유형 제곱근의 성질을 이용한 곱셈

- $(\sqrt{2})^2\times(-\sqrt{4})^2 \rightarrow 2\times4=8$
- $\sqrt{\left(\frac{3}{2}\right)^2}\times\sqrt{\left(-\frac{4}{3}\right)^2} \rightarrow \frac{3}{2}\times\frac{4}{3}=2$
- $\sqrt{0.3^2}\times\sqrt{100}=\sqrt{0.3^2}\times\sqrt{10^2} \rightarrow 0.3\times10=3$

07 다음을 계산하여라.

(1) $\left(\sqrt{\frac{2}{5}}\right)^2\times(-\sqrt{5})^2$

(2) $\sqrt{\left(-\frac{7}{3}\right)^2}\times\sqrt{\left(\frac{3}{2}\right)^2}$

(3) $\sqrt{(-2)^2}\times\sqrt{0.25}$

(4) $\sqrt{\frac{9}{4}}\times\sqrt{4}$

(5) $\sqrt{36}\times\left(-\sqrt{\frac{2}{3}}\right)^2$

(6) $\left(-\sqrt{\frac{4}{15}}\right)^2\times\sqrt{\frac{25}{4}}$

유형 제곱근의 성질을 이용한 나눗셈

- $(-\sqrt{12})^2\div(\sqrt{2})^2 \rightarrow 12\div2=6$
- $\sqrt{\left(-\frac{4}{3}\right)^2}\div\sqrt{\frac{4}{9}}=\sqrt{\left(-\frac{4}{3}\right)^2}\div\sqrt{\left(\frac{2}{3}\right)^2}$
  $=\frac{4}{3}\div\frac{2}{3} \rightarrow \frac{4}{3}\times\frac{3}{2}=2$

08 다음을 계산하여라.

(1) $(-\sqrt{4})^2\div\left(\sqrt{\frac{4}{3}}\right)^2$

(2) $\sqrt{9^2}\div\sqrt{(-3)^2}$

(3) $\sqrt{\left(\frac{5}{6}\right)^2}\div\sqrt{\frac{1}{36}}$

(4) $(\sqrt{0.2})^2\div\sqrt{\left(-\frac{1}{10}\right)^2}$

도전! 100점

09 다음 중 그 값이 나머지 넷과 다른 하나는?

① $-\sqrt{2^2}$　② $-(\sqrt{2})^2$　③ $-\sqrt{(-2)^2}$
④ $\sqrt{(-2)^2}$　⑤ $-(-\sqrt{2})^2$

10 $\sqrt{81}\div\sqrt{(-3)^2}-\sqrt{(-4)^2}\times\left(-\sqrt{\frac{3}{4}}\right)^2$을 계산하면?

① -6　② -3　③ 0
④ 3　⑤ 6

개념 04 제곱근의 성질(2)

근호 안에 문자나 식이 있는 경우는 다음과 같이 풀어준다.

$$\sqrt{a^2}=|a|\begin{cases} a\ (a\geq 0\text{일 때}) \\ -a\ (a<0\text{일 때}) \end{cases}$$

예 $a>0$일 때, $6a>0$이므로 $\sqrt{(6a)^2}=|6a|=$ ☐

$a<0$일 때, $4a<0$이므로 $\sqrt{(4a)^2}=|4a|=$ ☐

유형 $a>0$일 때, $\sqrt{a^2}$의 꼴 간단히 하기

• $a>0$일 때

→ $\sqrt{(2a)^2}=|\underset{\oplus}{2a}|=\underset{\oplus}{2a}$

$\sqrt{(-2a)^2}=|\underset{\ominus}{-2a}|=\underset{\oplus}{-(-2a)}=2a$

01 다음을 근호를 사용하지 않고 나타내어라.

(1) $a>0$일 때, $\sqrt{(3a)^2}$

(2) $a>0$일 때, $\sqrt{(5a)^2}$

(3) $a>0$일 때, $-\sqrt{(8a)^2}$

(4) $a>0$일 때, $\sqrt{(-9a)^2}$

(5) $a>0$일 때, $\sqrt{(-10a)^2}$

(6) $a>0$일 때, $-\sqrt{(-4a)^2}$

유형 $a<0$일 때, $\sqrt{a^2}$의 꼴 간단히 하기

• $a<0$일 때

→ $\sqrt{(2a)^2}=|\underset{\ominus}{2a}|=\underset{\oplus}{-2a}$

$\sqrt{(-2a)^2}=|\underset{\oplus}{-2a}|=\underset{\oplus}{-2a}$

02 다음을 근호를 사용하지 않고 나타내어라.

(1) $a<0$일 때, $\sqrt{(4a)^2}$

(2) $a<0$일 때, $\sqrt{(7a)^2}$

(3) $a<0$일 때, $-\sqrt{(9a)^2}$

(4) $a<0$일 때, $\sqrt{(-11a)^2}$

(5) $a<0$일 때, $\sqrt{(-15a)^2}$

(6) $a<0$일 때, $-\sqrt{(-3a)^2}$

유형 $a>b$일 때, $\sqrt{(a-b)^2}$의 꼴 간단히 하기

• $x>3$일 때

→ $\sqrt{(x-3)^2}=|\underset{\oplus}{x-3}|=\underset{\oplus}{x-3}$

$\sqrt{(3-x)^2}=|\underset{\ominus}{3-x}|=-\underset{\oplus}{(3-x)}=x-3$

03 다음을 근호를 사용하지 않고 나타내어라.

(1) $x>2$일 때, $\sqrt{(x-2)^2}$

(2) $x>2$일 때, $-\sqrt{(x-2)^2}$

(3) $x>2$일 때, $\sqrt{(2-x)^2}$

(4) $x>2$일 때, $-\sqrt{(2-x)^2}$

(5) $x>-1$일 때, $\sqrt{(x+1)^2}$

(6) $x>-1$일 때, $-\sqrt{(x+1)^2}$

(7) $x>-3$일 때, $\sqrt{(x+3)^2}$

(8) $x>-3$일 때, $-\sqrt{(x+3)^2}$

유형 $a<b$일 때, $\sqrt{(a-b)^2}$의 꼴 간단히 하기

• $x<3$일 때

→ $\sqrt{(x-3)^2}=|\underset{\ominus}{x-3}|=-\underset{\oplus}{(x-3)}=3-x$

$\sqrt{(3-x)^2}=|\underset{\oplus}{3-x}|=\underset{\oplus}{3-x}$

04 다음을 근호를 사용하지 않고 나타내어라.

(1) $x<1$일 때, $\sqrt{(x-1)^2}$

(2) $x<1$일 때, $-\sqrt{(x-1)^2}$

(3) $x<2$일 때, $\sqrt{(2-x)^2}$

(4) $x<2$일 때, $-\sqrt{(2-x)^2}$

(5) $x<-4$일 때, $\sqrt{(x+4)^2}$

(6) $x<-4$일 때, $-\sqrt{(x+4)^2}$

도전! 100점

05 $a>0$일 때, $\sqrt{(-10a)^2}-\sqrt{(5a)^2}$을 근호를 사용하지 않고 나타내면?

① $-35a$ ② $-15a$ ③ $-10a$
④ $5a$ ⑤ $75a$

개념 05

제곱근의 대소 관계

(1) $a>0$, $b>0$일 때

① $\boldsymbol{a<b \Rightarrow \sqrt{a}<\sqrt{b}}$

예 $\sqrt{2}$와 $\sqrt{3}$의 크기를 비교하면 $2<3$이므로 $\sqrt{2}$ □ $\sqrt{3}$이다.

② $\boldsymbol{a<b \Rightarrow -\sqrt{a}>-\sqrt{b}}$

예 $2<3$이므로 $\sqrt{2}<\sqrt{3}$이다. 따라서 $-\sqrt{2}$ □ $-\sqrt{3}$이다.

(2) **$a>0$, $b>0$일 때, a와 $\sqrt{b}$의 대소 비교 방법**

① **$\sqrt{a^2}$과 $\sqrt{b}$를 비교** : $\sqrt{a^2}>\sqrt{b}$이면 $a>\sqrt{b}$

예 $\sqrt{3^2}=\sqrt{9}>\sqrt{8}$이므로 3 □ $\sqrt{8}$이다.

② **a^2과 b를 비교** : $a^2>b$이면 $a>\sqrt{b}$

예 $4^2>15$이므로 4 □ $\sqrt{15}$이다.

유형 $\sqrt{a}$와 $\sqrt{b}$의 대소 비교(1)

• $\sqrt{3}$ □ $\sqrt{5}$ $\xrightarrow{3<5}$ $\sqrt{3}<\sqrt{5}$

01 다음 □ 안에 $<$ 또는 $>$를 써넣어라.

(1) $\sqrt{2}$ □ $\sqrt{6}$

(2) $\sqrt{8}$ □ $\sqrt{7}$

(3) $\sqrt{10}$ □ $\sqrt{5}$

(4) $\sqrt{15}$ □ $\sqrt{12}$

(5) $\sqrt{13}$ □ $\sqrt{14}$

(6) $\sqrt{18}$ □ $\sqrt{20}$

유형 $\sqrt{a}$와 $\sqrt{b}$의 대소 비교(2)

• $\sqrt{\frac{1}{2}}$ □ $\sqrt{\frac{1}{3}}$ $\xrightarrow{\frac{1}{2}=\frac{3}{6}>\frac{1}{3}=\frac{2}{6}}$ $\sqrt{\frac{1}{2}}>\sqrt{\frac{1}{3}}$

• $\sqrt{0.1}$ □ $\sqrt{0.4}$ $\xrightarrow{0.1<0.4}$ $\sqrt{0.1}<\sqrt{0.4}$

02 다음 □ 안에 $<$ 또는 $>$를 써넣어라.

(1) $\sqrt{\frac{1}{2}}$ □ $\sqrt{\frac{3}{2}}$

(2) $\sqrt{\frac{1}{3}}$ □ $\sqrt{\frac{1}{4}}$

(3) $\sqrt{0.2}$ □ $\sqrt{0.3}$

(4) $\sqrt{3.1}$ □ $\sqrt{2.5}$

유형 $-\sqrt{a}$와 $-\sqrt{b}$의 대소 비교(1)

• $-\sqrt{3}\ \square\ -\sqrt{5} \xrightarrow{3<5} \sqrt{3}<\sqrt{5}$
$\rightarrow -\sqrt{3}>-\sqrt{5}$

03 다음 □ 안에 < 또는 >를 써넣어라.

(1) $-\sqrt{2}\ \square\ -\sqrt{7}$

(2) $-\sqrt{8}\ \square\ -\sqrt{6}$

(3) $-\sqrt{10}\ \square\ -\sqrt{8}$

(4) $-\sqrt{5}\ \square\ -\sqrt{12}$

(5) $-\sqrt{11}\ \square\ -\sqrt{13}$

(6) $-\sqrt{18}\ \square\ -\sqrt{17}$

(7) $-\sqrt{28}\ \square\ -\sqrt{26}$

(8) $-\sqrt{24}\ \square\ -\sqrt{30}$

유형 $-\sqrt{a}$와 $-\sqrt{b}$의 대소 비교(2)

• $-\sqrt{\frac{1}{2}}\ \square\ -\sqrt{\frac{1}{3}} \xrightarrow{\frac{1}{2}=\frac{3}{6}>\frac{1}{3}=\frac{2}{6}} \sqrt{\frac{1}{2}}>\sqrt{\frac{1}{3}}$
$\rightarrow -\sqrt{\frac{1}{2}}<-\sqrt{\frac{1}{3}}$

• $-\sqrt{0.1}\ \square\ -\sqrt{0.4} \xrightarrow{0.1<0.4} \sqrt{0.1}<\sqrt{0.4}$
$\rightarrow -\sqrt{0.1}>-\sqrt{0.4}$

04 다음 □ 안에 < 또는 >를 써넣어라.

(1) $-\sqrt{\frac{2}{3}}\ \square\ -\sqrt{\frac{4}{3}}$

(2) $-\sqrt{\frac{1}{4}}\ \square\ -\sqrt{\frac{1}{6}}$

(3) $-\sqrt{\frac{1}{2}}\ \square\ -\sqrt{\frac{2}{3}}$

(4) $-\sqrt{0.3}\ \square\ -\sqrt{0.6}$

(5) $-\sqrt{1.7}\ \square\ -\sqrt{1.5}$

(6) $-\sqrt{6.3}\ \square\ -\sqrt{5.3}$

유형 a와 $\sqrt{b}$의 대소 비교

- $\sqrt{2}\square 2 \xrightarrow{2=\sqrt{4}} \sqrt{2}<\sqrt{4} \rightarrow \sqrt{2}<2$

05 다음 □ 안에 < 또는 >를 써넣어라.

(1) $\sqrt{3}\square 2$

(2) $\sqrt{17}\square 4$

(3) $3\square\sqrt{10}$

(4) $6\square\sqrt{34}$

(5) $\frac{1}{5}\square\sqrt{\frac{1}{5}}$

(6) $\sqrt{\frac{5}{9}}\square\frac{2}{3}$

(7) $0.3\square\sqrt{0.3}$

(8) $\sqrt{0.7}\square 0.7$

유형 $-a$와 $-\sqrt{b}$의 대소 비교

- $-\sqrt{2}\square -2 \xrightarrow{2=\sqrt{4}} \sqrt{2}<\sqrt{4} \rightarrow \sqrt{2}<2$
  $\rightarrow -\sqrt{2}>-2$

06 다음 □ 안에 < 또는 >를 써넣어라.

(1) $-\sqrt{5}\square -2$

(2) $-\sqrt{8}\square -3$

(3) $-4\square -\sqrt{17}$

(4) $-5\square -\sqrt{24}$

(5) $-\frac{1}{6}\square -\sqrt{\frac{1}{6}}$

(6) $-\sqrt{\frac{3}{4}}\square -\frac{1}{2}$

(7) $-0.2\square -\sqrt{0.2}$

(8) $-\sqrt{0.5}\square -0.5$

유형 세 수의 대소 비교

• $2, \sqrt{2}, \sqrt{5} \xrightarrow{2=\sqrt{4}} \sqrt{5}>2>\sqrt{2}$

07 다음 수들을 큰 수부터 차례로 나열하여라.

(1) $3, \sqrt{2}, \sqrt{3}$

(2) $5, \sqrt{27}, \sqrt{32}$

(3) $4, \sqrt{15}, \sqrt{17}$

(4) $6, \sqrt{50}, 7$

(5) $\sqrt{\frac{1}{3}}, \sqrt{\frac{1}{6}}, \frac{1}{5}$

(6) $\sqrt{\frac{3}{4}}, \sqrt{\frac{1}{4}}, \frac{3}{2}$

(7) $\sqrt{0.1}, 0.4, \sqrt{0.2}$

(8) $\sqrt{0.5}, 0.5, \sqrt{0.4}$

유형 부등식을 만족하는 자연수 x의 값 구하기

• $\sqrt{x}<2$에서 양변을 제곱하면
→ $x<4$
→ $\sqrt{x}<2$를 만족하는 자연수 x의 값 : 1, 2, 3

08 다음 부등식을 만족하는 자연수 x의 값을 모두 구하여라.

(1) $\sqrt{x}\le 1$

(2) $\sqrt{x}\le 2$

(3) $\sqrt{x}<3$

도전! 100점

09 다음 중 두 수의 대소 관계가 옳지 <u>않은</u> 것은?

① $\sqrt{6}<\sqrt{8}$ ② $-\sqrt{12}>-\sqrt{11}$
③ $\sqrt{\frac{1}{2}}>\sqrt{\frac{1}{3}}$ ④ $\sqrt{35}<6$
⑤ $-3<-\sqrt{6}$

10 다음 중 부등식 $2<\sqrt{x}<3$을 만족하는 자연수 x의 값이 <u>아닌</u> 것을 모두 고르면? (정답 2개)

① 3 ② 5 ③ 7
④ 8 ⑤ 9

개념 06 제곱수

(1) **제곱수** : 자연수의 제곱인 수를 제곱수라 한다.

예 1은 1^2, 4는 2^2, 9는 ☐의 값과 같으므로 1, 4, 9는 자연수의 제곱인 수이다.
따라서 1, 4, 9는 제곱수이다.

(2) **제곱수의 성질** : 제곱수를 소인수분해하면 소인수의 지수가 모두 짝수이다.

예 제곱수 16, 36을 각각 소인수분해하면 $16=2^4$, $36=2^2\times3^{\square}$이므로 소인수의 지수가 모두 짝수이다.

(3) 제곱수의 제곱근은 근호를 사용하지 않고 나타낼 수 있다. ➡ $\sqrt{(\text{제곱수})}=\sqrt{(\text{자연수})^2}=(\text{자연수})$

예 $\sqrt{16}=\sqrt{4^2}$이므로 $\sqrt{16}$은 근호를 사용하지 않고 ☐와 같이 나타낼 수 있다.

유형 $\sqrt{ax}$의 꼴을 자연수가 되게 하는 자연수 x

• $\sqrt{24x}=\sqrt{2^3\times3\times x}$ $\xrightarrow[\text{소인수 : 2, 3}]{\text{지수가 홀수인}}$ 가장 작은 $x=2\times3=6$

01 다음 수가 자연수가 되게 하는 가장 작은 자연수 x의 값을 구하여라.

(1) $\sqrt{3x}$

(2) $\sqrt{2^2\times7\times x}$

(3) $\sqrt{3^3\times5\times x}$

(4) $\sqrt{3\times7^3\times x}$

(5) $\sqrt{5^4\times7^3\times11\times x}$

(6) $\sqrt{2^6\times11^3\times13\times x}$

02 다음 수가 자연수가 되게 하는 가장 작은 자연수 x의 값을 구하여라.

(1) $\sqrt{8x}$

(2) $\sqrt{18x}$

(3) $\sqrt{30x}$

(4) $\sqrt{45x}$

(5) $\sqrt{104x}$

(6) $\sqrt{140x}$

유형 $\sqrt{\dfrac{a}{x}}$의 꼴을 자연수가 되게 하는 자연수 x

• $\sqrt{\dfrac{20}{x}}=\sqrt{\dfrac{2^2\times5}{x}}$ $\xrightarrow[\text{소인수 : 5}]{\text{지수가 홀수인}}$ 가장 작은 $x=5$

03 다음 수가 자연수가 되게 하는 가장 작은 자연수 x의 값을 구하여라.

(1) $\sqrt{\dfrac{2^4\times3}{x}}$

(2) $\sqrt{\dfrac{2^3\times5}{x}}$

(3) $\sqrt{\dfrac{3^3\times2\times7^2}{x}}$

(4) $\sqrt{\dfrac{5^3\times7\times11^2}{x}}$

04 다음 수가 자연수가 되게 하는 가장 작은 자연수 x의 값을 구하여라.

(1) $\sqrt{\dfrac{50}{x}}$

(2) $\sqrt{\dfrac{24}{x}}$

(3) $\sqrt{\dfrac{56}{x}}$

(4) $\sqrt{\dfrac{270}{x}}$

유형 제곱수를 이용하여 근호 없애기

• $\sqrt{5+x}$가 자연수가 되게 하는 가장 작은 자연수 x의 값을 구하면

→ $\sqrt{5+x}=\sqrt{9}$ $\quad\therefore x=4$(가장 작은 자연수)

$\sqrt{5+x}=\sqrt{16}$ $\quad\therefore x=11$

$\cdots \qquad \cdots$

05 다음 수가 자연수가 되게 하는 가장 작은 자연수 x의 값을 구하여라.

(1) $\sqrt{7+x}$

(2) $\sqrt{8-x}$

(3) $\sqrt{15-x}$

도전! 100점

06 $\sqrt{\dfrac{45}{2}x}$가 자연수가 되게 하는 가장 작은 자연수 x의 값은?

① 2 ② 5 ③ 10
④ 40 ⑤ 90

07 $\sqrt{72a}$와 $\sqrt{\dfrac{250}{b}}$이 모두 자연수가 되도록 하는 가장 작은 자연수 a와 가장 작은 자연수 b의 합을 구하면?

① 2 ② 10 ③ 12
④ 40 ⑤ 90

개념 07 무리수와 실수

(1) **무리수** : 유리수가 아닌 수, **순환하지 않는 무한소수**, 근호를 없앨 수 없는 수

예 $\sqrt{2}=1.414\cdots$, $\pi=3.141592\cdots$는 모두 순환하지 않는 무한소수이므로 (유리수, 무리수)이다.

(2) **소수의 분류** : 소수
- 유한소수 — 유리수
- 무한소수
  - 순환소수 — 유리수
  - 순환하지 않는 무한소수 – 무리수

(3) **실수** : **유리수와 무리수를 통틀어 실수**라 하고, 실수를 분류하면 다음과 같다.

- 실수
  - 유리수
    - 정수
      - 양의 정수(자연수) : $1, 2, 3, \cdots$
      - 0
      - 음의 정수 : $-1, -2, -3, \cdots$
    - 정수가 아닌 유리수 : $\frac{1}{2}, 0.4, 0.\dot{2}\dot{3}, \cdots$
  - 무리수(순환하지 않는 무한소수) : $\sqrt{2}, \sqrt{3}, \pi, 0.4276586329\cdots, \cdots$

유형 유리수와 무리수의 구분

- 유리수 : 정수, 분수, 유한소수, 순환소수
  → $-2, \frac{5}{3}, 3.7, 4.232323\cdots, \cdots$
- 무리수 : 순환하지 않는 무한소수, 근호를 없앨 수 없는 수 → $3.141592653\cdots, \sqrt{3}, \cdots$

01 다음 중 유리수는 '유', 무리수는 '무'를 써넣어라.

(1) 0 (　　)

(2) $\sqrt{5}$ (　　)

(3) $-\sqrt{25}$ (　　)

(4) $1.\dot{5}\dot{3}$ (　　)

(5) 2.524 (　　)

(6) $3.112123\cdots$ (　　)

(7) $\sqrt{\frac{9}{16}}$ (　　)

(8) $-\sqrt{\frac{27}{4}}$ (　　)

(9) $-\sqrt{0.4}$ (　　)

(10) $\sqrt{0.04}$ (　　)

(11) $\sqrt{0.\dot{4}}$ (　　)

(12) $\sqrt{1.\dot{2}}$ (　　)

02 다음 중 순환하지 않는 무한소수는 ○표, 아닌 것은 ×표 하여라.

(1) $\sqrt{6}$ (　　)

(2) $-\sqrt{9}$ (　　)

(3) $\sqrt{0}$ (　　)

(4) $0.\dot{2}$ (　　)

(5) $-\sqrt{\frac{16}{25}}$ (　　)

(6) $\sqrt{1.6}$ (　　)

(7) 3.14 (　　)

(8) π (　　)

(9) $\pi-2$ (　　)

(10) $4-\sqrt{49}$ (　　)

유형 무리수와 실수의 이해

- 실수
  - 유리수
    - 정수
      - 양의 정수(자연수)
      - 0
      - 음의 정수
    - 정수가 아닌 유리수
  - 무리수(순환하지 않는 무한소수)
- 유한소수, 순환소수 → 유리수
  순환하지 않는 무한소수 → 무리수

03 다음 설명 중 옳은 것은 ○표, 옳지 않은 것은 ×표 하여라.

(1) 유리수가 아닌 수를 무리수라 한다. (　　)

(2) 순환소수 중에는 무리수인 것도 있다. (　　)

(3) $\sqrt{3}$은 실수가 아니다. (　　)

(4) 유리수와 무리수를 통틀어 실수라 한다. (　　)

(5) 0은 유리수도 무리수도 아니다. (　　)

도전! 100점

04 다음 중 옳은 것을 모두 고르면?(정답 2개)

① $1+\sqrt{3}$은 실수이다.
② 무한소수는 무리수이다.
③ 근호가 있는 수는 모두 무리수이다.
④ $\sqrt{7}$은 순환하지 않는 무한소수이다.
⑤ 유리수이면서 무리수인 수는 0 뿐이다.

개념 08 제곱근표

(1) **제곱근표** : 1.00부터 99.9까지의 수에 대한 양의 제곱근의 값을 반올림하여 소수점 아래 셋째 자리까지 나타낸 표

(2) 제곱근표를 이용하여 제곱근의 값을 구할 때에는 제곱근표에서 **처음 두 자리 수의 가로줄**과 **끝자리 수의 세로줄**이 만나는 곳에 있는 수를 찾는다.

〈제곱근표 보는 방법〉

수	0	1	2	3	4	…
3.0	1.732	1.735	1.738	1.741	1.744	…
3.1	1.761	1.764	1.766	1.769	1.772	…
3.2	1.789	1.792	1.794	1.797	1.800	…
…	…	…	…	…	…	…

예 위의 제곱근표에서 $\sqrt{3.21}$의 값은 3.2의 가로줄과 1의 세로줄이 만나는 곳에 있는 수를 찾으면 되므로 ☐ 이다.

유형 제곱근표를 이용하여 제곱근의 값 구하기

• $\sqrt{2.12}$

수	0	1	2	…
2.0	1.414	1.418	1.421	…
2.1	1.449	1.453	1.456	…
2.2	1.483	1.487	1.490	…
…	…	…	…	…

2.1의 가로줄과 2의 세로줄이 만나는 곳 : 1.456
→ $\sqrt{2.12}=1.456$

01 제곱근표를 보고 다음 수의 값을 구하여라.

수	0	1	2	3	…
5.0	2.236	2.238	2.241	2.243	…
5.1	2.258	2.261	2.263	2.265	…
5.2	2.280	2.283	2.285	2.287	…
5.3	2.302	2.304	2.307	2.309	…
…	…	…	…	…	…

(1) $\sqrt{5}$

(2) $\sqrt{5.1}$

(3) $\sqrt{5.32}$

02 제곱근표를 보고 다음 수의 값을 구하여라.

수	5	6	7	8	9
2.5	1.597	1.600	1.603	1.606	1.609
2.6	1.628	1.631	1.634	1.637	1.640
2.7	1.658	1.661	1.664	1.667	1.670
2.8	1.688	1.691	1.694	1.697	1.700
2.9	1.718	1.720	1.723	1.726	1.729

(1) $\sqrt{2.56}$

(2) $\sqrt{2.65}$

(3) $\sqrt{2.78}$

(4) $\sqrt{2.87}$

(5) $\sqrt{2.95}$

(6) $\sqrt{2.99}$

03 $\sqrt{x}$의 값이 다음과 같을 때, 아래 제곱근표를 이용하여 x의 값을 구하여라.

수	0	1	2	3	4
10	3.162	3.178	3.194	3.209	3.225
11	3.317	3.332	3.347	3.362	3.376
12	3.464	3.479	3.493	3.507	3.521
13	3.606	3.619	3.633	3.647	3.661
14	3.742	3.755	3.768	3.782	3.795
15	3.873	3.886	3.899	3.912	3.924

(1) $\sqrt{x}=3.225$

(2) $\sqrt{x}=3.332$

(3) $\sqrt{x}=3.493$

(4) $\sqrt{x}=3.782$

(5) $\sqrt{x}=3.606$

(6) $\sqrt{x}=3.899$

04 01~03의 제곱근표를 보고 어림한 값을 이용하여 다음을 계산하시오.

(1) $\sqrt{5.02}+\sqrt{5.31}$

(2) $\sqrt{5.23}+\sqrt{2.89}$

(3) $\sqrt{11.4}+\sqrt{2.85}$

(4) $\sqrt{13.1}+\sqrt{5.01}$

(5) $\sqrt{10}+\sqrt{15.4}$

(6) $\sqrt{12.2}+\sqrt{14.3}$

도전! 100점

05 다음 제곱근표에서 $\sqrt{9.14}$를 어림한 값이 a이고, $\sqrt{b}$를 어림한 값이 3.053일 때, $100a+10b$의 값을 구하면?

수	0	1	2	3	4
9.1	3.017	3.018	3.020	3.022	3.023
9.2	3.033	3.035	3.036	3.038	3.040
9.3	3.050	3.051	3.053	3.055	3.056
9.4	3.066	3.068	3.069	3.071	3.072

① 390.2 ② 392.2 ③ 395.5
④ 400.1 ⑤ 402.3

개념 09 무리수를 수직선 위에 나타내기

① 수직선 위에 한 점(기준점)을 한 꼭짓점으로 하고 빗변의 길이가 $\sqrt{a}$인 직각이등변삼각형을 그린다.

② 기준점을 중심으로 하고 직각삼각형의 빗변을 반지름으로 하는 원을 그린다.

③ 원과 수직선이 만나는 점이 $\begin{cases} \text{오른쪽이면 (기준점의 좌표)} + \sqrt{a} \\ \text{왼쪽이면 (기준점의 좌표)} - \sqrt{a} \end{cases}$

예 $\triangle$OAB가 $\overline{OA}=\overline{AB}=1$인 직각이등변삼각형이고 $\overline{OB}=\overline{OP}=\overline{OQ}=$ ☐

기준점의 좌표가 0이므로 점 P의 좌표는 $\sqrt{2}$, 점 Q의 좌표는 ☐

유형 직각삼각형의 빗변의 길이 구하기

• 한 눈금의 길이가 1인 모눈종이 위의 직각삼각형 ABC에서

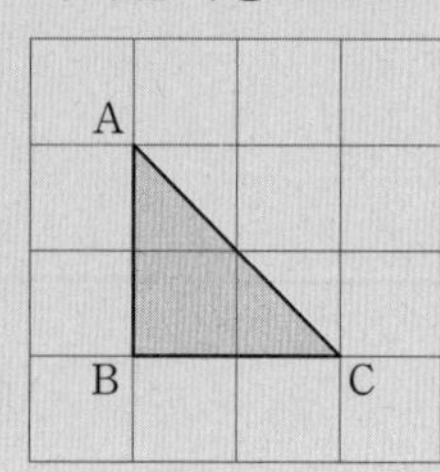

→ 피타고라스의 정리에 의하여

$\overline{AC}^2=2^2+2^2=8$

$\therefore \overline{AC}=\sqrt{8}$

$(\because \overline{AC}>0)$

01 다음 그림과 같이 한 눈금의 길이가 1인 모눈종이 위의 직각삼각형 ABC에 대하여 $\overline{AC}$의 길이를 구하여라.

(1)

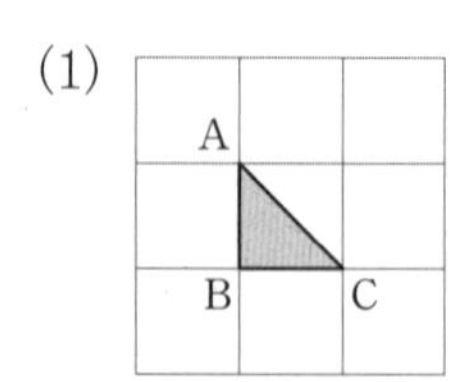

(2)

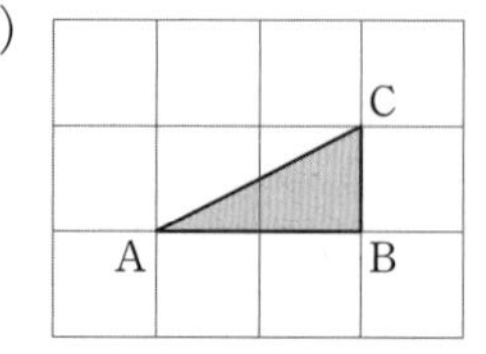

(3)

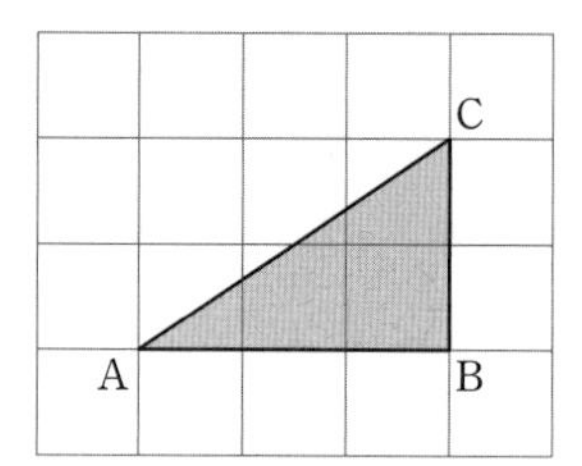

(4)

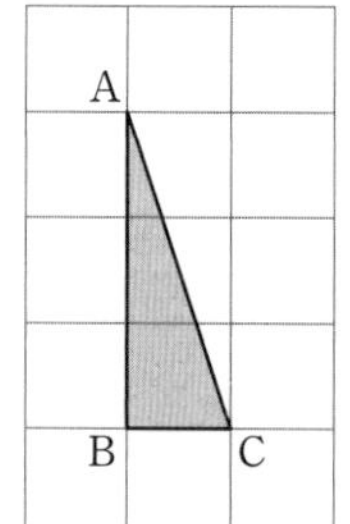

(5)

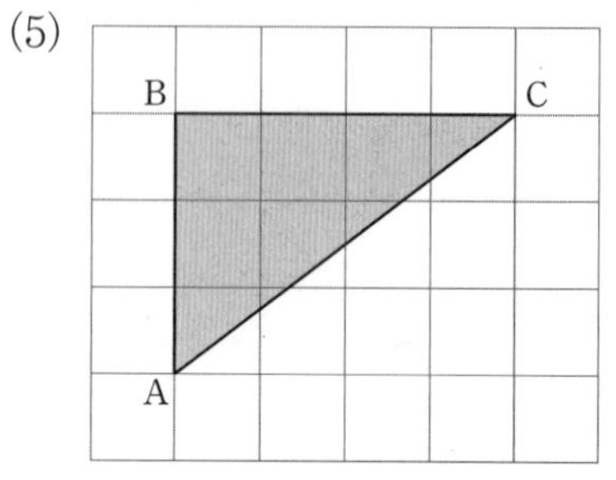

유형 무리수를 수직선 위에 나타내기

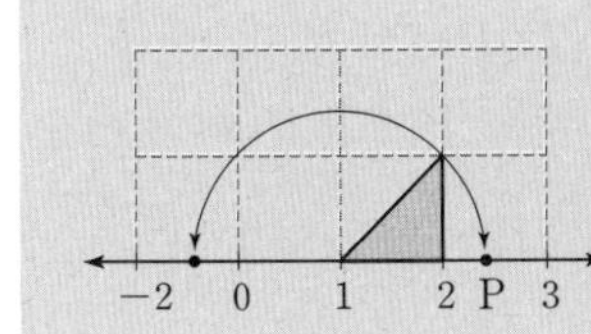

• 기준점의 좌표 : 1
→ $P(1+\sqrt{2})$
→ $Q(1-\sqrt{2})$

02 다음 그림과 같이 한 눈금의 길이가 1인 모눈종이 위에 직각삼각형 ABC를 그리고 $\overline{AC}=\overline{AP}$가 되도록 수직선 위에 점 P를 정할 때, 점 P에 대응하는 수를 구하여라.

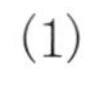

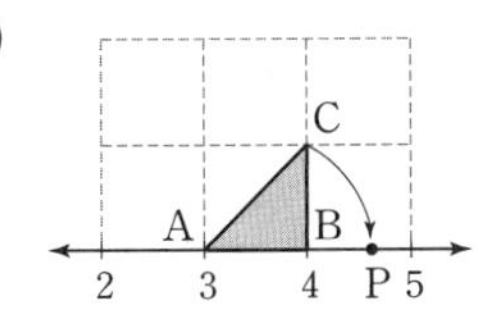

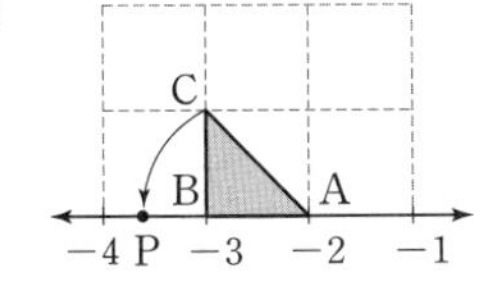

(3)

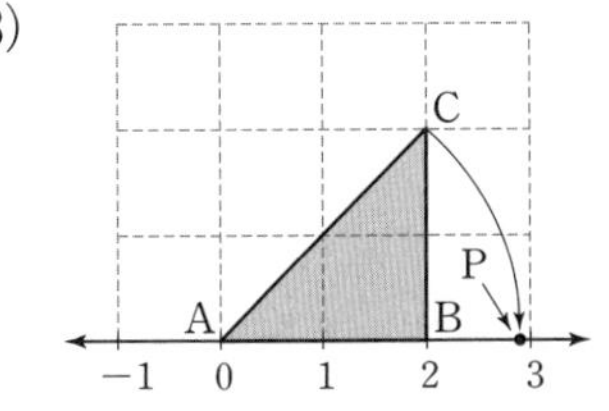

(4)

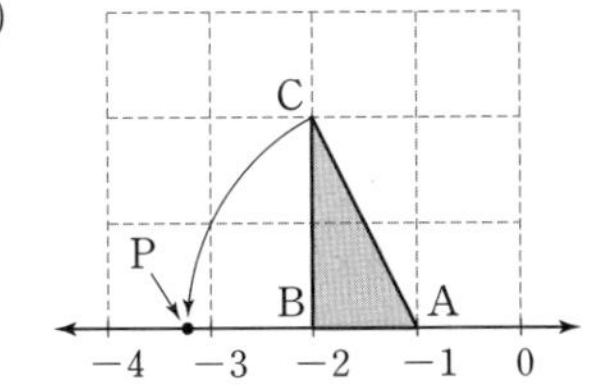

(5)

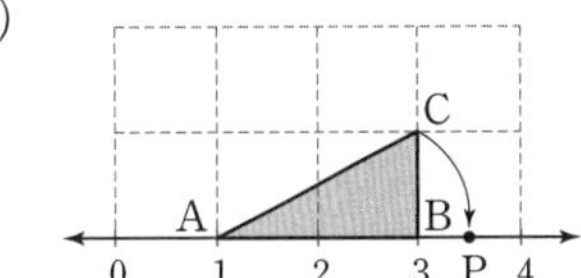

(6)

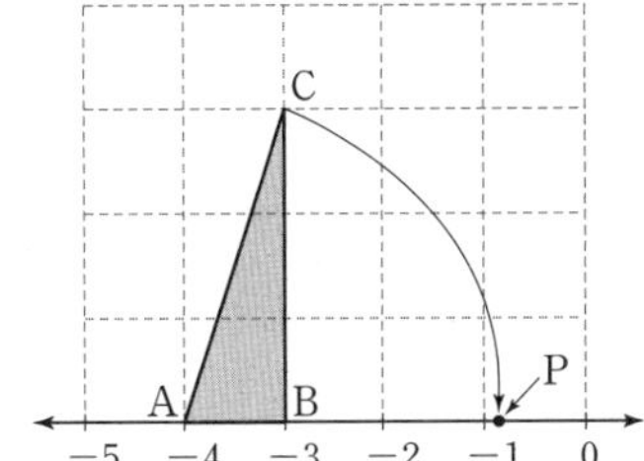

(7)

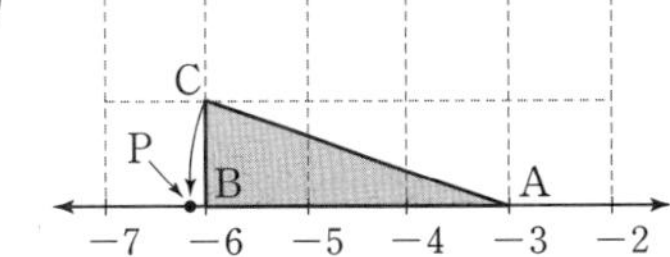

도전! 100점

03 오른쪽 그림과 같이 넓이가 5인 정사각형 ABCD에 대하여 $\overline{DA}=\overline{DP}$가 되도록 수직선 위에 점 P를 정할 때, 점 P에 대응하는 수는?

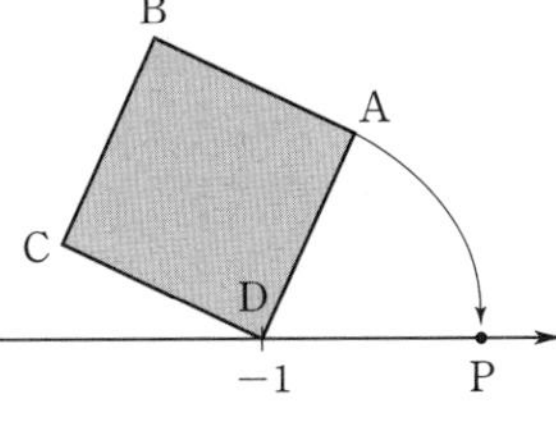

① $1-\sqrt{5}$　② $1+\sqrt{5}$　③ $-1+\sqrt{5}$
④ $-1-\sqrt{5}$　⑤ $\sqrt{5}$

개념 10 실수의 성질

(1) 실수와 수직선

① 서로 다른 두 유리수 사이에는 무수히 많은 유리수가 있고, 모든 유리수는 각각 수직선 위의 한 점에 대응한다.

② 서로 다른 두 무리수 사이에는 무수히 많은 무리수가 있고, 모든 무리수는 각각 수직선 위의 한 점에 대응한다.

③ 서로 다른 두 실수 사이에는 무수히 많은 실수가 있다. 수직선은 유리수와 무리수, 즉 실수에 대응하는 점들로 완전히 메울 수 있고, 수직선 위의 각 점에 실수를 **하나도 빠짐없이** 대응시킬 수 있다.

④ 수직선 위에서 원점의 오른쪽에 있는 점에는 양의 실수(양수)가 대응하고, 왼쪽에 있는 점에는 음의 실수(음수)가 대응한다.

(2) 실수의 대응관계

① 양수는 0보다 크고, 음수는 0보다 작다.

② 양수는 음수보다 크다.

③ 양수끼리는 절댓값이 큰 수가 크다.

④ 음수끼리는 절댓값이 큰 수가 작다.

(음의 실수) (양의 실수)
$-\sqrt{3}$, 0.5, $\sqrt{2}$, $\sqrt{5}$
-3, -2, -1, 0, 1, 2, 3

참고 임의의 두 실수 사이에 존재하는 실수를 구할 때, 평균을 이용하는 방법과 두 수의 차보다 작은 수를 더하거나 빼는 방법 등이 있다.

예 $\sqrt{2}$와 $\sqrt{3}$ 사이에 있는 무리수 3개 구하기

➡ $\sqrt{2}=1.414\cdots$, $\sqrt{3}=1.732\cdots$이므로 $\dfrac{\sqrt{2}+\sqrt{3}}{2}$, $\sqrt{2}+0.2$, $\sqrt{3}-0.1$

유형 실수와 수직선

- 모든 실수는 각각 수직선 위의 한 점에 대응하고, 수직선 위의 한 점은 실수에 대응한다.
- 서로 다른 두 실수 사이에는 무수히 많은 실수가 있다.
- 수직선은 유리수와 무리수, 즉 실수에 대응하는 점들로 완전히 메울 수 있다.

01 다음 설명 중 옳은 것은 ○표, 틀린 것에는 ×표를 하여라.

(1) 수직선 위에 $1+\sqrt{2}$에 대응하는 점은 하나이다. (　　)

(2) 수직선은 무리수에 대응하는 점들로 빈틈없이 메울 수 있다. (　　)

(3) 서로 다른 두 무리수 사이에는 무리수만 있다. (　　)

(4) 서로 다른 두 실수 사이에는 무수히 많은 유리수가 있다. (　　)

(5) 실수는 유리수와 무리수로 이루어져 있다. (　　)

(6) 수직선은 유리수와 무리수만으로 완전히 메울 수 없다. (　　)

유형 실수의 대소관계

① 양수는 0보다 크고, 음수는 0보다 작다.
② 양수는 음수보다 크다.
③ 양수끼리는 절댓값이 큰 수가 크다.
④ 음수끼리는 절댓값이 큰 수가 작다.

02 다음 두 실수의 대소를 비교하여라.

(1) $\sqrt{6}$ □ 0

(2) $\sqrt{5}$ □ 2

(3) $\sqrt{3}$ □ $\sqrt{2}$

(4) $-\sqrt{5}$ □ $-\sqrt{3}$

(5) -4 □ $-\sqrt{15}$

03 다음 수직선 위의 점 중에서 주어진 수에 대응하는 점을 찾아라.

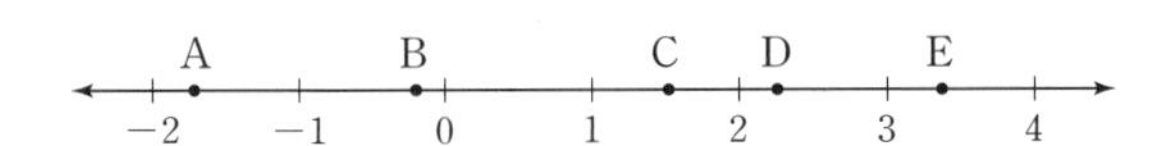

(1) $\sqrt{11}$

(2) $-\sqrt{0.04}$

(3) $\sqrt{\dfrac{5}{2}}$

(4) $-\sqrt{3}$

(5) $\sqrt{5}$

유형 임의의 두 실수 사이에 존재하는 실수 구하기

• 임의의 두 실수 사이에 존재하는 실수를 구할 때, 평균을 이용하는 방법과 두 수의 차보다 작은 수를 더하거나 빼는 방법 등이 있다.
→ 1과 3 사이에 있는 수를 구하면
$\underbrace{2\left(=\frac{1+3}{2}\right)}_{\text{유리수}}$, $\underbrace{1.2(=1+0.2)}_{\text{유리수}}$,
$\underbrace{1+\sqrt{2}(=1+1.414\cdots)}_{\text{무리수}}$

04 다음 수가 [ ] 안에 주어진 두 실수 사이에 존재하는 수이면 ○표, 아니면 ×표를 하여라.

(1) 6 [5, $\sqrt{27}$] (　　)

(2) 3 [$\sqrt{3}$, $\sqrt{10}$] (　　)

(3) $\sqrt{27}$ [4, 6] (　　)

(4) $\sqrt{8}-1$ [2, 3] (　　)

도전! 100점

05 다음 수직선에서 $\sqrt{13}-2$에 대응하는 점이 있는 곳을 구하면?

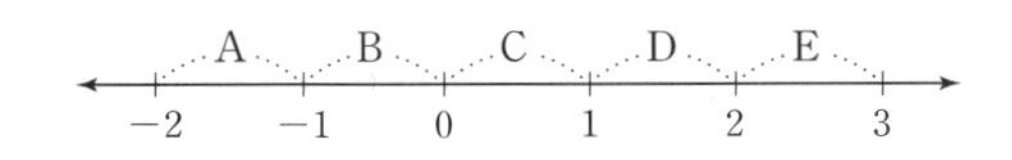

① A　② B　③ C
④ D　⑤ E

개념 01

01 다음 수의 제곱근을 구하여라.

(1) 9　(2) 5^2

(3) $\frac{1}{16}$　(4) $\left(-\frac{2}{3}\right)^2$

(5) 0.81　(6) 0.7^2

개념 01

02 다음 수의 제곱근의 개수를 구하여라.

(1) 16　(2) 0.25

(3) 0　(4) -36

개념 02

03 다음을 근호를 사용하여 나타내어라.

(1) 8의 양의 제곱근

(2) 15의 음의 제곱근

(3) $\frac{4}{5}$의 양의 제곱근

(4) $\frac{1}{8}$의 음의 제곱근

(5) 0.7의 양의 제곱근

(6) 1.6의 음의 제곱근

개념 02

04 다음 수의 제곱근을 근호를 사용하여 나타내어라.

(1) 5　(2) 17

(3) $\frac{5}{8}$　(4) 1.8

개념 02

05 다음을 근호를 사용하여 나타내어라.

(1) 6의 제곱근

(2) 제곱근 6

(3) $\frac{1}{10}$의 제곱근

(4) 제곱근 $\frac{1}{10}$

(5) 8.1의 제곱근

(6) 제곱근 8.1

개념 03

06 다음 수를 근호를 사용하지 않고 나타내어라.

(1) $(\sqrt{3})^2$　(2) $(-\sqrt{3})^2$

(3) $-(\sqrt{10})^2$　(4) $-(-\sqrt{10})^2$

(5) $-\left(\sqrt{\frac{3}{2}}\right)^2$

(6) $(\sqrt{1.2})^2$

(7) $\sqrt{6^2}$

(8) $\sqrt{(-6)^2}$

(9) $-\sqrt{7^2}$

(10) $-\sqrt{(-7)^2}$

(11) $-\sqrt{\left(-\frac{2}{7}\right)^2}$

(12) $\sqrt{(-0.4)^2}$

(13) $\sqrt{16}$

(14) $-\sqrt{49}$

(15) $\sqrt{\frac{16}{9}}$

(16) $-\sqrt{0.04}$

개념 03

07 다음을 계산하여라.

(1) $(\sqrt{3})^2+(-\sqrt{2})^2$

(2) $\sqrt{(-2)^2}+(-\sqrt{5})^2$

(3) $\sqrt{6^2}-\sqrt{(-3)^2}$

(4) $\sqrt{(-18)^2}-\sqrt{81}$

개념 03

08 다음을 계산하여라.

(1) $\sqrt{(-3)^2}\times\sqrt{16}$

(2) $-\sqrt{(-6)^2}\times\left(-\sqrt{\frac{7}{6}}\right)^2$

(3) $(-\sqrt{8})^2\div\left(\sqrt{\frac{4}{5}}\right)^2$

(4) $-\sqrt{(-10)^2}\div(-\sqrt{5})^2$

개념 04

09 다음을 근호를 사용하지 않고 나타내어라.

(1) $a>0$일 때, $\sqrt{(6a)^2}$

(2) $a>0$일 때, $\sqrt{(-12a)^2}$

(3) $a>0$일 때, $-\sqrt{(-16a)^2}$

(4) $a<0$일 때, $\sqrt{(3a)^2}$

(5) $a<0$일 때, $-\sqrt{(7a)^2}$

(6) $a<0$일 때, $\sqrt{(-20a)^2}$

개념 05

10 다음 □ 안에 < 또는 >를 써넣어라.

(1) $\sqrt{5}\ \square\ \sqrt{3}$

(2) $\sqrt{11}\ \square\ \sqrt{17}$

(3) $\sqrt{\frac{1}{4}}\ \square\ \sqrt{\frac{1}{6}}$

(4) $-\sqrt{6}\ \square\ -\sqrt{10}$

(5) $-\sqrt{1.5}\ \square\ -\sqrt{0.8}$

(6) $\sqrt{48}\ \square\ 7$

(7) $5\ \square\ \sqrt{24}$

(8) $\sqrt{0.8}\ \square\ 0.8$

(9) $-6\ \square\ -\sqrt{37}$

(10) $-\sqrt{\frac{11}{16}}\ \square\ -\frac{3}{4}$

개념 06

11 다음 수가 자연수가 되게 하는 가장 작은 자연수 x의 값을 구하여라.

(1) $\sqrt{3\times7^3\times x}$

(2) $\sqrt{20x}$

(3) $\sqrt{\frac{2\times3^5}{x}}$

(4) $\sqrt{\frac{180}{x}}$

(5) $\sqrt{27+x}$

(6) $\sqrt{7-x}$

개념 07

12 다음 중 유리수는 '유', 무리수는 '무'를 써넣어라.

(1) $\sqrt{7}$ (　　)

(2) $\sqrt{16}$ (　　)

(3) $0.112123\cdots$ (　　)

(4) $\sqrt{\dfrac{4}{25}}$ (　　)

(5) $\sqrt{0.9}$ (　　)

(6) $-\sqrt{1.\dot{7}}$ (　　)

개념 08

13 $\sqrt{x}$, $\sqrt{y}$ 의 값이 다음과 같을 때, 아래 제곱근표를 이용하여 $x+y$의 값을 구하여라.

수	0	1	2	3	4
20	4.472	4.483	4.494	4.506	4.517
21	4.583	4.593	4.604	4.615	4.626
22	4.690	4.701	4.712	4.722	4.733
23	4.796	4.806	4.817	4.827	4.837
24	4.899	4.909	4.919	4.930	4.940

(1) $\sqrt{x}=4.472$, $\sqrt{y}=4.583$

(2) $\sqrt{x}=4.701$, $\sqrt{y}=4.827$

(3) $\sqrt{x}=4.483$, $\sqrt{y}=4.690$

(4) $\sqrt{x}=4.626$, $\sqrt{y}=4.930$

개념 09

14 다음 그림과 같이 한 눈금의 길이가 1인 모눈종이 위에 도형을 그리고 (　) 안의 조건을 만족하도록 수직선 위에 점 P, Q를 정할 때, 점 P, Q에 대응하는 수를 각각 구하여라.

(1)

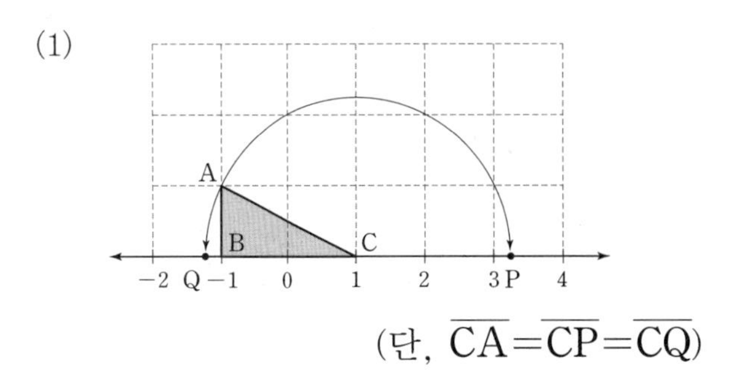

(단, $\overline{CA}=\overline{CP}=\overline{CQ}$)

(2)

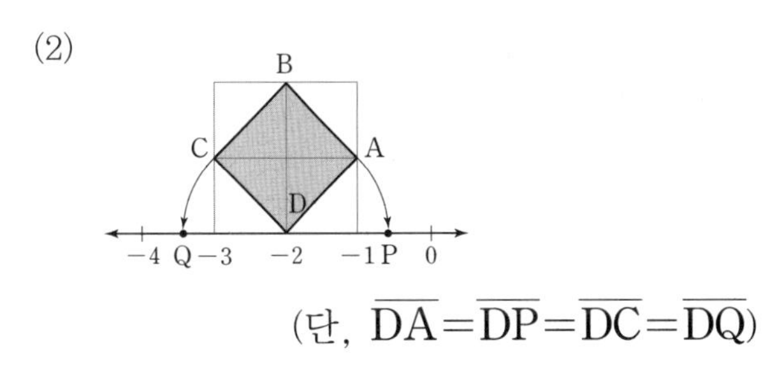

(단, $\overline{DA}=\overline{DP}=\overline{DC}=\overline{DQ}$)

개념 10

15 다음 설명 중 옳은 것은 ○표, 틀린 것에는 ×표를 하여라.

(1) 1과 2 사이에는 무수히 많은 무리수가 있다. (　　)

(2) 서로 다른 두 유리수 사이에는 유리수만 있다. (　　)

(3) 실수는 유리수와 무리수로 이루어져 있다. (　　)

(4) $\sqrt{10}$은 3과 4 사이에 있는 무리수이다. (　　)

(5) 서로 다른 두 음수를 비교할 때 절댓값이 큰 수가 크다. (　　)

개념 11 제곱근의 곱셈과 나눗셈

$a>0$, $b>0$이고, m, n이 유리수일 때

(1) 제곱근의 곱셈

① $\sqrt{a}\times\sqrt{b}=\sqrt{ab}$　　예 $\sqrt{2}\times\sqrt{3}=\sqrt{2\times\square}=\square$

② $m\sqrt{a}\times n\sqrt{b}=mn\sqrt{ab}$　　예 $2\sqrt{2}\times4\sqrt{3}=(2\times\square)\sqrt{2\times3}=\square$

(2) 제곱근의 나눗셈

① $\sqrt{a}\div\sqrt{b}=\dfrac{\sqrt{a}}{\sqrt{b}}=\sqrt{\dfrac{a}{b}}$　　예 $\sqrt{6}\div\sqrt{2}=\dfrac{\sqrt{6}}{\sqrt{2}}=\sqrt{\dfrac{6}{\square}}=\square$

② $m\sqrt{a}\div n\sqrt{b}=\dfrac{m}{n}\sqrt{\dfrac{a}{b}}$ (단, $n\neq0$)　　예 $4\sqrt{6}\div2\sqrt{3}=\dfrac{\square}{2}\sqrt{\dfrac{6}{3}}=\square$

유형 $\sqrt{a}\times\sqrt{b}=\sqrt{ab}$ – 근호 안이 자연수

• $\sqrt{2}\times\sqrt{5}=\sqrt{2\times5}=\sqrt{10}$
• $\sqrt{3}\sqrt{2}=\sqrt{3\times2}=\sqrt{6}$

01 다음 식을 간단히 하여라.

(1) $\sqrt{2}\times\sqrt{7}$

(2) $\sqrt{3}\times\sqrt{5}$

(3) $\sqrt{7}\times\sqrt{3}$

(4) $\sqrt{6}\times\sqrt{5}$

(5) $\sqrt{2}\sqrt{11}$

(6) $\sqrt{7}\sqrt{6}$

유형 $\sqrt{a}\times\sqrt{b}=\sqrt{ab}$ – 근호 안이 분수

• $\sqrt{\dfrac{2}{3}}\times\sqrt{\dfrac{9}{2}}=\sqrt{\dfrac{2}{3}\times\dfrac{9}{2}}=\sqrt{3}$

02 다음 식을 간단히 하여라.

(1) $\sqrt{8}\times\sqrt{\dfrac{3}{4}}$

(2) $\sqrt{\dfrac{2}{5}}\times\sqrt{5}$

(3) $\sqrt{21}\times\sqrt{\dfrac{2}{7}}$

(4) $\sqrt{\dfrac{5}{3}}\times\sqrt{\dfrac{3}{10}}$

(5) $\sqrt{\dfrac{15}{2}}\times\sqrt{\dfrac{14}{5}}$

유형 $\sqrt{a}\times\sqrt{b}=\sqrt{ab}$ – 근호가 없어지는 경우

• $\sqrt{\frac{6}{5}}\sqrt{\frac{10}{3}}=\sqrt{\frac{6}{5}\times\frac{10}{3}}=\sqrt{4}=\sqrt{2^2}=2$

03 다음 식을 간단히 하여라.

(1) $\sqrt{3}\times\sqrt{12}$

(2) $\sqrt{\frac{7}{2}}\times\sqrt{14}$

(3) $\sqrt{\frac{3}{4}}\times\sqrt{\frac{16}{3}}$

(4) $\sqrt{\frac{14}{3}}\times\left(-\sqrt{\frac{6}{7}}\right)$

유형 $m\sqrt{a}\times n\sqrt{b}=mn\sqrt{ab}$ – 근호 안이 자연수

• $2\sqrt{5}\times3\sqrt{6}=(2\times3)\sqrt{5\times6}=6\sqrt{30}$

04 다음 식을 간단히 하여라.

(1) $5\sqrt{2}\times2\sqrt{3}$

(2) $3\sqrt{2}\times4\sqrt{5}$

(3) $-2\sqrt{3}\times3\sqrt{7}$

(4) $-2\sqrt{7}\times3\sqrt{6}$

유형 $m\sqrt{a}\times n\sqrt{b}=mn\sqrt{ab}$ – 근호 안이 분수

• $3\sqrt{\frac{3}{2}}\times2\sqrt{\frac{4}{3}}=(3\times2)\sqrt{\frac{3}{2}\times\frac{4}{3}}=6\sqrt{2}$

05 다음 식을 간단히 하여라.

(1) $\sqrt{12}\times2\sqrt{\frac{5}{6}}$

(2) $4\sqrt{\frac{5}{2}}\times2\sqrt{2}$

(3) $3\sqrt{\frac{2}{3}}\times(-5\sqrt{15})$

(4) $2\sqrt{\frac{35}{9}}\times7\sqrt{\frac{3}{14}}$

유형 $m\sqrt{a}\times n\sqrt{b}=mn\sqrt{ab}$ – 근호가 없어지는 경우

• $2\sqrt{\frac{3}{2}}\times3\sqrt{\frac{8}{3}}=(2\times3)\sqrt{\frac{3}{2}\times\frac{8}{3}}=6\sqrt{4}$
$=6\sqrt{2^2}=6\times2=12$

06 다음 식을 간단히 하여라.

(1) $3\sqrt{18}\times2\sqrt{2}$

(2) $-3\sqrt{15}\times2\sqrt{\frac{5}{3}}$

(3) $\sqrt{\frac{15}{7}}\times4\sqrt{\frac{35}{3}}$

유형 $\sqrt{a}\div\sqrt{b}=\sqrt{\dfrac{a}{b}}$ – 근호 안이 자연수

• $\sqrt{6}\div\sqrt{3}=\dfrac{\sqrt{6}}{\sqrt{3}}=\sqrt{\dfrac{6}{3}}=\sqrt{2}$

07 다음 식을 간단히 하여라.

(1) $\sqrt{8}\div\sqrt{4}$

(2) $\sqrt{3}\div\sqrt{5}$

(3) $\dfrac{\sqrt{10}}{\sqrt{2}}$

(4) $\dfrac{\sqrt{42}}{\sqrt{6}}$

유형 $\sqrt{a}\div\sqrt{b}=\sqrt{\dfrac{a}{b}}$ – 근호 안이 분수

• $\sqrt{2}\div\sqrt{\dfrac{2}{3}}=\sqrt{2\div\dfrac{2}{3}}=\sqrt{2\times\dfrac{3}{2}}=\sqrt{3}$

08 다음 식을 간단히 하여라.

(1) $\sqrt{3}\div\sqrt{\dfrac{3}{5}}$

(2) $\sqrt{6}\div\sqrt{\dfrac{3}{7}}$

(3) $\sqrt{\dfrac{5}{3}}\div\sqrt{\dfrac{10}{9}}$

(4) $\sqrt{\dfrac{14}{5}}\div\sqrt{\dfrac{2}{15}}$

유형 $\sqrt{a}\div\sqrt{b}=\sqrt{\dfrac{a}{b}}$ – 근호가 없어지는 경우

• $\sqrt{10}\div\sqrt{\dfrac{5}{2}}=\sqrt{10\div\dfrac{5}{2}}=\sqrt{10\times\dfrac{2}{5}}$
$=\sqrt{4}=\sqrt{2^2}=2$

09 다음 식을 간단히 하여라.

(1) $\sqrt{18}\div\sqrt{2}$

(2) $\dfrac{\sqrt{24}}{\sqrt{6}}$

(3) $-\sqrt{21}\div\sqrt{\dfrac{7}{3}}$

(4) $\sqrt{\dfrac{15}{4}}\div\sqrt{\dfrac{3}{20}}$

유형 $m\sqrt{a}\div n\sqrt{b}=\dfrac{m}{n}\sqrt{\dfrac{a}{b}}$ (단, $n\neq0$) – 근호 안이 자연수

• $6\sqrt{6}\div2\sqrt{3}=\dfrac{6\sqrt{6}}{2\sqrt{3}}=\dfrac{6}{2}\sqrt{\dfrac{6}{3}}=3\sqrt{2}$

10 다음 식을 간단히 하여라.

(1) $8\sqrt{21}\div4\sqrt{7}$

(2) $-9\sqrt{14}\div3\sqrt{2}$

(3) $\dfrac{12\sqrt{10}}{4\sqrt{2}}$

(4) $\dfrac{6\sqrt{5}}{2\sqrt{7}}$

유형 $m\sqrt{a} \div n\sqrt{b} = \frac{m}{n}\sqrt{\frac{a}{b}}$ (단, $n \neq 0$) – 근호 안이 분수

• $6\sqrt{\frac{4}{3}} \div 2\sqrt{\frac{2}{9}} = \frac{6}{2}\sqrt{\frac{4}{3} \div \frac{2}{9}} = \frac{6}{2}\sqrt{\frac{4}{3} \times \frac{9}{2}}$
$= 3\sqrt{6}$

11 다음 식을 간단히 하여라.

(1) $8\sqrt{5} \div 4\sqrt{\frac{5}{2}}$

(2) $12\sqrt{6} \div 2\sqrt{\frac{6}{5}}$

(3) $2\sqrt{\frac{3}{2}} \div \sqrt{\frac{3}{10}}$

(4) $15\sqrt{\frac{7}{3}} \div \left(-3\sqrt{\frac{7}{9}}\right)$

유형 $m\sqrt{a} \div n\sqrt{b} = \frac{m}{n}\sqrt{\frac{a}{b}}$ (단, $n \neq 0$) – 근호가 없어지는 경우

• $3\sqrt{\frac{10}{3}} \div \sqrt{\frac{2}{15}} = 3\sqrt{\frac{10}{3} \div \frac{2}{15}} = 3\sqrt{\frac{10}{3} \times \frac{15}{2}}$
$= 3\sqrt{25} = 3\sqrt{5^2} = 3 \times 5 = 15$

12 다음 식을 간단히 하여라.

(1) $4\sqrt{54} \div (-2\sqrt{6})$

(2) $\frac{9\sqrt{28}}{3\sqrt{7}}$

(3) $4\sqrt{\frac{15}{2}} \div 2\sqrt{\frac{3}{10}}$

유형 제곱근의 곱셈과 나눗셈

• $\sqrt{5} \times \sqrt{2} \div \sqrt{\frac{5}{3}} = \sqrt{5 \times 2} \div \sqrt{\frac{5}{3}} = \sqrt{10 \div \frac{5}{3}}$
$= \sqrt{10 \times \frac{3}{5}} = \sqrt{6}$

• $2\sqrt{\frac{4}{3}} \div \sqrt{\frac{4}{5}} \times 3\sqrt{3} = 2\sqrt{\frac{4}{3} \times \frac{5}{4}} \times 3\sqrt{3}$
$= 2\sqrt{\frac{5}{3}} \times 3\sqrt{3}$
$= (2 \times 3)\sqrt{\frac{5}{3} \times 3} = 6\sqrt{5}$

13 다음 식을 간단히 하여라.

(1) $\sqrt{3} \times \sqrt{7} \times \sqrt{2}$

(2) $\sqrt{42} \div (-\sqrt{2}) \div \sqrt{3}$

(3) $-\sqrt{12} \times \sqrt{6} \div \sqrt{2}$

(4) $2\sqrt{\frac{22}{3}} \div \sqrt{\frac{10}{3}} \times \sqrt{5}$

도전! 100점

14 다음 중 계산이 옳지 않은 것은?

① $\sqrt{3}\sqrt{7} = \sqrt{21}$

② $\sqrt{\frac{14}{3}} \times \left(-\sqrt{\frac{6}{7}}\right) = -2$

③ $\sqrt{21} \div \sqrt{\frac{7}{5}} = \sqrt{15}$

④ $10\sqrt{18} \div 2\sqrt{2} = 45$

⑤ $3\sqrt{\frac{5}{6}} \div \sqrt{\frac{5}{12}} = 3\sqrt{2}$

개념 12 근호가 있는 식의 변형

근호 안의 수를 소인수분해하였을 때, 제곱인 인수 2^2, 3^2, 4^2, …이 있으면 근호 밖으로 빼낸다.
$a>0$, $b>0$일 때

(1) $\sqrt{a^2b}=\sqrt{a^2}\times\sqrt{b}=a\sqrt{b}$ 예 $\sqrt{8}=\sqrt{2^2\times2}=\sqrt{\square^2}\times\sqrt{2}=\square\sqrt{2}$

(2) $\sqrt{\dfrac{b}{a^2}}=\dfrac{\sqrt{b}}{\sqrt{a^2}}=\dfrac{\sqrt{b}}{a}$ 예 $\sqrt{\dfrac{3}{4}}=\dfrac{\sqrt{3}}{\sqrt{\square^2}}=\dfrac{\sqrt{3}}{\square}$

유형 $a\sqrt{b}$의 꼴로 나타내기

주어진 수를 4, 9, 16, 25, …를 포함하는 곱으로 표현하여 간단히 나타낸다.
• $\sqrt{12}=\sqrt{4\times3}=\sqrt{2^2\times3}=\sqrt{2^2}\times\sqrt{3}=2\sqrt{3}$

01 다음 수를 $a\sqrt{b}$의 꼴로 나타내어라.(단 a는 유리수, b는 가능한 한 가장 작은 자연수)

(1) $\sqrt{24}$

(2) $\sqrt{27}$

(3) $\sqrt{45}$

(4) $\sqrt{50}$

(5) $-\sqrt{8}$

(6) $-\sqrt{18}$

(7) $-\sqrt{20}$

유형 $\sqrt{a}$ 또는 $-\sqrt{a}$의 꼴로 나타내기

• $2\sqrt{6}=\sqrt{2^2}\times\sqrt{6}=\sqrt{2^2\times6}=\sqrt{24}$

02 다음 수를 $\sqrt{a}$ 또는 $-\sqrt{a}$의 꼴로 나타내어라.

(1) $2\sqrt{5}$

(2) $2\sqrt{7}$

(3) $4\sqrt{3}$

(4) $-2\sqrt{3}$

(5) $-3\sqrt{2}$

(6) $-3\sqrt{6}$

유형 $\dfrac{\sqrt{b}}{a}$의 꼴로 나타내기

- $-\sqrt{\dfrac{10}{8}}=-\sqrt{\dfrac{5}{4}}=-\sqrt{\dfrac{5}{2^2}}$
  $=-\dfrac{\sqrt{5}}{\sqrt{2^2}}=-\dfrac{\sqrt{5}}{2}$

03 다음 수를 $\dfrac{\sqrt{b}}{a}$의 꼴로 나타내어라.(단, a는 유리수, b는 가능한 한 가장 작은 자연수)

(1) $\sqrt{\dfrac{6}{25}}$

(2) $\sqrt{\dfrac{13}{49}}$

(3) $\sqrt{\dfrac{7}{81}}$

(4) $\sqrt{\dfrac{6}{27}}$

(5) $-\sqrt{\dfrac{5}{4}}$

(6) $-\sqrt{\dfrac{5}{64}}$

(7) $-\sqrt{\dfrac{21}{28}}$

유형 $\sqrt{\dfrac{b}{a}}$ 또는 $-\sqrt{\dfrac{b}{a}}$의 꼴로 나타내기

- $\dfrac{\sqrt{6}}{3}=\dfrac{\sqrt{6}}{\sqrt{3^2}}=\sqrt{\dfrac{6}{3^2}}=\sqrt{\dfrac{6}{9}}=\sqrt{\dfrac{2}{3}}$

04 다음 수를 $\sqrt{\dfrac{b}{a}}$ 또는 $-\sqrt{\dfrac{b}{a}}$의 꼴로 나타내어라.
(단, a, b는 서로소)

(1) $\dfrac{\sqrt{2}}{3}$

(2) $\dfrac{\sqrt{8}}{4}$

(3) $\dfrac{\sqrt{12}}{2}$

(4) $-\dfrac{\sqrt{10}}{7}$

(5) $-\dfrac{\sqrt{32}}{4}$

도전! 100점

05 다음 중 옳지 않은 것은?

① $\sqrt{2}\times\sqrt{6}=2\sqrt{3}$
② $\sqrt{8}\times\sqrt{7}=2\sqrt{14}$
③ $\dfrac{\sqrt{40}}{\sqrt{2}}=2\sqrt{5}$
④ $-\sqrt{\dfrac{12}{64}}=-\dfrac{\sqrt{3}}{4}$
⑤ $\dfrac{2\sqrt{18}}{\sqrt{2}}=18$

개념 13 분모의 유리화

(1) 분모에 근호가 있을 때, 분모, 분자에 0이 아닌 같은 수를 곱하여 **분모를 유리수로 고치는 것을 분모의 유리화**라 한다.

(2) $a>0$, $c>0$ 이고 a, b, c가 유리수일 때,

① $\frac{b}{\sqrt{a}}=\frac{b\times\sqrt{a}}{\sqrt{a}\times\sqrt{a}}=\frac{b\sqrt{a}}{a}$　　예 $\frac{1}{\sqrt{2}}=\frac{1\times\sqrt{2}}{\sqrt{2}\times\square}=\square$

② $\frac{b}{a\sqrt{c}}=\frac{b\times\sqrt{c}}{a\sqrt{c}\times\sqrt{c}}=\frac{b\sqrt{c}}{ac}$　　예 $\frac{5}{2\sqrt{3}}=\frac{5\times\sqrt{3}}{2\sqrt{3}\times\sqrt{3}}=\frac{5\times\sqrt{3}}{2\times\square}=\square$

유형 분모의 유리화 – $\frac{b}{\sqrt{a}}$ 의 꼴

• $\frac{4}{\sqrt{2}}=\frac{4\times\sqrt{2}}{\sqrt{2}\times\sqrt{2}}=\frac{{}^{2}\cancel{4}\sqrt{2}}{\cancel{2}}=2\sqrt{2}$

01 다음 수의 분모를 유리화하여라.

(1) $\frac{1}{\sqrt{5}}$

(2) $\frac{1}{\sqrt{6}}$

(3) $\frac{2}{\sqrt{3}}$

(4) $\frac{2}{\sqrt{5}}$

(5) $\frac{7}{\sqrt{7}}$

(6) $\frac{6}{\sqrt{3}}$

유형 분모의 유리화 – $\frac{\sqrt{b}}{\sqrt{a}}$, $\sqrt{\frac{b}{a}}$ 의 꼴

• $\sqrt{\frac{\cancel{10}^{5}}{\cancel{4}_{2}}}=\frac{\sqrt{5}}{\sqrt{2}}=\frac{\sqrt{5}\times\sqrt{2}}{\sqrt{2}\times\sqrt{2}}=\frac{\sqrt{10}}{2}$

02 다음 수의 분모를 유리화하여라.

(1) $\frac{\sqrt{2}}{\sqrt{3}}$

(2) $\frac{\sqrt{21}}{\sqrt{6}}$

(3) $\frac{\sqrt{6}}{\sqrt{15}}$

(4) $\sqrt{\frac{5}{3}}$

(5) $\sqrt{\frac{11}{2}}$

(6) $\sqrt{\frac{12}{18}}$

유형 분모의 유리화 $-\dfrac{b}{a\sqrt{c}}$ 의 꼴

• $\dfrac{2}{3\sqrt{7}}=\dfrac{2\times\sqrt{7}}{3\sqrt{7}\times\sqrt{7}}=\dfrac{2\sqrt{7}}{21}$

03 다음 수의 분모를 유리화하여라.

(1) $\dfrac{1}{2\sqrt{6}}$

(2) $\dfrac{5}{3\sqrt{2}}$

(3) $\dfrac{1}{\sqrt{28}}$

(4) $\dfrac{1}{\sqrt{40}}$

(5) $\dfrac{2}{\sqrt{27}}$

(6) $\dfrac{6}{\sqrt{32}}$

(7) $\dfrac{4}{3\sqrt{24}}$

(8) $\dfrac{9}{2\sqrt{27}}$

유형 분모의 유리화 $-\dfrac{\sqrt{b}}{a\sqrt{c}}$, $\dfrac{b\sqrt{d}}{a\sqrt{c}}$ 의 꼴

• $\dfrac{\sqrt{5}}{\sqrt{12}}=\dfrac{\sqrt{5}}{2\sqrt{3}}=\dfrac{\sqrt{5}\times\sqrt{3}}{2\sqrt{3}\times\sqrt{3}}=\dfrac{\sqrt{15}}{6}$

04 다음 수의 분모를 유리화하여라.

(1) $\dfrac{\sqrt{7}}{2\sqrt{5}}$

(2) $\dfrac{\sqrt{11}}{\sqrt{18}}$

(3) $\dfrac{\sqrt{3}}{\sqrt{20}}$

(4) $\dfrac{3\sqrt{7}}{4\sqrt{2}}$

(5) $\dfrac{5\sqrt{3}}{2\sqrt{5}}$

도전! 100점

05 $\dfrac{6}{\sqrt{2}}=a\sqrt{2}$, $\dfrac{6}{\sqrt{27}}=b\sqrt{3}$일 때, ab의 값은?

① 1 ② 2 ③ 3
④ 4 ⑤ 5

개념 14 제곱근의 덧셈과 뺄셈

근호 안의 수가 같은 것을 동류항으로 보고, 다항식의 덧셈, 뺄셈과 같은 방법으로 계산한다.

$a>0$이고, m, n이 유리수일 때

(1) $m\sqrt{a}+n\sqrt{a}=(m+n)\sqrt{a}$ 예 $2\sqrt{5}+3\sqrt{5}=(2+\square)\sqrt{5}=\square$

(2) $m\sqrt{a}-n\sqrt{a}=(m-n)\sqrt{a}$ 예 $5\sqrt{2}-3\sqrt{2}=(5-\square)\sqrt{2}=\square$

유형 제곱근의 덧셈(1)

- $2\sqrt{3}+3\sqrt{3}=(2+3)\sqrt{3}=5\sqrt{3}$

01 다음 식을 간단히 하여라.

(1) $4\sqrt{2}+5\sqrt{2}$

(2) $5\sqrt{3}+2\sqrt{3}$

(3) $2\sqrt{6}+\sqrt{6}$

(4) $3\sqrt{7}+7\sqrt{7}$

(5) $-8\sqrt{2}+3\sqrt{2}$

(6) $-5\sqrt{5}+3\sqrt{5}$

(7) $-2\sqrt{10}+7\sqrt{10}$

(8) $-6\sqrt{11}+9\sqrt{11}$

유형 제곱근의 덧셈(2)

- $\sqrt{2}+\frac{\sqrt{2}}{2}=\frac{2\sqrt{2}}{2}+\frac{\sqrt{2}}{2}=\frac{3\sqrt{2}}{2}$

02 다음 식을 간단히 하여라.

(1) $2\sqrt{2}+\frac{\sqrt{2}}{2}$

(2) $2\sqrt{3}+\frac{\sqrt{3}}{3}$

(3) $\frac{\sqrt{5}}{2}+\frac{\sqrt{5}}{3}$

(4) $-2\sqrt{2}+\frac{3\sqrt{2}}{2}$

(5) $-\sqrt{3}+\frac{4\sqrt{3}}{3}$

(6) $-\frac{\sqrt{7}}{6}+\sqrt{7}$

유형 제곱근의 덧셈(3)

• $2\sqrt{2}+\sqrt{2}+5\sqrt{2}=(2+1+5)\sqrt{2}=8\sqrt{2}$

03 다음 식을 간단히 하여라.

(1) $2\sqrt{2}+4\sqrt{2}+3\sqrt{2}$

(2) $3\sqrt{5}+2\sqrt{5}+5\sqrt{5}$

(3) $3\sqrt{3}+6\sqrt{3}+5\sqrt{3}$

(4) $\frac{3\sqrt{7}}{2}+\frac{\sqrt{7}}{3}+\frac{5\sqrt{7}}{6}$

유형 제곱근의 동류항의 덧셈

• $\sqrt{3}+2\sqrt{2}+2\sqrt{3}+3\sqrt{2}$
$=(2\sqrt{2}+3\sqrt{2})+(\sqrt{3}+2\sqrt{3})=5\sqrt{2}+3\sqrt{3}$

04 다음 식을 간단히 하여라.

(1) $3\sqrt{2}+5\sqrt{3}+2\sqrt{2}+4\sqrt{3}$

(2) $2\sqrt{2}+7\sqrt{5}+4\sqrt{2}+\sqrt{5}$

(3) $3\sqrt{3}+\sqrt{7}+4\sqrt{3}+5\sqrt{7}$

(4) $2\sqrt{5}+\sqrt{6}+\frac{3\sqrt{5}}{2}+\frac{2\sqrt{6}}{3}$

유형 여러 가지 제곱근의 덧셈

• $\sqrt{8}+\sqrt{18}=2\sqrt{2}+3\sqrt{2}=5\sqrt{2}$

05 다음 식을 간단히 하여라.

(1) $\sqrt{12}+\sqrt{27}$

(2) $\sqrt{20}+\sqrt{45}+\sqrt{80}$

(3) $\frac{4}{\sqrt{2}}+3\sqrt{2}$

(4) $3\sqrt{3}+2\sqrt{20}+\sqrt{45}+\sqrt{75}$

유형 제곱근의 뺄셈(1)

• $3\sqrt{3}-2\sqrt{3}=(3-2)\sqrt{3}=\sqrt{3}$

06 다음 식을 간단히 하여라.

(1) $5\sqrt{2}-3\sqrt{2}$

(2) $6\sqrt{5}-3\sqrt{5}$

(3) $2\sqrt{3}-5\sqrt{3}$

(4) $\sqrt{10}-2\sqrt{10}$

(5) $-\sqrt{3}-3\sqrt{3}$

(6) $-3\sqrt{6}-7\sqrt{6}$

유형 제곱근의 뺄셈(2)

• $2\sqrt{2}-\frac{\sqrt{2}}{2}=\frac{4\sqrt{2}}{2}-\frac{\sqrt{2}}{2}=\frac{3\sqrt{2}}{2}$

07 다음 식을 간단히 하여라.

(1) $3\sqrt{2}-\frac{3\sqrt{2}}{2}$

(2) $4\sqrt{5}-\frac{4\sqrt{5}}{3}$

(3) $\frac{5\sqrt{3}}{2}-2\sqrt{3}$

(4) $\frac{3\sqrt{7}}{2}-\frac{2\sqrt{7}}{3}$

(5) $-2\sqrt{3}-\frac{\sqrt{3}}{3}$

(6) $-3\sqrt{10}-\frac{\sqrt{10}}{2}$

(7) $-\frac{5\sqrt{6}}{4}-\sqrt{6}$

(8) $-\frac{\sqrt{2}}{2}-\frac{\sqrt{2}}{4}$

유형 제곱근의 뺄셈(3)

• $6\sqrt{2}-2\sqrt{2}-3\sqrt{2}=(6-2-3)\sqrt{2}=\sqrt{2}$

08 다음 식을 간단히 하여라.

(1) $12\sqrt{2}-3\sqrt{2}-4\sqrt{2}$

(2) $3\sqrt{3}-5\sqrt{3}-4\sqrt{3}$

(3) $-4\sqrt{7}-3\sqrt{7}-\sqrt{7}$

(4) $2\sqrt{6}-\frac{3\sqrt{6}}{4}-\frac{\sqrt{6}}{2}$

유형 제곱근의 동류항의 뺄셈

• $5\sqrt{3}+3\sqrt{2}-2\sqrt{3}-\sqrt{2}$
$=(3\sqrt{2}-\sqrt{2})+(5\sqrt{3}-2\sqrt{3})=2\sqrt{2}+3\sqrt{3}$

09 다음 식을 간단히 하여라.

(1) $3\sqrt{5}+8\sqrt{3}-5\sqrt{5}-6\sqrt{3}$

(2) $5\sqrt{10}-4\sqrt{6}-9\sqrt{10}-3\sqrt{6}$

(3) $-2\sqrt{2}+4\sqrt{5}-2\sqrt{5}-\sqrt{2}$

(4) $4\sqrt{7}+2\sqrt{3}-\frac{5\sqrt{7}}{2}-\frac{4\sqrt{3}}{3}$

유형 여러 가지 제곱근의 뺄셈

• $\sqrt{27}-\frac{3}{\sqrt{3}}=3\sqrt{3}-\frac{3\sqrt{3}}{3}=3\sqrt{3}-\sqrt{3}=2\sqrt{3}$

10 다음 식을 간단히 하여라.

(1) $\sqrt{48}-\sqrt{12}$

(2) $\sqrt{50}-7\sqrt{2}-\sqrt{8}$

(3) $-4\sqrt{5}-\frac{15}{\sqrt{5}}$

(4) $8\sqrt{2}+2\sqrt{28}-5\sqrt{8}-4\sqrt{7}$

(5) $5\sqrt{2}+\frac{4}{\sqrt{8}}-\frac{\sqrt{8}}{3}$

(6) $7\sqrt{6}-\frac{4}{\sqrt{24}}+3\sqrt{6}$

(7) $2\sqrt{10}+6\sqrt{5}+\frac{\sqrt{10}}{3}-\frac{9\sqrt{5}}{2}$

(8) $\sqrt{27}-5\sqrt{6}-\sqrt{3}+3\sqrt{24}$

유형 제곱근의 덧셈과 뺄셈의 혼합 계산

• $3\sqrt{3}+2\sqrt{3}-4\sqrt{3}=(3+2-4)\sqrt{3}=\sqrt{3}$

11 다음 식을 간단히 하여라.

(1) $4\sqrt{5}+2\sqrt{5}-3\sqrt{5}$

(2) $11\sqrt{7}-6\sqrt{7}+2\sqrt{7}$

(3) $10\sqrt{3}+\sqrt{27}-4\sqrt{3}$

(4) $8\sqrt{2}-3\sqrt{2}+\sqrt{32}$

도전! 100점

12 다음 중 식을 간단히 한 것으로 옳지 않은 것을 모두 고르면?(정답 2개)

① $3\sqrt{2}+7\sqrt{2}=10\sqrt{2}$
② $6\sqrt{3}-2\sqrt{3}=4$
③ $\sqrt{75}+\sqrt{12}=7\sqrt{3}$
④ $\sqrt{18}-\sqrt{32}=-\sqrt{2}$
⑤ $\sqrt{7}+\sqrt{6}=\sqrt{13}$

13 $\sqrt{18}-\sqrt{50}+a\sqrt{2}=\sqrt{2}$일 때, 유리수 a의 값은?

① -3 ② -2 ③ 1
④ 2 ⑤ 3

개념 15 근호를 포함한 식의 계산

(1) **무리수의 분배법칙** : $a>0$, $b>0$, $c>0$일 때

① $\sqrt{c}(\sqrt{a}\pm\sqrt{b})=\sqrt{c}\sqrt{a}\pm\sqrt{c}\sqrt{b}=\sqrt{ac}\pm\sqrt{bc}$

② $(\sqrt{a}\pm\sqrt{b})\sqrt{c}=\sqrt{a}\sqrt{c}\pm\sqrt{b}\sqrt{c}=\sqrt{ac}\pm\sqrt{bc}$

예 $\sqrt{2}(\sqrt{3}+\sqrt{5})=\sqrt{2}\sqrt{3}+\sqrt{2}\sqrt{5}=$ ☐

(2) **근호를 포함한 복잡한 식의 계산**

① 괄호가 있으면 분배법칙을 이용하여 괄호를 푼다.

② 근호 안의 제곱인 인수는 근호 밖으로 꺼낸다.

③ 분모에 무리수가 있으면 분모를 유리화한다.

④ 곱셈, 나눗셈 부분을 먼저 계산한다.

⑤ 근호 안의 수가 같은 것끼리 모아서 덧셈, 뺄셈을 한다.

(3) **유리수가 될 조건** : a, b가 유리수, $\sqrt{m}$이 무리수일 때, $a+b\sqrt{m}$이 유리수가 될 조건은 $b=0$이다.

예 $4\sqrt{2}-3\sqrt{2}-a\sqrt{2}+2=2+(1-a)\sqrt{2}$이므로 $2+(1-a)\sqrt{2}$가 유리수가 될 조건은

$1-a=$ ☐에서 $a=$ ☐

유형 무리수의 분배법칙

• $\sqrt{3}(\sqrt{2}+\sqrt{5})=\sqrt{3}\sqrt{2}+\sqrt{3}\sqrt{5}=\sqrt{6}+\sqrt{15}$

• $(\sqrt{3}-\sqrt{2})\sqrt{5}=\sqrt{3}\sqrt{5}-\sqrt{2}\sqrt{5}=\sqrt{15}-\sqrt{10}$

01 다음 식을 간단히 하여라.

(1) $\sqrt{2}(\sqrt{3}+\sqrt{7})$

(2) $(\sqrt{5}+\sqrt{2})\sqrt{5}$

(3) $-\sqrt{5}(3\sqrt{5}+6)$

(4) $(\sqrt{7}-\sqrt{3})\sqrt{3}$

(5) $2\sqrt{3}(4\sqrt{2}-\sqrt{6})$

(6) $(3\sqrt{2}-2\sqrt{3})(-\sqrt{2})$

유형 무리수의 분배법칙의 활용

• $(2-\sqrt{3})\div\sqrt{2}=\dfrac{2-\sqrt{3}}{\sqrt{2}}=\dfrac{(2-\sqrt{3})\times\sqrt{2}}{\sqrt{2}\times\sqrt{2}}$

$=\dfrac{2\sqrt{2}-\sqrt{6}}{2}$

02 다음 식을 간단히 하여라.

(1) $\dfrac{\sqrt{3}+1}{\sqrt{2}}$

(2) $\dfrac{5-3\sqrt{7}}{\sqrt{5}}$

(3) $(\sqrt{2}-2)\div\sqrt{3}$

(4) $(\sqrt{10}-3\sqrt{2})\div\sqrt{3}$

(5) $(7\sqrt{2}+\sqrt{28})\div\sqrt{7}$

유형 근호를 포함한 복잡한 식의 계산

- $\sqrt{2}\times\sqrt{6}+2\sqrt{3}=\sqrt{12}+2\sqrt{3}=2\sqrt{3}+2\sqrt{3}$
  $=4\sqrt{3}$
- $2\sqrt{2}(2+\sqrt{2})+\dfrac{2}{\sqrt{2}}-\sqrt{8}$
  $=4\sqrt{2}+4+\dfrac{2\times\sqrt{2}}{\sqrt{2}\times\sqrt{2}}-2\sqrt{2}$
  $=4\sqrt{2}+4+\sqrt{2}-2\sqrt{2}=4+3\sqrt{2}$

03 다음 식을 간단히 하여라.

(1) $\sqrt{3}\times\sqrt{6}+5\sqrt{2}$

(2) $\sqrt{30}\div\sqrt{6}-\sqrt{20}$

(3) $\dfrac{\sqrt{48}}{2}+\sqrt{5}\times\sqrt{15}$

(4) $\sqrt{24}\div\dfrac{1}{\sqrt{3}}-\sqrt{50}$

(5) $2\sqrt{2}\times4\sqrt{6}+6\sqrt{15}\div2\sqrt{5}$

(6) $\sqrt{42}\div\sqrt{6}-\sqrt{3}\times\sqrt{21}$

(7) $2\sqrt{2}(\sqrt{3}+\sqrt{5})+\sqrt{2}(\sqrt{5}-\sqrt{3})$

(8) $3\sqrt{6}(2+\sqrt{12})-2\sqrt{3}(\sqrt{2}+2\sqrt{6})$

(9) $\dfrac{3}{\sqrt{2}}+\dfrac{5}{\sqrt{6}}-\sqrt{2}(2+\sqrt{3})$

(10) $\sqrt{3}(3\sqrt{2}+2\sqrt{3})-2\sqrt{2}\left(\sqrt{2}+\dfrac{3}{2\sqrt{3}}\right)$

유형 유리수가 될 조건

- $5\sqrt{3}-2\sqrt{3}+a\sqrt{3}+1=\underset{\text{유리수}}{1}+\underset{\text{무리수}}{(3+a)\sqrt{3}}$
  → 유리수가 될 조건 : $3+a=0$ → $a=-3$

04 다음 식의 계산 결과가 유리수가 되게 하는 유리수 a의 값을 구하여라.

(1) $2\sqrt{2}+5\sqrt{2}+a\sqrt{2}+3$

(2) $\sqrt{5}-3\sqrt{5}+a\sqrt{5}+2$

(3) $\sqrt{3}(2\sqrt{3}-\sqrt{2})+\sqrt{6}(a+2\sqrt{6})$

도전! 100점

05 $\sqrt{27}(\sqrt{2}+\sqrt{6})-\sqrt{18}(\sqrt{3}-2)$를 간단히 하면?

① $9\sqrt{2}$ ② $9\sqrt{6}$ ③ $12\sqrt{2}$
④ $12\sqrt{6}$ ⑤ $15\sqrt{2}$

개념 16 뺄셈을 이용한 실수의 대소 관계

두 실수 a, b에 대하여

(1) $a-b>0$이면 $a>b$

예 $1+\sqrt{3}$과 2의 크기를 비교하면 $(1+\sqrt{3})-2=\sqrt{3}-1=\sqrt{3}-\sqrt{1}>0$이므로 $1+\sqrt{3}$ □ 2

(2) $a-b=0$이면 $a=b$

(3) $a-b<0$이면 $a<b$

예 $\sqrt{3}+2$와 4의 크기를 비교하면 $(\sqrt{3}+2)-4=\sqrt{3}-2=\sqrt{3}-\sqrt{4}<0$이므로 $\sqrt{3}+2$ □ 4

유형 두 실수의 대소 비교(1)

- $2+\sqrt{5}$ □ $3+\sqrt{5}$ $\xrightarrow{2<3}$ $2+\sqrt{5}<3+\sqrt{5}$
- $\sqrt{7}-3$ □ $\sqrt{8}-3$ $\xrightarrow{\sqrt{7}<\sqrt{8}}$ $\sqrt{7}-3<\sqrt{8}-3$

01 다음 □ 안에 < 또는 >를 써넣어라.

(1) $4+\sqrt{7}$ □ $5+\sqrt{7}$

(2) $8+\sqrt{13}$ □ $7+\sqrt{13}$

(3) $\sqrt{5}-2$ □ $\sqrt{5}-1$

(4) $3+\sqrt{6}$ □ $3+\sqrt{5}$

(5) $\sqrt{6}-2$ □ $\sqrt{8}-2$

(6) $\sqrt{15}-3$ □ $\sqrt{12}-3$

유형 두 실수의 대소 비교(2)

- $\sqrt{3}+\sqrt{2}$ □ $\sqrt{3}+1$

  $\xrightarrow{\sqrt{2}>1=\sqrt{1}}$ $\sqrt{3}+\sqrt{2}>\sqrt{3}+1$
- $\sqrt{6}-\sqrt{5}$ □ $3-\sqrt{5}$

  $\xrightarrow{\sqrt{6}<3=\sqrt{9}}$ $\sqrt{6}-\sqrt{5}<3-\sqrt{5}$

02 다음 □ 안에 < 또는 >를 써넣어라.

(1) $\sqrt{5}+\sqrt{3}$ □ $\sqrt{5}+2$

(2) $\sqrt{7}+\sqrt{10}$ □ $\sqrt{7}+3$

(3) $-\sqrt{15}+\sqrt{2}$ □ $-\sqrt{15}+1$

(4) $\sqrt{5}-\sqrt{3}$ □ $2-\sqrt{3}$

(5) $\sqrt{7}-\sqrt{2}$ □ $2-\sqrt{2}$

(6) $\sqrt{3}-\sqrt{10}$ □ $2-\sqrt{10}$

유형 두 실수의 대소 비교(3)

- $\sqrt{2}+2 \square 4$

$\xrightarrow{(\sqrt{2}+2)-4=\sqrt{2}-2<0} \sqrt{2}+2<4$

- $5 \square 7-\sqrt{5}$

$\xrightarrow{5-(7-\sqrt{5})=\sqrt{5}-2>0} 5>7-\sqrt{5}$

03 다음 □ 안에 < 또는 >를 써넣어라.

(1) $\sqrt{3}+2 \square 3$

(2) $\sqrt{5}+3 \square 5$

(3) $\sqrt{5}-2 \square 1$

(4) $-\sqrt{15}+1 \square -2$

(5) $7 \square \sqrt{11}+4$

(6) $6 \square 8-\sqrt{5}$

(7) $-3 \square 2-\sqrt{17}$

(8) $-1 \square -6+\sqrt{24}$

유형 세 실수의 대소 비교

- $a=\sqrt{2}+2,\ b=3,\ c=\sqrt{3}+2$

→ $a-b=(\sqrt{2}+2)-3=\sqrt{2}-1>0$

$\therefore a>b$

→ $\sqrt{2}<\sqrt{3}$이므로 $\sqrt{2}+2<\sqrt{3}+2$

$\therefore a<c$

→ $b<a,\ a<c$이므로 $b<a<c$

04 세 수 $a=\sqrt{3}+4,\ b=5,\ c=\sqrt{5}+4$에 대하여 다음 □ 안에 < 또는 >를 써넣고, 주어진 수들의 대소 관계를 부등호를 써서 나타내어라.

(1) $a,\ b$

$a-b=(\sqrt{3}+4)-5=\sqrt{3}-1>0$

$\therefore a \square b$

(2) $a,\ c$

$\sqrt{3}<\sqrt{5}$이므로 $\sqrt{3}+4<\sqrt{5}+4$

$\therefore a \square c$

(3) $a,\ b,\ c$

$b \square a,\ a \square c$이므로 $\square<a<\square$

도전! 100점

05 다음 중 대소 관계가 옳지 않은 것은?

① $1+\sqrt{2}<3$
② $3-\sqrt{3}<2$
③ $4-\sqrt{3}>2$
④ $\sqrt{7}-3>\sqrt{6}-3$
⑤ $\sqrt{8}-\sqrt{5}<\sqrt{8}-\sqrt{6}$

개념 11

01 다음 식을 간단히 하여라.

(1) $\sqrt{2}\times\sqrt{15}$

(2) $\sqrt{6}\times\sqrt{\frac{8}{3}}$

(3) $2\sqrt{2}\times5\sqrt{3}$

(4) $2\sqrt{6}\times3\sqrt{\frac{5}{3}}$

(5) $\sqrt{10}\div\sqrt{2}$

(6) $\sqrt{7}\div\sqrt{\frac{7}{2}}$

(7) $6\sqrt{15}\div3\sqrt{3}$

(8) $\frac{12\sqrt{20}}{6\sqrt{5}}$

개념 11

02 다음 식을 간단히 하여라.

(1) $\sqrt{\frac{48}{5}}\div\sqrt{3}\times\sqrt{10}$

(2) $\sqrt{42}\div\frac{1}{\sqrt{6}}\times\frac{1}{\sqrt{63}}$

(3) $\sqrt{\frac{5}{4}}\div\sqrt{\frac{1}{8}}\times\sqrt{45}$

(4) $\frac{4\sqrt{2}}{\sqrt{7}}\times\sqrt{21}\div\frac{\sqrt{2}}{\sqrt{15}}$

(5) $\sqrt{60}\times\left(-\sqrt{\frac{3}{8}}\right)\div\frac{\sqrt{10}}{\sqrt{56}}$

(6) $\left(-\frac{1}{\sqrt{3}}\right)\div\left(-\frac{6}{\sqrt{2}}\right)\times\left(-\frac{\sqrt{6}}{3}\right)$

개념 12

03 다음 수를 $a\sqrt{b}$ 또는 $\frac{\sqrt{b}}{a}$의 꼴로 나타내어라.
(단, a는 유리수, b는 가능한 한 가장 작은 자연수)

(1) $\sqrt{18}$

(2) $\sqrt{20}$

(3) $\sqrt{32}$

(4) $-\sqrt{300}$

(5) $\sqrt{\frac{3}{25}}$

(6) $-\sqrt{\frac{7}{36}}$

(7) $\sqrt{\frac{10}{18}}$

(8) $-\sqrt{\frac{66}{150}}$

개념 13

04 다음 수의 분모를 유리화하여라.

(1) $\frac{1}{\sqrt{10}}$

(2) $\frac{5}{\sqrt{2}}$

(3) $\frac{\sqrt{5}}{\sqrt{3}}$

(4) $\sqrt{\frac{6}{7}}$

(5) $\frac{1}{4\sqrt{2}}$

(6) $\frac{3}{2\sqrt{6}}$

(7) $\frac{\sqrt{10}}{3\sqrt{6}}$

(8) $\frac{\sqrt{21}}{2\sqrt{14}}$

개념 14

05 다음 식을 간단히 하여라.

(1) $2\sqrt{2}+7\sqrt{2}$

(2) $3\sqrt{3}+\frac{\sqrt{3}}{3}$

(3) $2\sqrt{5}+\sqrt{24}+\sqrt{45}+5\sqrt{6}$

(4) $5\sqrt{2}-6\sqrt{2}$

(5) $9\sqrt{6}-3\sqrt{6}-\sqrt{6}$

(6) $7\sqrt{2}-\frac{6}{\sqrt{2}}$

(7) $2\sqrt{3}+7\sqrt{5}-\sqrt{80}-\sqrt{75}$

(8) $\sqrt{7}-3\sqrt{2}-\frac{2}{\sqrt{7}}+\frac{3}{\sqrt{2}}$

개념 15

06 다음 식을 간단히 하여라.

(1) $\sqrt{3}(\sqrt{2}+\sqrt{5})$

(2) $(\sqrt{6}-\sqrt{3})\sqrt{5}$

(3) $(2\sqrt{12}-\sqrt{15})\div\sqrt{3}$

(4) $\sqrt{2}\times\sqrt{6}+3\sqrt{3}$

(5) $\sqrt{3}(\sqrt{2}+1)+(3\sqrt{3}-\sqrt{6})\div\sqrt{2}$

(6) $5\sqrt{2}(2-\sqrt{2})+\frac{10}{\sqrt{2}}-\sqrt{8}$

개념 15

07 다음 식의 계산 결과가 유리수가 되게 하는 유리수 a의 값을 구하여라.

(1) $3\sqrt{2}(a\sqrt{3}+\sqrt{2})$

(2) $2+a\sqrt{5}-(\sqrt{45}-1)$

(3) $-a\sqrt{6}+2(\sqrt{9}-\sqrt{6})$

(4) $\frac{4}{\sqrt{2}}a-1+5(\sqrt{2}-1)$

개념 13 ~ 개념 15

08 다음 물음에 답하여라.

(1) $\frac{1}{\sqrt{12}}=a\sqrt{3}$, $-\frac{15}{\sqrt{45}}=b\sqrt{5}$일 때, ab의 값

(2) $-\frac{3\sqrt{7}}{\sqrt{32}}=-\frac{3\sqrt{a}}{8}$, $\frac{5\sqrt{6}}{\sqrt{24}}=b$일 때, ab의 값

(3) $\sqrt{8}\times\frac{\sqrt{2}}{4}+\sqrt{18}\div\frac{\sqrt{6}}{3}=a+b\sqrt{3}$일 때, $a+b$의 값

(4) $(\sqrt{125}+5)\div\sqrt{5}-3=a-b\sqrt{5}$일 때, $a+b$의 값

개념 16

09 □ 안에 $<$ 또는 $>$을 써넣어라.

(1) $\sqrt{10}-3$ □ $\sqrt{10}-2$

(2) $4+\sqrt{7}$ □ $4+\sqrt{6}$

(3) $\sqrt{8}+\sqrt{15}$ □ $\sqrt{8}+4$

(4) $\sqrt{8}-\sqrt{2}$ □ $2-\sqrt{2}$

(5) $\sqrt{8}-1$ □ 2

(6) $-\sqrt{8}+2$ □ -1

(7) 6 □ $\sqrt{24}+1$

(8) 2 □ $\sqrt{12}-1$

01 다음 중 옳은 것은?

① 0의 제곱근은 없다.
② 제곱근 25는 -5이다.
③ 9의 제곱근은 3이다.
④ -16의 양의 제곱근은 4이다.
⑤ $(-6)^2$의 제곱근은 6, -6이다.

02 9의 양의 제곱근을 a, 제곱근 $\frac{1}{9}$을 b라 할 때, ab의 값은?

① 1 ② 2 ③ 3
④ 4 ⑤ 5

03 다음 중 그 값이 나머지 넷과 다른 하나는?

① $-\sqrt{3^2}$ ② $-(\sqrt{3})^2$
③ $-\sqrt{(-3)^2}$ ④ $\sqrt{(-3)^2}$
⑤ $-(-\sqrt{3})^2$

04 $\sqrt{121}\div\sqrt{11^2}-(-\sqrt{10})^2$을 간단히 하면?

① 11 ② 0 ③ -1
④ -9 ⑤ -10

05 $a>0$, $b<0$일 때, $\sqrt{a^2}+\sqrt{b^2}+\sqrt{(b-a)^2}$을 간단히 하면?

① 0 ② $2a$ ③ $2b$
④ $2(a-b)$ ⑤ $2(b-a)$

06 다음 중 대소 관계가 옳지 않은 것은?

① $1+\sqrt{3}<3$
② $3-\sqrt{2}<2$
③ $5-\sqrt{2}>3$
④ $\sqrt{6}-1>\sqrt{5}-1$
⑤ $\sqrt{10}-\sqrt{7}>\sqrt{10}-\sqrt{6}$

07 다음 중 무리수인 것은?

① 0.1352 ② π ③ $\sqrt{81}$
④ $\sqrt{\frac{1}{16}}$ ⑤ $\sqrt{0.25}$

08 다음 그림과 같이 한 변의 길이가 1인 정사각형 ABCD에 대하여 $\overline{\mathrm{BD}}=\overline{\mathrm{BP}}$가 되도록 점 P를 정할 때, 점 P에 대응하는 수는?

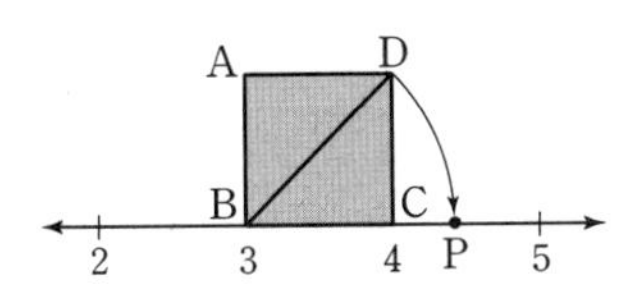

① $1+\sqrt{2}$ ② $2-\sqrt{2}$ ③ $3+\sqrt{2}$
④ $4+\sqrt{2}$ ⑤ $5-\sqrt{2}$

09 $\sqrt{3}\div2\sqrt{2}\times2\sqrt{6}$을 간단히 하면?

① 3 ② 6 ③ 9
④ 12 ⑤ 15

10 $\sqrt{24}=2\sqrt{a}$, $\sqrt{45}=3\sqrt{b}$일 때, $a-b$의 값은?

① -2 ② -1 ③ 0
④ 1 ⑤ 2

11 다음 중 옳지 않은 것은?

① $\sqrt{2}\times\sqrt{10}=2\sqrt{5}$
② $\sqrt{12}\times\sqrt{5}=2\sqrt{15}$
③ $\frac{\sqrt{24}}{\sqrt{3}}=2\sqrt{2}$
④ $-\sqrt{\frac{14}{18}}=-\frac{\sqrt{7}}{3}$
⑤ $\frac{3\sqrt{28}}{\sqrt{7}}=12$

12 $\frac{6}{\sqrt{3}}=a\sqrt{3}$, $\frac{10}{\sqrt{8}}=b\sqrt{2}$일 때, ab의 값은?

① 1 ② 2 ③ 3
④ 4 ⑤ 5

13 다음 중 식을 간단히 한 것으로 옳지 <u>않은</u> 것을 모두 고르면? (정답 2개)

① $2\sqrt{2}+5\sqrt{2}=7\sqrt{2}$
② $4\sqrt{3}-\sqrt{3}=3$
③ $\sqrt{96}+\sqrt{24}=6\sqrt{6}$
④ $\sqrt{12}-\sqrt{48}=-2\sqrt{3}$
⑤ $\sqrt{5}+\sqrt{10}=\sqrt{15}$

14 $\sqrt{3}(3\sqrt{2}+\sqrt{6})-\sqrt{6}(\sqrt{3}-3)$을 간단히 하면?

① 0 ② $6\sqrt{2}$ ③ $6\sqrt{3}$
④ $6\sqrt{6}$ ⑤ $6(\sqrt{2}+\sqrt{6})$

15 다음 중 $\sqrt{7}=2.646$을 이용하여 수의 값을 구할 수 <u>없는</u> 것을 모두 고르면? (정답 2개)

① $\sqrt{0.07}$ ② $\sqrt{0.7}$ ③ $\sqrt{2.8}$
④ $\sqrt{700}$ ⑤ $\sqrt{2800}$

16 $\sqrt{48x}$가 자연수가 되게 하는 가장 작은 자연수 x의 값은?

① 2 ② 3 ③ 9
④ 12 ⑤ 48

17 다음 식의 계산 결과가 유리수가 되게 하는 유리수 a, b의 값을 각각 구하면?

㉠ $3(a\sqrt{2}-3)-2a-3\sqrt{2}$
㉡ $-2(1+b\sqrt{6})+\sqrt{6}(4+b\sqrt{6})$

① $a=-1$, $b=2$ ② $a=1$, $b=-2$
③ $a=-1$, $b=3$ ④ $a=1$, $b=2$
⑤ $a=-2$, $b=-1$

18 다음 그림에서 삼각형과 직사각형의 넓이가 서로 같을 때, 직사각형의 세로의 길이는?

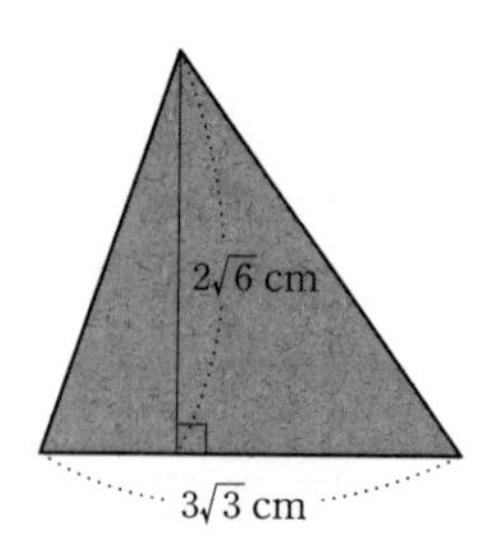

① $\frac{8}{3}$ cm ② 3 cm ③ $\frac{9}{2}$ cm
④ 5 cm ⑤ 6 cm

Ⅱ 다항식의 곱셈과 인수분해

이 단원에서 공부해야 할 필수 개념

- 개념 01 곱셈공식(1)
- 개념 02 곱셈공식(2)
- 개념 03 곱셈공식의 활용
- 개념 04 곱셈공식을 이용한 제곱근 계산
- 개념 05 곱셈공식의 변형
- 개념 06 인수분해의 뜻
- 개념 07 인수분해 공식(1) – 완전제곱식
- 개념 08 완전제곱식이 되기 위한 조건
- 개념 09 인수분해 공식(2) – 제곱의 차
- 개념 10 인수분해 공식(3) – x^2의 계수가 1인 이차식
- 개념 11 인수분해 공식(4) – x^2의 계수가 1이 아닌 이차식
- 개념 12 복잡한 식의 인수분해
- 개념 13 수의 계산과 식의 값

개념 01 곱셈 공식(1)

(1) 다항식과 다항식의 곱셈

분배법칙을 이용하여 전개하고 동류항끼리 모아서 간단히 한다.

예 $(2x-1)(2x+3)=4x^2+\square x-2x-\square$

$=4x^2+\square x-3$

$(a+b)(c+d)=\underset{①}{ac}+\underset{②}{ad}+\underset{③}{bc}+\underset{④}{bd}$

(2) 완전제곱식

$$\boldsymbol{(a+b)^2}=(a+b)(a+b)=a^2+ab+ab+b^2=\boldsymbol{a^2+2ab+b^2}$$

$$\boldsymbol{(a-b)^2}=(a-b)(a-b)=a^2-ab-ab+b^2=\boldsymbol{a^2-2ab+b^2}$$

예 $(a+3)^2=a^2+2\times\square\times a+\square^2=\square$

$(a-4)^2=a^2-2\times\square\times a+4^2=\square$

(3) 합 · 차의 곱

$$\boldsymbol{(a+b)(a-b)}=a^2-ab+ab-b^2=\boldsymbol{a^2-b^2}$$

예 $(a+2)(a-2)=a^2-2a+2a-\square^2=\square$

유형 다항식과 다항식의 곱셈

• $(a+b)(c+d)=\underset{①}{ac}+\underset{②}{ad}+\underset{③}{bc}+\underset{④}{bd}$

01 다음 식을 전개하여라.

(1) $(4x-y)(y-3)$

(2) $(x+2)(3y+3)$

(3) $(2x-1)(x+3y)$

(4) $(a+2b)(-3c+d)$

(5) $(x-y)(a+b+c)$

(6) $(3a+2b)(5a-4b-1)$

(7) $(2x+y+3)(x-3y)$

(8) $(x+y-1)(-x+3y)$

유형 완전제곱식

$(a+b)^2 = a^2 + 2ab + b^2$
- $(2x+3)^2=(2x)^2+2\times 2x\times 3+3^2$
  $=4x^2+12x+9$

$(a-b)^2 = a^2 - 2ab + b^2$
- $(3x-2)^2=(3x)^2-2\times 3x\times 2+2^2$
  $=9x^2-12x+4$

02 다음 □ 안에 알맞은 것을 써넣고 전개하여라.

(1) $(x+2)^2=\square^2+2\times\square\times\square+\square^2$
$=$

(2) $(x+5)^2=\square^2+2\times\square\times\square+\square^2$
$=$

(3) $(3x+2)^2$
$=(\square)^2+2\times\square\times\square+\square^2$
$=$

(4) $(2x+5)^2$
$=(\square)^2+2\times\square\times\square+\square^2$
$=$

(5) $(x-3)^2=\square^2-2\times\square\times\square+\square^2$
$=$

(6) $(x-6)^2=\square^2-2\times\square\times\square+\square^2$
$=$

(7) $(2x-1)^2$
$=(\square)^2-2\times\square\times\square+\square^2$
$=$

(8) $(4x-3)^2$
$=(\square)^2-2\times\square\times\square+\square^2$
$=$

유형 합 · 차의 곱

$(a+b)(a-b)=a^2-b^2$
- $(x+5)(x-5)=x^2-5^2=x^2-25$
- $(3+x)(-3+x) \rightarrow (x+3)(x-3)=x^2-9$

03 다음 □ 안에 알맞은 것을 써넣어라.

(1) $(x+1)(x-1)=\square^2-\square^2$
$=\square$

(2) $(x+2)(x-2)=\square^2-\square^2$
$=\square$

(3) $(2x+5)(2x-5)=(\square)^2-\square^2$
$=\square$

(4) $\left(\frac{1}{3}x+4y\right)\left(\frac{1}{3}x-4y\right)=\left(\square\right)^2-(\square)^2$
$=\square$

도전! 100점

04 다음 중 옳지 않은 것은?

① $(x+3)(x-3)=x^2-9$
② $(-2+x)(-2-x)=x^2-4$
③ $(-2x+5)(2x+5)=-4x^2+25$
④ $(-a-b)(a-b)=b^2-a^2$
⑤ $\left(b+\frac{1}{2}\right)\left(b-\frac{1}{2}\right)=b^2-\frac{1}{4}$

개념 02 곱셈 공식(2)

(1) x의 계수가 1인 두 일차식의 곱

$$(x+a)(x+b)=x^2+bx+ax+ab=\boldsymbol{x^2+(a+b)x+ab}$$

예 $(x+1)(x+2)=x^2+(1+\square)x+\square=\square$

(2) x의 계수가 1이 아닌 두 일차식의 곱

$$(ax+b)(cx+d)=acx^2+adx+bcx+bd=\boldsymbol{acx^2+(ad+bc)x+bd}$$

예 $(2x+3)(5x+7)=2x\times5x+(2\times7+3\times\square)x+3\times\square=\square$

유형 x의 계수가 1인 두 일차식의 곱

• $\underset{(x+a)}{(x+3)}\underset{(x+b)}{(x+5)}=x^2+(\underset{\text{합}}{3+5})x+\underset{\text{곱}}{3\times5}$

$=x^2+8x+15$

01 다음 □ 안에 알맞은 것을 써넣고 전개하여라.

(1) $(x+2)(x+3)$

$=x^2+(\square+\square)x+\square\times\square$

$=$

(2) $(x-2)(x+4)$

$=x^2+(\square+\square)x+(\square)\times\square$

$=$

(3) $(x-2)(x-5)$

$=x^2+(\square+\square)x+(\square)\times\square$

$=$

(4) $(x-y)(x+3y)$

$=x^2+(\square+\square)x+(\square)\times\square$

$=$

유형 x의 계수가 1이 아닌 두 일차식의 곱

• $\underset{(ax+b)}{(2x+3)}\underset{(cx+d)}{(5x+4)}$

$=(2\times5)x^2+(2\times4+3\times5)x+3\times4$

$=10x^2+23x+12$

02 다음 □ 안에 알맞은 것을 써넣고 전개하여라.

(1) $(x+2)(2x+1)$

$=\square x^2+(\square+\square)x+\square$

$=$

(2) $(5x+2)(4x+7)$

$=\square x^2+(\square+\square)x+\square$

$=$

(3) $(2x-3)(x+2)$

$=\square x^2+(\square+\square)x+(\square)$

$=$

(4) $(-3x+y)(4x-3y)$

$=\square x^2+(\square+\square)x-\square$

$=$

03 다음 식을 전개하여라.

(1) $(x+2)(x+5)$

(2) $(x+7)(x+3)$

(3) $(a-3b)(a+4b)$

(4) $(x+5)(x-2)$

(5) $(x-2)(x+4)$

(6) $(2x+3y)(5x+2y)$

(7) $(3x+5y)(2x-3y)$

(8) $(6a-5b)(7a+2b)$

(9) $\left(\frac{1}{2}x-3y\right)\left(\frac{1}{3}x-4y\right)$

(10) $\left(\frac{1}{3}x-3y\right)\left(\frac{1}{5}x+2y\right)$

04 다음 □ 안에 알맞은 것을 써넣어라.

(1) $(x-3)(x+\square)=x^2+5x-24$

(2) $(a-\square)(a+5)=a^2+2a-15$

(3) $(3x+4)(\square-3)=15x^2+11x-12$

(4) $(2x-\square)(3x-y)=6x^2-11xy+3y^2$

(5) $(4a-b)(3a+\square)=12a^2+17ab-5b^2$

도전! 100점

05 $(x-A)(x-6)=x^2-Bx+24$일 때, 상수 A, B의 곱 AB의 값은?

① 24 ② 36 ③ 40
④ 48 ⑤ 60

06 $(3x+7)(2x-3)=ax^2+bx+c$일 때, 상수 a, b, c의 합 $a+b+c$의 값은?

① -10 ② -8 ③ -1
④ 6 ⑤ 15

개념 03 곱셈 공식의 활용

(1) 수의 제곱의 계산

곱셈 공식 $(a+b)^2=a^2+2ab+b^2$ 또는 $(a-b)^2=a^2-2ab+b^2$을 이용한다.

예 • $31^2=(30+1)^2=30^2+2\times\square\times1+1^2=900+\square+1=\square$

• $29^2=(30-1)^2=30^2-\square\times30\times1+1^2=900-\square+1=\square$

(2) 두 수의 곱의 계산

곱셈 공식 $(a+b)(a-b)=a^2-b^2$ 또는 $(x+a)(x+b)=x^2+(a+b)x+ab$를 이용한다.

예 • $21\times19=(20+1)(20-1)=20^2-1^2=400-1=399$

• $22\times23=(20+2)(20+3)=20^2+(2+3)\times20+2\times\square=400+\square+6=\square$

유형 수의 제곱의 계산

• $101^2 \xrightarrow{101=100+1} (100+1)^2$ ← $(a+b)^2=a^2+2ab+b^2$

$=100^2+2\times100\times1+1^2$

$=10201$

• $99^2 \xrightarrow{99=100-1} (100-1)^2$ ← $(a-b)^2=a^2-2ab+b^2$

$=100^2-2\times100\times1+(-1)^2$

$=9801$

01 다음은 곱셈 공식을 이용하여 계산하는 방법이다. □ 안에 알맞은 수를 써넣어라.

(1) $102^2=(100+\square)^2$

$=10000+\square+4=\square$

(2) $96^2=(\square-4)^2$

$=\square-\square+16=\square$

(3) $97^2=(\square-3)^2$

$=\square-600+\square=\square$

02 곱셈 공식을 이용하여 다음을 계산하여라.

(1) 104^2

(2) 51^2

(3) 73^2

(4) 39^2

(5) 49^2

(6) 98^2

(7) 5.2^2

(8) 2.8^2

유형 두 수의 곱의 계산

• $102\times98 \xrightarrow[98=100-2]{102=100+2} \overset{(a+b)(a-b)}{(100+2)(100-2)}$
$=100^2-2^2=9996$

• $97\times102 \xrightarrow[102=100+2]{97=100-3} \overset{(x+a)(x+b)}{(100-3)(100+2)}$
$=100^2+(-3+2)\times100+(-3)\times2$
$=9894$

03 다음은 곱셈 공식을 이용하여 계산하는 방법이다. □ 안에 알맞은 수를 써넣어라.

(1) $101\times99=(100+\square)(100-\square)$
$=100^2-\square^2$
$=10000-\square$
$=\square$

(2) $6.1\times5.9=(6+0.1)(6-0.1)$
$=36-\square$
$=\square$

(3) $101\times105=(100+\square)(\square+5)$
$=\square+\square+5$
$=\square$

(4) $51\times52=(50+\square)(50+\square)$
$=2500+\square+2$
$=\square$

04 곱셈 공식을 이용하여 다음을 계산하여라.

(1) 52×48

(2) 96×104

(3) 61×59

(4) 102×103

(5) 93×97

(6) 67×75

(7) 4.2×3.8

(8) 7.2×6.5

도전! 100점

05 곱셈 공식을 이용하여 84×96을 계산하려고 할 때, 어떤 곱셈 공식을 이용하는 것이 가장 편리한가?

① $(a+b)^2=a^2+2ab+b^2$
② $(a-b)^2=a^2-2ab+b^2$
③ $(a+b)(a-b)=a^2-b^2$
④ $(x+a)(x+b)=x^2+(a+b)x+ab$
⑤ $(ax+b)(cx+d)=acx^2+(ad+bc)x+bd$

개념 04 곱셈공식을 이용한 제곱근 계산

(1) 곱셈 공식을 이용한 식의 계산

근호 부분을 문자로 생각하고 곱셈 공식을 이용하여 계산한다.

예 $(\sqrt{3}+\sqrt{2})^2=(\sqrt{3})^2+\square\times\sqrt{3}\times\sqrt{2}+(\sqrt{2})^2=3+\square+2=\square$

$(\sqrt{3}-\sqrt{2})^2=(\sqrt{3})^2-2\times\square\times\sqrt{2}+(\sqrt{2})^2=3-\square+2=\square$

$(\sqrt{3}+\sqrt{2})(\sqrt{3}-\sqrt{2})=(\sqrt{3})^2-(\sqrt{2})^2=\square$

(2) 곱셈 공식을 이용한 식의 계산

곱셈 공식 $(a+b)(a-b)=a^2-b^2$을 이용하여 분모를 유리화할 수 있다.

$$\frac{c}{a+\sqrt{b}}=\frac{c\boldsymbol{(a-\sqrt{b})}}{(a+\sqrt{b})\boldsymbol{(a-\sqrt{b})}}=\frac{c(a-\sqrt{b})}{a^2-b}$$

예 $\frac{1}{2+\sqrt{3}}=\frac{2-\sqrt{3}}{(2+\sqrt{3})(2-\sqrt{3})}=\frac{2-\sqrt{3}}{2^2-(\sqrt{3})^2}=\frac{2-\sqrt{3}}{4-\square}=\square$

유형 곱셈공식을 이용한 식의 계산 (1)

$(a+b)^2=a^2+2\times a\times b+b^2$

• $(1+\sqrt{3})^2=1^2+2\times1\times\sqrt{3}\times(\sqrt{3})^2$
$=4+2\sqrt{3}$

$(a+b)(a-b)=a^2-b^2$

• $(\sqrt{5}+\sqrt{3})(\sqrt{5}-\sqrt{3})=(\sqrt{5})^2-(\sqrt{3})^2=2$

01 다음 식을 전개하여라.

(1) $(1+\sqrt{2})^2$

(2) $(\sqrt{3}+\sqrt{5})^2$

(3) $(\sqrt{7}+2)^2$

(4) $(2-\sqrt{3})^2$

(5) $(\sqrt{5}-\sqrt{2})^2$

(6) $(2\sqrt{3}-2)^2$

(7) $(\sqrt{3}+\sqrt{6})(\sqrt{6}-\sqrt{3})$

(8) $(\sqrt{2}+5)(\sqrt{2}-5)$

(9) $(3\sqrt{3}+2\sqrt{5})(3\sqrt{3}-2\sqrt{5})$

유형 분모의 유리화 − $\dfrac{c}{a+\sqrt{b}}$ 의 꼴

• $\dfrac{2}{3+\sqrt{5}}=\dfrac{2(3-\sqrt{5})}{(3+\sqrt{5})(3-\sqrt{5})}=\dfrac{2(3-\sqrt{5})}{3^2-(\sqrt{5})^2}$
$=\dfrac{2(3-\sqrt{5})}{9-5}=\dfrac{2(3-\sqrt{5})}{4}$
$=\dfrac{3-\sqrt{5}}{2}$

02 다음 수의 분모를 유리화하여라.

(1) $\dfrac{1}{2+\sqrt{5}}$

(2) $\dfrac{1}{1+\sqrt{2}}$

(3) $\dfrac{1}{3-\sqrt{3}}$

(4) $\dfrac{1}{\sqrt{15}+4}$

(5) $\dfrac{2}{3+\sqrt{7}}$

(6) $\dfrac{2}{2-\sqrt{3}}$

(7) $\dfrac{3}{4-\sqrt{15}}$

(8) $\dfrac{3}{\sqrt{10}-3}$

유형 곱셈 공식을 이용한 식의 계산(2)

• $\dfrac{\sqrt{2}+1}{\sqrt{2}-1}=\dfrac{(\sqrt{2}+1)(\sqrt{2}+1)}{(\sqrt{2}-1)(\sqrt{2}+1)}=2+2\sqrt{2}+1$
$=3+2\sqrt{2}$

03 다음 식을 간단히 하여라.

(1) $\dfrac{\sqrt{2}}{\sqrt{2}+1}$

(2) $\dfrac{\sqrt{3}}{2+\sqrt{3}}$

(3) $\dfrac{\sqrt{3}}{3-\sqrt{5}}$

(4) $\dfrac{2-\sqrt{5}}{2+\sqrt{5}}$

(5) $\dfrac{2+\sqrt{3}}{2-\sqrt{3}}$

도전! 100점

04 $\dfrac{3+2\sqrt{2}}{3-2\sqrt{2}}+\dfrac{2-\sqrt{2}}{2+\sqrt{2}}=a+b\sqrt{2}$일 때, 유리수 a, b에 대하여, $a-b$의 값은?

① -20 ② -10 ③ 10
④ 20 ⑤ 30

개념 05 곱셈 공식의 변형

(1) $a^2+b^2=(a+b)^2-2ab=(a-b)^2+2ab$

예 $a+b=3$, $ab=2$일 때, a^2+b^2의 값 구하기
$a^2+b^2=(a+b)^2-2ab=3^2-2\times2=\square$

(2) $(a-b)^2=(a+b)^2-4ab$

예 $a+b=5$, $ab=6$일 때, $(a-b)^2$의 값 구하기
$(a-b)^2=(a+b)^2-4ab=5^2-4\times\square=\square$

(3) $a^2+\frac{1}{a^2}=\left(a+\frac{1}{a}\right)^2-2=\left(a-\frac{1}{a}\right)^2+2$

예 $a+\frac{1}{a}=2$일 때, $a^2+\frac{1}{a^2}$의 값 구하기
$a^2+\frac{1}{a^2}=\left(a+\frac{1}{a}\right)^2-2=\square^2-2=\square$

(4) $\left(a-\frac{1}{a}\right)^2=\left(a+\frac{1}{a}\right)^2-4$

예 $a+\frac{1}{a}=4$일 때, $\left(a-\frac{1}{a}\right)^2$의 값 구하기
$\left(a-\frac{1}{a}\right)^2=\left(a+\frac{1}{a}\right)^2-4=\square^2-4=\square$

유형 $a^2+b^2=(a+b)^2-2ab=(a-b)^2+2ab$

- $a+b=5$, $ab=3$일 때,
  $a^2+b^2=(a+b)^2-2ab \xrightarrow[ab=3]{a+b=5} 25-6=19$
- $a-b=2$, $ab=1$일 때,
  $a^2+b^2=(a-b)^2+2ab \xrightarrow[ab=1]{a-b=2} 4+2=6$

01 곱셈 공식의 변형을 이용하여 다음 식의 값을 구하여라.

(1) $a+b=10$, $ab=5$일 때, a^2+b^2의 값

(2) $a+b=\frac{2}{3}$, $ab=\frac{1}{12}$일 때, a^2+b^2의 값

(3) $a-b=6$, $ab=7$일 때, a^2+b^2의 값

(4) $a-b=-1$, $ab=6$일 때, a^2+b^2의 값

유형 $(a-b)^2=(a+b)^2-4ab$

- $a+b=3$, $ab=2$일 때,
  $(a-b)^2=(a+b)^2-4ab \xrightarrow[ab=2]{a+b=3} 9-8=1$
- $a-b=3$, $ab=5$일 때,
  $(a+b)^2=(a-b)^2+4ab \xrightarrow[ab=5]{a-b=3} 9+20=29$

02 곱셈 공식의 변형을 이용하여 다음 식의 값을 구하여라.

(1) $a+b=5$, $ab=3$일 때, $(a-b)^2$의 값

(2) $a+b=-5$, $ab=6$일 때, $(a-b)^2$의 값

(3) $a-b=2$, $ab=\frac{5}{9}$일 때, $(a+b)^2$의 값

(4) $a-b=-4$, $ab=-3$일 때, $(a+b)^2$의 값

유형 $a^2+\frac{1}{a^2}=\left(a+\frac{1}{a}\right)^2-2$

• $a+\frac{1}{a}=3$일 때,

$a^2+\frac{1}{a^2}=\left(a+\frac{1}{a}\right)^2-2 \xrightarrow{a+\frac{1}{a}=3} 9-2=7$

• $a-\frac{1}{a}=2$일 때,

$a^2+\frac{1}{a^2}=\left(a-\frac{1}{a}\right)^2+2 \xrightarrow{a-\frac{1}{a}=2} 4+2=6$

03 곱셈 공식의 변형을 이용하여 다음 식의 값을 구하여라.

(1) $a+\frac{1}{a}=5$일 때, $a^2+\frac{1}{a^2}$의 값

(2) $a+\frac{1}{a}=7$일 때, $a^2+\frac{1}{a^2}$의 값

(3) $a+\frac{1}{a}=-\frac{5}{2}$일 때, $a^2+\frac{1}{a^2}$의 값

(4) $a+\frac{1}{a}=-4$일 때, $a^2+\frac{1}{a^2}$의 값

(5) $a-\frac{1}{a}=3$일 때, $a^2+\frac{1}{a^2}$의 값

(6) $a-\frac{1}{a}=5$일 때, $a^2+\frac{1}{a^2}$의 값

(7) $a-\frac{1}{a}=8$일 때, $a^2+\frac{1}{a^2}$의 값

유형 $\left(a-\frac{1}{a}\right)^2=\left(a+\frac{1}{a}\right)^2-4$

• $a+\frac{1}{a}=6$일 때,

$\left(a-\frac{1}{a}\right)^2=\left(a+\frac{1}{a}\right)^2-4 \xrightarrow{a+\frac{1}{a}=6} 36-4=32$

• $a-\frac{1}{a}=3$일 때,

$\left(a+\frac{1}{a}\right)^2=\left(a-\frac{1}{a}\right)^2+4 \xrightarrow{a-\frac{1}{a}=3} 9+4=13$

04 곱셈 공식의 변형을 이용하여 다음 식의 값을 구하여라.

(1) $a+\frac{1}{a}=3$일 때, $\left(a-\frac{1}{a}\right)^2$의 값

(2) $a+\frac{1}{a}=-7$일 때, $\left(a-\frac{1}{a}\right)^2$의 값

(3) $a-\frac{1}{a}=4$일 때, $\left(a+\frac{1}{a}\right)^2$의 값

(4) $a-\frac{1}{a}=-8$일 때, $\left(a+\frac{1}{a}\right)^2$의 값

도전! 100점

05 $a+b=4$, $ab=-1$일 때, a^2+b^2과 $(a-b)^2$의 값을 차례로 구한 것은?

① 16, 16 ② 16, 18 ③ 18, 20
④ 20, 20 ⑤ 24, 38

개념 01

01 다음 식을 전개하여라.

(1) $(3x+4)(y-1)$

(2) $(2a-5b)(a-b+3)$

(3) $(x+4)^2$

(4) $(3x+1)^2$

(5) $\left(\frac{1}{2}x+y\right)^2$

(6) $\left(5x+\frac{1}{3}y\right)^2$

(7) $(-2x+3y)^2$

(8) $\left(x-\frac{1}{6}y\right)^2$

(9) $\left(4a-\frac{1}{7}b\right)^2$

(10) $\left(-\frac{1}{3}a+\frac{1}{5}b\right)^2$

개념 01

02 다음 식을 전개하여라.

(1) $(x+8)(x-8)$

(2) $(5-x)(5+x)$

(3) $(a+5b)(a-5b)$

(4) $(-3x+7y)(-3x-7y)$

(5) $\left(\frac{1}{2}y+\frac{2}{5}\right)\left(\frac{1}{2}y-\frac{2}{5}\right)$

(6) $\left(5a-\frac{1}{3}b\right)\left(5a+\frac{1}{3}b\right)$

개념 02

03 다음 식을 전개하여라.

(1) $(x+2y)(x+5y)$

(2) $(x-6y)(x+2y)$

(3) $(x+3y)(x-5y)$

(4) $(a+2b)(a-3b)$

(5) $(x-y)(x-2y)$

(6) $(a-2b)(a-6b)$

(7) $\left(a-\frac{1}{3}b\right)\left(a-\frac{2}{3}b\right)$

(8) $\left(x+\frac{1}{3}y\right)\left(x-\frac{1}{6}y\right)$

개념 02

04 다음 식을 전개하여라.

(1) $(x+1)(5x+3)$

(2) $(x+2)(2x+3)$

(3) $(3x+2)(4x+5)$

(4) $(3x-2)(2x+3)$

(5) $(3x-4)(2x+5)$

(6) $(5x+2)(4x-7)$

(7) $(2x-3)(x-4)$

(8) $(-x+3)(x-2)$

개념 02

05 다음 □ 안에 알맞은 수를 써넣어라.

(1) $(x+1)(x+4)=x^2+\square x+4$

(2) $(x+3)(x-2)=x^2+x+\square$

(3) $(x+3y)(x-7y)=x^2-\square xy-21y^2$

(4) $(x+6)(x+\square)=x^2+11x+30$

(5) $(2a+3)(a+\square)=2a^2-a-6$

(6) $(\square-3)(2x-1)=10x^2-11x+3$

(7) $(x+\square)(x+6y)=x^2+10xy+24y^2$

(8) $(a-3b)(a+\square)=a^2-8ab+15b^2$

개념 03

06 다음 중 주어진 수의 계산을 간편하게 하기 위하여 이용되는 곱셈 공식으로 적당한 것은 ○표, 적당하지 않은 것은 ×표 하여라.

(1) 502^2 ➡ $(a+b)^2$ (　　)

(2) 996^2 ➡ $(a+b)^2$ (　　)

(3) 105×94 ➡ $(a+b)(a-b)$ (　　)

(4) 1007×993 ➡ $(a+b)(a-b)$ (　　)

개념 03

07 곱셈 공식을 이용하여 다음을 계산하여라.

(1) 42^2

(2) 47^2

(3) 301×299

(4) 10.2×10.3

(5) 5.2×2.5

개념 04

08 다음 식을 간단히 하여라.

(1) $(3+\sqrt{7})^2$

(2) $(\sqrt{5}-2)^2$

(3) $(4-2\sqrt{3})^2$

(4) $(-\sqrt{6}+\sqrt{13})(\sqrt{6}+\sqrt{13})$

(5) $(3\sqrt{5}-7)(3\sqrt{5}+7)$

(6) $\dfrac{1}{2+\sqrt{2}}$

(7) $\dfrac{2}{3-\sqrt{3}}$

(8) $\dfrac{\sqrt{11}+3}{\sqrt{11}-3}$

개념 05

09 곱셈 공식의 변형을 이용하여 다음 식의 값을 구하여라.

(1) $a+b=1$, $ab=-6$일 때, a^2+b^2의 값

(2) $a-b=-2$, $ab=15$일 때, a^2+b^2의 값

(3) $x+y=2$, $xy=-1$일 때, $(x-y)^2$의 값

(4) $x-y=-5$, $xy=14$일 때, $(x+y)^2$의 값

(5) $x-\dfrac{1}{x}=4$일 때, $x^2+\dfrac{1}{x^2}$의 값

(6) $x+\dfrac{1}{x}=-2$일 때, $x^2+\dfrac{1}{x^2}$의 값

(7) $a+\dfrac{1}{a}=5$일 때, $\left(a-\dfrac{1}{a}\right)^2$의 값

(8) $a-\dfrac{1}{a}=6$일 때, $\left(a+\dfrac{1}{a}\right)^2$의 값

개념 06 인수분해의 뜻

(1) **인수** : 하나의 다항식을 2개 이상의 다항식의 곱으로 나타낼 때, 각각의 식을 처음 다항식의 인수라 한다.

예 x, $x+1$, $x(x+1)$은 $x(x+1)$의 인수이다.

(2) **인수분해** : 하나의 다항식을 두 개 이상의 단항식이나 다항식의 곱으로 나타내는 것

$$x^2+3x+2 \underset{\text{전개}}{\overset{\text{인수분해}}{\rightleftarrows}} (x+1)(x+2)$$

예 $(x+2)(x+3)=x^2+5x+6$

$(x+2)(x+3)$은 x^2+5x+6을 (인수분해, 전개)한 것이다.

(3) **공통인수** : 다항식의 각 항에 공통으로 들어 있는 인수

예 $ma+mb$에서 항 ma, mb에 공통으로 들어 있는 인수 ➡ 공통인수 : $\square$

(4) **공통인수를 이용한 인수분해** : 분배법칙을 이용하여 공통인수를 묶어 내어 인수분해한다.

예 $ax+2ay$를 인수분해 하기 위해 공통인수 a로 묶어 내면 $ax+2ay=\square(x+2y)$

유형 인수분해의 뜻

• $(x+1)(x-1)=x^2-1$

→ $(x+1)(x-1)$은 x^2-1을 인수분해한 것

01 다음 식은 어떤 다항식을 인수분해한 것인지 구하여라.

(1) $a(x+2)$

(2) $(x+2)^2$

(3) $(x+2)(x-2)$

(4) $(x+2)(x-1)$

유형 인수 구하기

• $x(x-1)=x\times(x-1)$

→ x, $x-1$, $x(x-1)$은 $x(x-1)$의 인수

02 다음 식의 인수를 모두 찾아 ○표 하여라.

(1) $x(x-2y)$

x $-2y$ $x-2y$ $x(x-2y)$

(2) $ab(x-y)$

a b ab $x-y$ $x+y$

(3) $(x+2y)(x+3y)$

x $3y$ $x+2y$ $x+3y$ $x(x+2y)$

유형 공통인수를 이용한 인수분해(1)

- $ax-ay \xrightarrow{\text{공통인수} : a} a(x-y)$
- $ab+ac+ad \xrightarrow{\text{공통인수} : a} a(b+c+d)$

03 다음 식을 인수분해하여라.

(1) $ax+bx$

(2) $ma-na$

(3) $ax+2ay$

(4) $5xy-4yz$

(5) $3x^2y-2xy^2$

(6) $ab+ac-ad$

(7) $a^2b+b^2c+ab^2$

(8) $3x^2-9xy+6x$

(9) $ax^2-3bx-acx$

(10) $2x^2-4xy^2+8xy$

유형 공통인수를 이용한 인수분해(2)

- $a(x+1)+b(x+1) \xrightarrow{\text{공통인수} : (x+1)} (a+b)(x+1)$

04 다음 식을 인수분해하여라.

(1) $(a+1)x+(a+1)y$

(2) $x(b-2)+(b-2)$

(3) $2(a+3)-(a+3)y$

(4) $y(a-2)+2-a$

(5) $x(x+1)+(x-1)(x+1)$

도전! 100점

05 $a(x-2)-x+2$를 인수분해하면?

① $a(x+2)$ ② $x(a-2)$
③ $(x-2)(a-1)$ ④ $(x-2)(a+1)$
⑤ $(x+2)(a-1)$

개념 07 인수분해 공식(1) - 완전제곱식

(1) **완전제곱식** : 다항식을 제곱한 식 또는 그 식에 상수를 곱한 식

예 $(x+1)^2$, $2(a-b)^2$

(2) **완전제곱식을 이용한 인수분해**

① $\boldsymbol{a^2+2ab+b^2=(a+b)^2}$

$a^2 + 2 \times a \times b + b^2 = (a+b)^2$

예 $x^2+2x+1=x^2+2\times x\times 1+1^2=$ ☐

② $\boldsymbol{a^2-2ab+b^2=(a-b)^2}$

$a^2 - 2 \times a \times b + b^2 = (a-b)^2$

예 $x^2-4x+4=x^2-2\times x\times 2+2^2=$ ☐

유형 $a^2+2ab+b^2$의 꼴의 인수분해(1)

• $x^2 + 6x + 9 = (x+3)^2$

$2\times x\times 3$

(제곱) (제곱)

01 다음 식을 인수분해하여라.

(1) x^2+4x+4

(2) $x^2+12x+36$

(3) $x^2+18x+81$

(4) $x^2+2xy+y^2$

(5) $x^2+6xy+9y^2$

(6) $x^2+14xy+49y^2$

유형 $a^2+2ab+b^2$의 꼴의 인수분해(2)

• $4x^2 + 12x + 9 = (2x+3)^2$

$2\times 2x\times 3$

(제곱) (제곱)

02 다음 식을 인수분해하여라.

(1) $9x^2+6x+1$

(2) $16x^2+8x+1$

(3) $25x^2+20xy+4y^2$

(4) $4x^2+x+\frac{1}{16}$

(5) $\frac{1}{4}x^2+x+1$

(6) $\frac{1}{9}x^2+\frac{1}{3}xy+\frac{1}{4}y^2$

유형 $a^2-2ab+b^2$의 꼴의 인수분해(1)

• $x^2 - 2x + 1 = (x-1)^2$

$2x = 2\times x\times 1$, x^2 (제곱), 1 (제곱)

03 다음 식을 인수분해하여라.

(1) x^2-6x+9

(2) $x^2-8x+16$

(3) $x^2-10x+25$

(4) $x^2-14x+49$

(5) $x^2-4xy+4y^2$

(6) $x^2-12xy+36y^2$

(7) $x^2-18xy+81y^2$

(8) $x^2-20xy+100y^2$

유형 $a^2-2ab+b^2$의 꼴의 인수분해(2)

• $4x^2 - 4x + 1 = (2x-1)^2$

$4x = 2\times 2x\times 1$, $4x^2$ (제곱), 1 (제곱)

04 다음 식을 인수분해하여라.

(1) $9x^2-6x+1$

(2) $36x^2-12x+1$

(3) $25x^2-30xy+9y^2$

(4) $x^2-\frac{4}{3}x+\frac{4}{9}$

(5) $x^2-3x+\frac{9}{4}$

(6) $\frac{9}{25}x^2-\frac{6}{5}xy+y^2$

도전! 100점

05 다음 중 완전제곱식으로 인수분해되지 않는 것은?

① $x^2-12x+36$ ② $4a^2+28a+49$

③ x^2+2x+1 ④ $a^2-\frac{2}{5}a+\frac{1}{25}$

⑤ $16x^2+24xy+36y^2$

개념 08 완전제곱식이 되기 위한 조건

완전제곱식이 되기 위한 조건

$$a^2 \pm 2ab + b^2 = (a \pm b)^2$$

(a^2: 제곱) (b^2: 제곱)

예 다음 두 식이 완전제곱식이 될 때,

① $x^2 + 2x + a$ ➡ $a = 1^2 = \square$ (x^2, $2x = 2 \times x \times 1$, 1^2)

② $x^2 + bx + 9$ ➡ $b = \pm(2 \times 3) = \pm\square$ (x^2, $bx = \pm(2 \times x \times 3)$, $9 = 3^2$)

유형 x^2의 계수가 1일 때, 상수항 구하기

• $x^2 + 8x + \square$가 완전제곱식 (x^2, $8x = 2 \times x \times 4$, 4^2)

→ $\square = 4^2 = 16$

01 다음 식이 완전제곱식이 되도록 □ 안에 알맞은 수를 써넣어라.

(1) $x^2 + 6x + \square$

(2) $x^2 + 10x + \square$

(3) $x^2 + 12xy + \square y^2$

(4) $x^2 - 4x + \square$

(5) $x^2 - 8x + \square$

(6) $x^2 - x + \square$

유형 x^2의 계수가 1일 때, x의 계수 구하기

• $x^2 + \square x + 4$가 완전제곱식 (x^2, $\pm(2 \times x \times 2)$, $4 = 2^2$)

→ $\square = \pm(2 \times 2) = \pm 4$

02 다음 식이 완전제곱식이 되도록 □ 안에 알맞은 수를 써넣어라.

(1) $x^2 + \square x + 1$

(2) $x^2 + \square x + 16$

(3) $x^2 + \square x + 25$

(4) $x^2 + \square xy + 9y^2$

(5) $x^2 + \square xy + 49y^2$

(6) $x^2 + \square x + \frac{1}{9}$

유형 **x^2의 계수가 1이 아닐 때, 상수항 구하기**

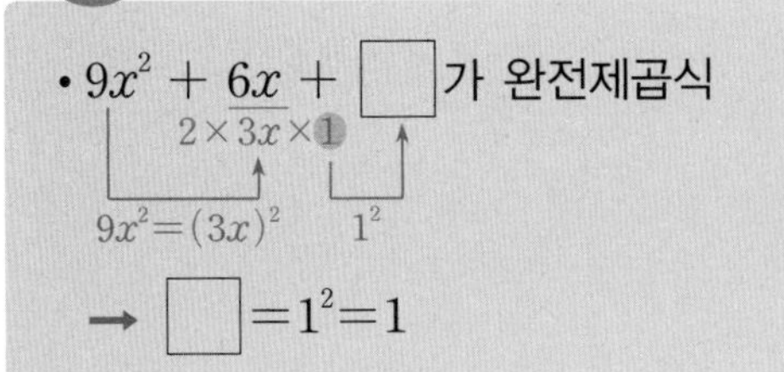

→ $\square=1^2=1$

03 다음 식이 완전제곱식이 되도록 □ 안에 알맞은 수를 써넣어라.

(1) $4x^2+12x+\square$

(2) $9x^2+12x+\square$

(3) $16x^2-40xy+\square y^2$

유형 **x^2의 계수가 1이 아닐 때, x의 계수 구하기**

• $4x^2+\square x+1$이 완전제곱식

$\pm(2\times2x\times1)$

$4x^2=(2x)^2$　　$1=1^2$

→ $\square=\pm(2\times2\times1)=\pm4$

04 다음 식이 완전제곱식이 되도록 □ 안에 알맞은 수를 써넣어라.

(1) $25x^2+\square x+1$

(2) $4x^2+\square x+9$

(3) $49x^2+\square xy+4y^2$

유형 **x^2의 계수 구하기**

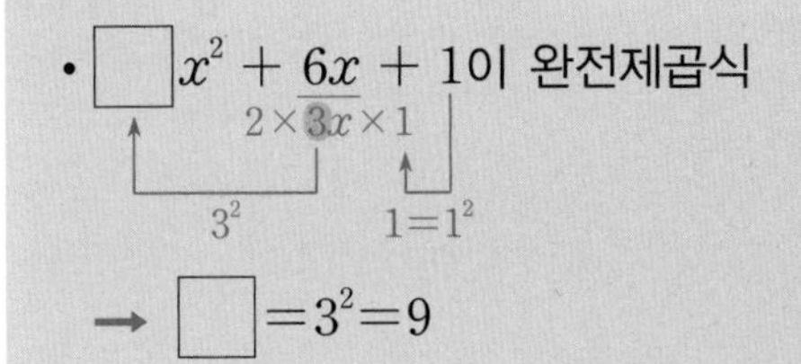

→ $\square=3^2=9$

05 다음 식이 완전제곱식이 되도록 □ 안에 알맞은 것을 써넣어라.

(1) $\square x^2+4x+1$

(2) $\square x^2+14x+1$

(3) $\square x^2-8x+1$

(4) $\square-2x+1$

(5) $\square x^2+12xy+y^2$

도전! 100점

06 $x^2-6x+a=(x+b)^2$에서 $a-b$의 값은?

① 3　　② 6　　③ 9
④ 12　　⑤ 15

개념 09 인수분해 공식(2) – 제곱의 차

$$a^2-b^2=(a+b)(a-b)$$

($a+b$: 합, $a-b$: 차)

예 $x^2-9=x^2-3^2=(x+3)(x-\square)$

($a^2-b^2=(a+b)(a-b)$)

유형 a^2-b^2의 꼴의 인수분해(1)

- $x^2-25=x^2-5^2=(x+5)(x-5)$

($a^2-b^2=(a+b)(a-b)$)

01 다음 식을 인수분해하여라.

(1) x^2-1

(2) x^2-16

(3) x^2-49

(4) x^2-64

(5) x^2-9y^2

(6) x^2-25y^2

(7) x^2-36y^2

(8) x^2-81y^2

유형 a^2-b^2의 꼴의 인수분해(2)

- $4x^2-1=(2x)^2-1=(2x+1)(2x-1)$

($a^2-b^2=(a+b)(a-b)$)

02 다음 식을 인수분해하여라.

(1) $9x^2-1$

(2) $16x^2-1$

(3) $25x^2-1$

(4) $49x^2-1$

(5) $36x^2-y^2$

(6) $64x^2-y^2$

(7) $81x^2-y^2$

(8) $100x^2-y^2$

유형 a^2-b^2의 꼴의 인수분해(3)

$$a^2 - b^2 = (a+b)(a-b)$$

• $4x^2-9=(2x)^2-3^2=(2x+3)(2x-3)$

03 다음 식을 인수분해하여라.

(1) $4x^2-25$

(2) $9x^2-64$

(3) $25x^2-36$

(4) $9x^2-25$

(5) $16x^2-49y^2$

(6) $16x^2-9$

(7) $25x^2-16$

(8) $64x^2-25y^2$

유형 a^2-b^2의 꼴의 인수분해(4)

$$a^2 - b^2 = (a+b)(a-b)$$

• $\frac{1}{4}x^2-9=\left(\frac{1}{2}x\right)^2-3^2=\left(\frac{1}{2}x+3\right)\left(\frac{1}{2}x-3\right)$

04 다음 식을 인수분해하여라.

(1) $\frac{1}{9}x^2-4$

(2) $\frac{1}{16}x^2-9$

(3) $\frac{1}{4}x^2-\frac{1}{9}$

(4) $\frac{1}{25}x^2-\frac{1}{4}$

(5) $\frac{9}{4}x^2-25y^2$

(6) $\frac{4}{9}x^2-\frac{25}{16}y^2$

도전! 100점

05 $9x^2-4$를 인수분해하면?

① $(3x+2)^2$ ② $(3x-2)^2$
③ $(3x+2)(3x-2)$ ④ $(3x+4)(3x-4)$
⑤ $(9x+2)(9x-2)$

개념 10 인수분해 공식(3) - x^2의 계수가 1인 이차식

$$x^2+(a+b)x+ab=(x+a)(x+b)$$

($a+b$: 합, ab: 곱)

예 x^2+3x+2 (합: 3, 곱: 2) $\xrightarrow[\text{두 정수 : 1, 2}]{\text{곱이 2, 합이 3인}}$ $x^2+(1+2)x+(1\times2)=(x+1)(x+\square)$

($x^2 + (a+b)x + ab = (x+a)(x+b)$)

유형 합과 곱이 주어졌을 때, 두 정수 구하기

• 곱이 4, 합이 5인 두 정수
→ 곱이 4인 두 정수 : (1, 4), (2, 2), (−1, −4), (−2, −2)
→ 합이 5인 두 정수 : 1, 4

01 다음을 구하여라.

(1) 곱이 3, 합이 4인 두 정수

(2) 곱이 6, 합이 5인 두 정수

(3) 곱이 −6, 합이 1인 두 정수

(4) 곱이 −10, 합이 3인 두 정수

(5) 곱이 −6, 합이 −1인 두 정수

(6) 곱이 −15, 합이 −2인 두 정수

(7) 곱이 6, 합이 −7인 두 정수

(8) 곱이 8, 합이 −6인 두 정수

유형 $x^2+(a+b)x+ab$의 꼴의 인수분해 과정

• $x^2-5x+4=(x-1)(x-4)$

$x \quad -1 \rightarrow \quad -x$
$x \quad -4 \rightarrow +)\ -4x$
곱 : 4 합 : $-5x$

02 다음은 주어진 식을 인수분해하는 과정이다. □ 안에 알맞은 것을 써넣어라.

(1) $x^2+7x+10=(x+2)(x+\square)$

$x \quad 2 \rightarrow \quad 2x$
$x \quad \square \rightarrow +)\ \square$
$\square$

(2) $x^2+2x-8=(x+4)(x-\square)$

$x \quad 4 \rightarrow \quad 4x$
$x \quad \square \rightarrow +)\ \square$
$\square$

(3) $x^2-3x-4=(x+\square)(x-4)$

$x \quad \square \rightarrow \quad \square$
$x \quad -4 \rightarrow +)\ -4x$
$\square$

유형 $x^2+(a+b)x+ab$의 꼴의 인수분해(1)

• $x^2+3x+2=(x+1)(x+2)$

곱 : 2, 합 : 3

03 다음 식을 인수분해하여라.

(1) x^2+5x+4

(2) $x^2+8x+12$

(3) x^2+x-6

(4) $x^2+3x-40$

(5) x^2-x-2

(6) $x^2-4x-21$

(7) x^2-5x+4

(8) $x^2-9x+18$

유형 $x^2+(a+b)x+ab$의 꼴의 인수분해(2)

• $x^2-2yx-3y^2=(x+y)(x-3y)$

곱 : $-3y^2$, 합 : $-2y$

04 다음 식을 인수분해하여라.

(1) $x^2+7xy+12y^2$

(2) $x^2+12xy+27y^2$

(3) $x^2+2xy-3y^2$

(4) $x^2-4xy-12y^2$

(5) $x^2-5xy-24y^2$

(6) $x^2-11xy+28y^2$

도전! 100점

05 $x^2+5x-14$가 x의 계수가 1인 두 일차식의 곱으로 인수분해될 때, 이 두 일차식의 합은?

① $2x-9$ ② $2x-5$ ③ $2x+5$
④ $2x+7$ ⑤ $2x+9$

개념 11 인수분해 공식(4) – x^2의 계수가 1이 아닌 이차식

$$acx^2+(ad+bc)x+bd=(ax+b)(cx+d)$$

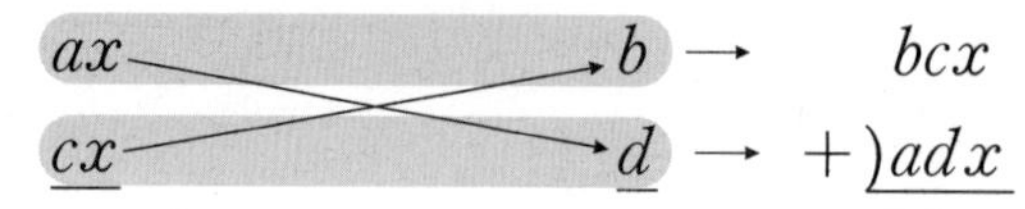

$\rightarrow bcx$

$\rightarrow +)\ adx$

곱 : acx^2 곱 : bd 합 : $(ad+bc)x$

예 $2x^2+5x+2=(x+2)(\square)$

$x \quad 2 \rightarrow 4x$

$2x \quad 1 \rightarrow +)\ x$

$5x$

유형 $acx^2+(ad+bc)x+bd$의 꼴의 인수분해 과정

• $2x^2-3x+1=(x-1)(2x-1)$

$x \quad -1 \rightarrow -2x$

$2x \quad -1 \rightarrow +)-x$

곱 : $2x^2$ 곱 : 1 합 : $-3x$

01 다음은 주어진 식을 인수분해하는 과정이다. $\square$ 안에 알맞은 것을 써넣어라.

(1) $2x^2+5x+3=(x+1)(2x+\square)$

$x \quad 1 \rightarrow 2x$

$2x \quad \square \rightarrow +)\ \square$

$\square$

(2) $2x^2+x-3=(x-1)(2x+\square)$

$x \quad -1 \rightarrow -2x$

$2x \quad \square \rightarrow +)\ \square$

$\square$

(3) $6x^2-5x-6=(2x-3)(3x+\square)$

$2x \quad -3 \rightarrow -9x$

$3x \quad \square \rightarrow +)\ \square$

$\square$

(4) $3x^2+10xy+8y^2=(x+\square)(3x+4y)$

$x \quad \square \rightarrow \square$

$3x \quad 4y \rightarrow +)\ 4xy$

$\square$

(5) $2x^2-11xy+15y^2=(x-\square)(2x-5y)$

$x \quad \square \rightarrow \square$

$2x \quad -5y \rightarrow +)-5xy$

$\square$

유형 $acx^2+(ad+bc)x+bd$의 꼴의 인수분해(1)

• $2x^2+7x+6=(x+2)(2x+3)$

x ↘↗ 2 → $4x$
$2x$ ↗↘ 3 → $+)\ 3x$
곱 : $2x^2$　곱 : 6　합 : $7x$

02 다음 식을 인수분해하여라.

(1) $2x^2+3x+1$

(2) $5x^2+17x+6$

(3) $4x^2+8x-5$

(4) $6x^2+x-12$

(5) $2x^2-x-6$

(6) $9x^2-6x-8$

(7) $3x^2-11x+6$

(8) $6x^2-17x+12$

유형 $acx^2+(ad+bc)x+bd$의 꼴의 인수분해(2)

• $3x^2-7xy-6y^2=(x-3y)(3x+2y)$

x ↘↗ $-3y$ → $-9xy$
$3x$ ↗↘ $2y$ → $+)\ 2xy$
곱 : $3x^2$　곱 : $-6y^2$　합 : $-7xy$

03 다음 식을 인수분해하여라.

(1) $6x^2+7xy+2y^2$

(2) $9x^2+6xy-8y^2$

(3) $6x^2+11xy-10y^2$

(4) $8x^2-2xy-3y^2$

(5) $6x^2-13xy+2y^2$

(6) $12x^2-11xy+2y^2$

도전! 100점

04 두 다항식 $2x^2-9x+4$, $6x^2+5x-4$의 공통 인수는?

① $x-4$　② $2x-1$　③ $2x+1$
④ $3x-4$　⑤ $3x+4$

개념 12 복잡한 식의 인수분해

(1) **공통인수가 있는 경우** : 공통인수로 묶은 다음 인수분해 공식을 이용한다.

예 $-x^2+3x-2=-(x^2-3x+2)=-(x-1)(\square)$

$ax^2-a=a(x^2-1)=a(x+1)(\square)$

(2) **공통인 식 치환하기** : 공통인 식을 한 문자로 치환한 다음 인수분해 공식을 이용한다.

예 $(x+1)^2+2(x+1)+1$에서 $x+1=A$로 치환하면

$A^2+2A+1=(\square)^2=(x+1+1)^2=\square$

(3) **항이 4개인 경우**

① (2항)+(2항)으로 묶어서 공통으로 들어 있는 식을 찾는다.

예 $xy+x+y+1=x(y+1)+(y+1)=(\square)(y+1)$

② 완전제곱식을 찾아 (3항)−(1항) 또는 (1항)−(3항)으로 묶어서 A^2-B^2의 꼴로 변형한다.

예 $x^2-2xy+y^2-4=(x^2-2xy+y^2)-2^2=(x-y)^2-2^2=(x-y+2)(\square)$

유형 공통인수가 있는 경우(1)

• $-x^2+2x-1=-(x^2-2x+1)=-(x-1)^2$

• $3x^2+6x+3=3(x^2+2x+1)=3(x+1)^2$ ($6x$: 3×2)

01 다음 식을 인수분해하여라.

(1) $-x^2-4x-4$

(2) $-x^2+6x-9$

(3) $3x^2-27$

(4) $2x^2+2x-12$

(5) $-4x^2+12xy-8y^2$

(6) $6x^2+21xy+18y^2$

유형 공통인수가 있는 경우(2)

• $x^3-xy^2=x(x^2-y^2)=x(x+y)(x-y)$ (x^3: $x\times x^2$)

02 다음 식을 인수분해하여라.

(1) x^3+2x^2+x

(2) x^3y+4x^2y+4xy

(3) $2x^2y-4xy+2y$

(4) x^3-9xy^2

(5) $3x^2y+9xy^2+6y^3$

(6) $4x^3y-10x^2y^2+4xy^3$

유형 공통인 식 치환하기

• $(x+2)^2-2(x+2)+1$

$\xrightarrow{x+2=A\text{로 치환}} A^2-2A+1=(A-1)^2$

$\xrightarrow{A=x+2\text{ 대입}} (x+2-1)^2=(x+1)^2$

03 다음 식을 인수분해하여라.

(1) $(x-2)^2+2(x-2)+1$

(2) $(2x+3)^2-(x+1)^2$

(3) $(x+5y)(x+5y-5)-6$

(4) $3(3x-2y)^2+10(3x-2y)+8$

유형 항이 4개인 경우 – 2항씩 묶는 경우

• $xy-x-y+1=x(y-1)-(y-1)$
$=(x-1)(y-1)$

04 다음 식을 인수분해하여라.

(1) $xy-3x+5y-15$

(2) $x^2-y^2+3x-3y$

(3) $xy-2y+x-2$

(4) $6xy-3x-5z+10yz$

유형 항이 4개인 경우 – 3항과 1항씩 묶는 경우

완전제곱식

• $x^2-y^2-2y-1=x^2-(y^2+2y+1)$

$A^2-B^2=(A+B)(A-B)$

$\rightarrow x^2-(y+1)^2=(x+y+1)(x-y-1)$

05 다음 식을 인수분해하여라.

(1) $x^2+2x+1-y^2$

(2) $x^2+4xy+4y^2-9$

(3) x^2-y^2-4y-4

(4) $1-4a^2-4ab-b^2$

도전! 100점

06 $(x+2)^2-8(x+2)+16=(x+a)^2$일 때, 상수 a의 값은?

① -6 ② -2 ③ 2
④ 4 ⑤ 6

07 다음 중 $x^2y^2-x^2-y^2+1$의 인수가 아닌 것은?

① $x-1$ ② $x+1$ ③ $y-1$
④ y^2-1 ⑤ $xy-1$

개념 13 수의 계산과 식의 값

(1) **수의 계산** : 인수분해 공식을 이용하여 수의 모양을 바꾸어 계산하면 편리하다.

예 $55^2-45^2=(55+45)(55-45)=100\times\square=\square$

(2) **식의 값** : 주어진 식을 인수분해한 후 문자의 값을 대입하여 식의 값을 계산하면 편리하다.

예 $x=96$일 때, $x^2+8x+16=(x+\square)^2=(96+4)^2=100^2=\square$

유형 수의 계산 – $ma+mb=m(a+b)$를 이용

• $26\times43+26\times57=26\times(43+57)=26\times100$ ($ma+mb=m(a+b)$)
$=2600$

01 $ma+mb=m(a+b)$를 이용하여 다음을 계산하여라.

(1) $27\times33+27\times67$

(2) $117\times44+117\times56$

(3) $59\times123+41\times123$

(4) $14\times128-14\times28$

(5) $98\times136-98\times36$

(6) $213\times39-113\times39$

유형 수의 계산 – 인수분해 공식을 이용

• $36^2+2\times36\times4+4^2=(36+4)^2=40^2=1600$ ($a^2+2ab+b^2=(a+b)^2$)

02 인수분해 공식을 이용하여 다음을 계산하여라.

(1) $33^2+2\times33\times17+17^2$

(2) $48^2+2\times48\times12+12^2$

(3) $36^2-2\times36\times26+26^2$

(4) $51^2-2\times51\times21+21^2$

(5) 74^2-26^2

(6) 85^2-15^2

(7) 37^2-63^2

(8) $8.2^2-1.8^2$

유형 식의 값

• $x=1+\sqrt{2}$, $y=1-\sqrt{2}$일 때 x^2-y^2의 값

$x^2-y^2 \xrightarrow{\text{인수분해}} (x+y)(x-y)$

$\xrightarrow[y=1-\sqrt{2}\text{ 대입}]{x=1+\sqrt{2},} (1+\sqrt{2}+1-\sqrt{2})$
$\times(1+\sqrt{2}-1+\sqrt{2})$
$=2\times2\sqrt{2}=4\sqrt{2}$

03 인수분해 공식을 이용하여 다음 값을 구하여라.

(1) $x=97$일 때, x^2+6x+9의 값

(2) $x=18$일 때, $x^2-6x-16$의 값

(3) $x=4+\sqrt{5}$일 때, $x^2-8x+16$의 값

(4) $x=-2+\sqrt{2}$일 때, x^2+x-2의 값

(5) $x=3+\sqrt{6}$, $y=3-\sqrt{6}$일 때, x^2-y^2의 값

(6) $x=54$, $y=17$일 때, $x^2-4xy+4y^2$의 값

(7) $x=\sqrt{3}+\sqrt{2}$, $y=\sqrt{3}-\sqrt{2}$일 때, $x^2+2xy+y^2$의 값

(8) $x=\dfrac{1}{\sqrt{10}-3}$, $y=\dfrac{1}{\sqrt{10}+3}$일 때, x^2y-xy^2의 값

유형 식의 값의 활용

• $x+y=8$, $xy=2$일 때 x^2y+xy^2의 값

$x^2y+xy^2 \xrightarrow{\text{인수분해}} xy(x+y)$

$\xrightarrow[xy=2\text{ 대입}]{x+y=8,} 2\times8=16$

04 인수분해 공식을 이용하여 다음 값을 구하여라.

(1) $x+y=5$, $xy=4$일 때, x^2y+xy^2의 값

(2) $x-y=6$, $xy=-8$일 때, $2xy^2-2x^2y$의 값

(3) $x+y=7$일 때, $x^2+2xy+y^2-36$의 값

(4) $x+y=\sqrt{3}$, $x-y=\sqrt{2}$일 때, x^2-y^2의 값

(5) $x+y=3+\sqrt{2}$, $x-y=3-\sqrt{2}$일 때, $x^2+2x+1-y^2$의 값

도전! 100점

05 인수분해 공식을 이용하여 $7.6^2+2\times7.6\times2.4+2.4^2$을 계산하면?

① 100 ② 150 ③ 200
④ 250 ⑤ 300

개념 06

01 다음 식의 인수를 모두 찾아 ○표 하여라.

(1) $x(x-3)^2$

x $\quad$ $x-3$ $\quad$ x^2-3 $\quad$ $(x-3)^2$

(2) $2(a+1)(b-5)$

2 $\quad$ $a+1$ $\quad$ $a-b$ $\quad$ $b-3$ $\quad$ $2(b-5)$

(3) $3xy(1-y)$

$3x$ $\quad$ $3xy^2$ $\quad$ xy $\quad$ $y-x$ $\quad$ $y(1-y)$

(4) $a(2a-b)(a+3b)$

$a+b$ $\quad$ $2a-b$ $\quad$ a^2+3ab $\quad$ $2a^2-b$

개념 06

02 다음 식을 인수분해하여라.

(1) $2x^2y-5xy^2$

(2) a^2b+ab^2+abc

(3) $(a+3)x+(a+3)y$

(4) $x(x-1)+(x+3)(x-1)$

개념 07

03 다음 식을 인수분해하여라.

(1) $x^2+8x+16$

(2) $4x^2+12x+9$

(3) $x^2+\frac{2}{5}x+\frac{1}{25}$

(4) $x^2-16x+64$

(5) $16x^2-56xy+49y^2$

(6) $x^2-\frac{1}{2}xy+\frac{1}{16}y^2$

(7) $\frac{16}{9}a^2-\frac{16}{3}a+4$

(8) $\frac{1}{25}a^2+\frac{3}{5}ab+\frac{9}{4}b^2$

개념 08

04 다음 식이 완전제곱식이 되도록 □ 안에 알맞은 수를 써넣어라.

(1) $x^2+8x+\square$

(2) $x^2+\square x+36$

(3) $25x^2-30xy+\square y^2$

(4) $36x^2+\square x+1$

(5) $\square x^2+24x+16$

(6) $\square a^2-32a+4$

(7) $9a^2+\square b+\frac{1}{4}b^2$

(8) $16a^2-16ab+\square$

개념 09

05 다음 식을 인수분해하여라.

(1) x^2-4

(2) $36x^2-1$

(3) $4x^2-49$

(4) $\frac{4}{9}x^2-4$

(5) $64x^2-9y^2$

(6) $121-144y^2$

(7) $0.16a^2-0.25b^2$

(8) $\frac{25}{36}a^2-\frac{4}{49}b^2$

개념 10

06 다음 식을 인수분해하여라.

(1) x^2+4x+3

(2) x^2-6x+8

(3) $x^2+4xy-5y^2$

(4) $x^2-6xy-16y^2$

(5) a^2+a-6

(6) $b^2+8b+15$

(7) $a^2-ab-56b^2$

(8) $a^2-12ab+35b^2$

개념 11

07 다음 식을 인수분해하여라.

(1) $3x^2+7x+2$

(2) $6x^2+5x-21$

(3) $4x^2-4xy-15y^2$

(4) $5x^2-11xy+2y^2$

(5) $6a^2-a-2$

(6) $7b^2+20b-3$

(7) $10a^2-11ab+3b^2$

(8) $15a^2-ab-6b^2$

개념 12

08 다음 식을 인수분해하여라.

(1) $4x^2-16$

(2) $-2x^2-4x+6$

(3) x^3y-2x^2y+xy

(4) $9x^3-9x^2+2x$

(5) $(x-3)^2-4(x-3)+4$

(6) $(3x+2)^2-(x-1)^2$

(7) $(x+y)(x+y-7)+10$

(8) $ab-7a+b-7$

(9) $x^2-10xy+25y^2-4$

개념 13

09 인수분해 공식을 이용하여 다음을 계산하여라.

(1) $81\times24+81\times76$

(2) $62^2+2\times62\times18+18^2$

(3) $74^2-2\times74\times24+24^2$

(4) 53^2-47^2

(5) $x=104$일 때, $x^2-8x+16$의 값

(6) $x=\sqrt{7}+\sqrt{5}$, $y=\sqrt{7}-\sqrt{5}$일 때, $x^2+2xy+y^2$의 값

(7) $x+y=6$, $xy=8$일 때, x^2y+xy^2의 값

(8) $x=43$, $y=14$일 때, $4x^2-y^2$의 값

01 $(4x-3y)^2$의 전개식에서 y^2의 계수는?

① -12 ② -9 ③ 6
④ 9 ⑤ 12

02 $(x+6)(x+a)=x^2+4x+b$일 때, $a+b$의 값은?

① 8 ② 10 ③ -10
④ -12 ⑤ -14

03 곱셈 공식을 이용하여 995×1005를 계산하려고 한다. 다음 중 가장 적당한 것은?

① $(x+y)^2=x^2+2xy+y^2$
② $(x-y)=x^2-2xy+y^2$
③ $(x+y)(x-y)=x^2-y^2$
④ $(x+a)(x+b)=x^2+(a+b)x+ab$
⑤ $(ax+b)(cx+d)=acx^2+(ad+bc)x+bd$

04 $(x-7)(x+8)=x^2+Ax+B$일 때, 상수 A, B의 합 $A+B$의 값은?

① -56 ② -55 ③ 1
④ 55 ⑤ 56

05 $(5x-2)(6x+1)$의 전개식에서 x의 계수와 상수항의 합은?

① -9 ② -6 ③ -1
④ 3 ⑤ 6

06 다음 중 옳지 <u>않은</u> 것은?

① $(x+3y)^2=x^2+6xy+9y^2$
② $(3x-2)^2=9x^2-12x+4$
③ $(4x-1)(4x+1)=16x^2-1$
④ $(x-9)(x+5)=x^2+4x-45$
⑤ $(3x-2)(4x+5)=12x^2+7x-10$

07 $x+y=3$, $xy=2$일 때, $(x-y)^2$의 값은?

① -2 ② -1 ③ 1
④ 2 ⑤ 3

08 $(ax-4)(2x-3)=6x^2-bx+12$일 때, 상수 a, b에 대하여 $a-b$의 값은?

① -20 ② -14 ③ 14
④ 20 ⑤ 30

09 $xy(a-b)+x(a-b)$를 인수분해하면?

① $2xy(a-b)$ ② $x(y+1)(a-b)$
③ $(xy+1)(a-b)$ ④ $x(y-1)(a-b)$
⑤ $y(x+1)(a-b)$

10 $\frac{1}{4}x^2+10x+\square$가 완전제곱식이 될 때, $\square$ 안에 알맞은 수는?

① 36 ② 64 ③ 100
④ 144 ⑤ 196

11 다음 중 완전제곱식으로 인수분해되지 <u>않는</u> 것은?

① x^2+4x+4 ② $25a^2-10a+1$
③ x^2-2x+1 ④ $a^2+\frac{1}{2}a+\frac{1}{4}$
⑤ $25x^2-30xy+9y^2$

12 $x^2+4x+a=(x+b)^2$에서 ab의 값은?

① 2 ② 3 ③ 4
④ 6 ⑤ 8

13 $25x^2-64$를 인수분해하면?

① $(5x+8)^2$
② $(5x-8)^2$
③ $(5x+4)(5x-4)$
④ $(5x+8)(5x-8)$
⑤ $(25x+8)(25x-8)$

14 x^2-6x-7이 x의 계수가 1인 두 일차식의 곱으로 인수분해될 때, 이 두 일차식의 합은?

① $2x-8$ ② $2x-7$ ③ $2x-6$
④ $2x+6$ ⑤ $2x+8$

15 다음 중 옳지 않은 것은?

① $y^2-4y+4=(y+2)^2$
② $x^2-9=(x+3)(x-3)$
③ $x^2-6x+8=(x-2)(x-4)$
④ $2x^2-5x+2=(x-2)(2x-1)$
⑤ $x(y-1)-(y-1)=(x-1)(y-1)$

16 $a=\sqrt{3}-1$일 때, a^2+2a+1의 값은?

① 1 ② 2 ③ 3
④ 4 ⑤ 5

17 두 다항식 $3x^2-10x-8$, $6x^2+x-2$의 공통인 수는?

① $x-4$ ② $2x-1$ ③ $2x+1$
④ $3x-2$ ⑤ $3x+2$

18 인수분해 공식을 이용하여 $11.2^2-2\times11.2\times1.2+1.2^2$을 계산하면?

① 50 ② 100 ③ 200
④ 300 ⑤ 400

19 $(3x-2)^2-(x+1)^2=(4x+a)(bx-3)$일 때, 상수 a, b에 대하여 ab의 값은?

① -2 ② -1 ③ 0
④ 1 ⑤ 3

20 다항식 x^2-3x-y^2+3y를 인수분해하였더니 $(x+Ay)(x+By+C)$가 되었다. 이때 상수 A, B, C에 대하여 $A+B+C$의 값은?

① 2 ② 1 ③ -2
④ -3 ⑤ 3

Ⅲ 이차방정식

이 단원에서 공부해야 할 필수 개념

개념 01 이차방정식의 뜻

(1) **이차방정식** : 방정식의 모든 항을 좌변으로 이항하여 정리하였을 때, **(x에 관한 이차식)$=0$**의 꼴로 나타내어지는 방정식을 x에 관한 이차방정식이라 한다.

$$ax^2+bx+c=0(a\neq 0,\ a,\ b,\ c\text{는 상수})$$

예 $x^2+1=2$를 정리하면 $x^2-1=0$이고 좌변이 x에 관한 이차식이므로 $x^2+1=2$는 이차방정식이다.

(2) **이차방정식이 되기 위한 조건** : $ax^2+bx+c=0$이 x에 관한 이차방정식이 되기 위한 조건은 $a\neq 0$이다.

예 $(a-1)x^2+3x+2=0$이 x에 관한 이차방정식이 되기 위한 조건은 $a-1\neq 0$에서 $a\neq$ ☐

유형 이차방정식 찾기

• $2x^2+x=3x-1$ → $2x^2-2x+1=0$ (x에 관한 이차식)$=0$
→ 이차방정식

01 다음 중 이차방정식인 것은 ○표, 아닌 것은 ×표 하여라.

(1) $x^2+x+3=0$ (　　)

(2) $0=x^2-2x+1$ (　　)

(3) x^2+2x-4 (　　)

(4) $-\frac{x^2}{4}+\frac{2}{3}x=0$ (　　)

(5) $5x^2+1=0$ (　　)

(6) $2x+2=0$ (　　)

(7) $\frac{3}{4}x^2=0$ (　　)

(8) $-6x=0$ (　　)

(9) $2x-4=-x^2$ (　　)

(10) $2x^2-4=5x-4$ (　　)

(11) $3x^2-2x=3x^2-2$ (　　)

(12) $x^2-x(x-3)=0$ (　　)

(13) $3(x+2)(x-2)=2x^2$ (　　)

유형 이차방정식이 되기 위한 조건

• $(a-2)x^2+2x-1=0$이 이차방정식일 때
(x^2항의 계수)$\neq 0$
→ $a-2\neq 0$ → $a\neq 2$

02 다음 등식이 이차방정식이 되기 위한 상수 a의 조건을 구하여라.

(1) $ax^2+x+2=0$

(2) $ax^2-2x=0$

(3) $ax^2-7=0$

(4) $ax^2-(a+2)x+1=0$

(5) $(a-2)x^2+4x+a=0$

(6) $(a+1)x^2+4x+(a-3)=0$

(7) $(a+3)x^2-(a+2)x+3=0$

(8) $ax^2-5x+3=2x^2+1$

(9) $ax^2+2x-1=3x^2+2$

(10) $ax^2+4x-1=-4x^2+6x+3$

유형 상수 a, b, c의 값 구하기

• $(x+1)(x+2)=0$의 $ax^2+bx+c=0$의 꼴 표현(단, a는 가장 작은 자연수, b, c는 정수)

$(x+1)(x+2)=0 \xrightarrow{\text{전개}} x^2+3x+2=0$
→ $a=1$, $b=3$, $c=2$

03 다음 이차방정식을 $ax^2+bx+c=0$의 꼴로 나타낼 때, 상수 a, b, c의 값을 각각 구하여라.(단, a는 가장 작은 자연수, b, c는 정수)

(1) $(x+2)(x+3)=0$

(2) $(x-1)(x+3)=0$

(3) $(2x-1)(4x+3)=0$

(4) $(x+2)(2x-1)=2$

(5) $(x+5)(x+2)=3x$

(6) $(3x-1)^2=5x(x-2)$

도전! 100점

04 다음 중 x에 관한 이차방정식이 아닌 것은?

① $(x-1)(x+2)=2$
② $x(x-2)=3x$
③ $(x+1)(2x-1)=2x^2-3$
④ $(x+1)^2=2x$
⑤ $3x^2-1=2x-1$

개념 02

이차방정식의 해

(1) **이차방정식의 해(또는 근)** : x에 관한 이차방정식 $ax^2+bx+c=0(a\neq0)$을 참이 되게 하는 x의 값

예 이차방정식 $x^2+x-2=0$에 $x=1$을 대입하면 $1+1-2=0$으로 등식이 성립하므로 $x=\square$은 이차방정식 $x^2+x-2=0$의 해가 된다.

(2) **이차방정식을 푼다.** : 이차방정식의 해를 모두 구하는 것

예 이차방정식 $x^2-3x+2=0$의 좌변에 x의 값 0, 1, 2, 3을 각각 대입하여 표로 나타내면

x	0	1	2	3
x^2-3x+2	$0-0+2=2$	$1-3+2=0$	$4-6+2=\square$	$9-9+2=2$

따라서 x의 값이 0, 1, 2, 3일 때, 이차방정식 $x^2-3x+2=0$의 해는 $x=1$ 또는 $x=\square$

유형 이차방정식의 해

• $x^2-2x=0 \xrightarrow{x=2\text{ 대입}} 4-4=0$
→ $x=2$는 해이다.

• $x^2-2x=0 \xrightarrow{x=1\text{ 대입}} 1-2=-1\neq0$
→ $x=1$은 해가 아니다.

01 다음 이차방정식 중 [ ] 안의 수가 해인 것은 ○표, 아닌 것은 ×표 하여라.

(1) $x^2+x=0$ [0] ( )

(2) $x^2+5x+4=0$ [-4] ( )

(3) $x^2+x-2=0$ [1] ( )

(4) $x^2-x-6=0$ [2] ( )

(5) $x^2-3x+2=0$ [-1] ( )

(6) $2x^2+3x-14=0$ [-2] ( )

(7) $6x^2-x-2=0$ $\left[-\frac{1}{2}\right]$ ( )

(8) $2x^2-5x+3=0$ $\left[\frac{1}{2}\right]$ ( )

(9) $x^2=-x$ [2] ( )

(10) $x^2+x=2x+2$ [-1] ( )

(11) $2x^2+2=x^2-3x$ [-2] ( )

(12) $2x^2+x=3x^2-2$ [1] ( )

유형 주어진 x의 값 중 이차방정식의 해 찾기

• x의 값이 -1, 0, 1일 때,

$x^2-4x+3=0$ — $x=-1$ 대입 → $1+4+3\neq0$
— $x=0$ 대입 → $0-0+3\neq0$
— $x=1$ 대입 → $1-4+3=0$

→ 해 : $x=1$

02 x의 값이 -1, 0, 1일 때 다음 이차방정식의 해를 모두 구하여라.

(1) $x^2+2x=0$

(2) $x^2-1=0$

(3) $x^2+2x-3=0$

(4) $2x^2+3x+1=0$

03 x의 값이 -1, 0, 1, 2일 때, 다음 이차방정식의 해를 모두 구하여라.

(1) $x^2-x=0$

(2) $x^2-4=0$

(3) $x^2-5x+4=0$

(4) $3x^2+2x-1=0$

유형 한 근이 주어졌을 때, 상수의 값 구하기

• $x^2+ax-2=0$의 한 근이 $x=2$일 때

$x=2$를 대입 → $4+2a-2=0$ → $a=-1$

04 다음 [ ] 안의 수가 주어진 이차방정식의 한 근일 때, 상수 a의 값을 구하여라.

(1) $x^2+2x+a=0$ [1]

(2) $2x^2-x+3a=0$ [2]

(3) $x^2+ax-6=0$ [3]

(4) $3x^2-ax-4=0$ [-1]

(5) $x^2+3=x+a$ [2]

(6) $2x^2+x+1=3-ax$ [-2]

도전! 100점

05 x의 값이 -1, 0, 1일 때, 이차방정식 $x^2-3x-4=0$의 모든 해의 합은?

① -5　② -3　③ -1
④ 3　⑤ 5

개념 03 인수분해를 이용한 이차방정식의 풀이

(1) **$AB=0$의 성질** : 두 수 또는 두 식 A, B에 대하여 **$AB=0$이면 $A=0$ 또는 $B=0$**이다.

예 $(x-1)(x-2)=0$이면 $x-1=0$ 또는 $x-2=\square$이므로 $x=1$ 또는 $x=\square$

(2) **인수분해를 이용한 이차방정식의 풀이**

① 이차방정식을 $ax^2+bx+c=0(a>0)$의 꼴로 정리한다.

② 좌변을 인수분해한다.

③ $AB=0$의 성질을 이용하여 해를 구한다.

예 $x^2-4x+3=0$, $(x-1)(x-3)=0$, $x-1=0$ 또는 $x-3=0$

$\therefore x=1$ 또는 $x=\square$

유형 $AB=0$의 성질을 이용하여 해 구하기

• $\underbrace{(x+1)}_{=0}\underbrace{(x-2)}_{=0}=0$

→ $x=-1$ 또는 $x=2$

01 다음 이차방정식을 만족하는 x의 값을 구하여라.

(1) $(x-2)(x+3)=0$

(2) $(x+5)(x-2)=0$

(3) $(x+7)(x-7)=0$

(4) $(x+1)(x+4)=0$

(5) $x(x+2)=0$

(6) $4(2x+3)(3x-2)=0$

유형 $ax^2+bx=0$의 꼴의 해

• $x^2-x=0 \xrightarrow{\text{인수분해}} \underbrace{x}_{=0}\underbrace{(x-1)}_{=0}=0$

→ $x=0$ 또는 $x=1$

02 인수분해를 이용하여 다음 이차방정식을 풀어라.

(1) $x^2-2x=0$

(2) $x^2-5x=0$

(3) $x^2+3x=0$

(4) $x^2+8x=0$

(5) $3x^2-6x=0$

(6) $2x^2+8x=0$

유형 $a^2-b^2=0$의 꼴의 해

• $x^2-9=0 \xrightarrow{\text{인수분해}} \underset{=0}{(x+3)}\underset{=0}{(x-3)}=0$

→ $x=-3$ 또는 $x=3$

03 인수분해를 이용하여 다음 이차방정식을 풀어라.

(1) $x^2-4=0$

(2) $x^2-25=0$

(3) $x^2=16$

(4) $4x^2-9=0$

유형 $x^2+(a+b)x+ab=0$의 꼴의 해

• $x^2-3x+2=0 \xrightarrow{\text{인수분해}} \underset{=0}{(x-1)}\underset{=0}{(x-2)}=0$

→ $x=1$ 또는 $x=2$

04 인수분해를 이용하여 다음 이차방정식을 풀어라.

(1) $x^2+3x+2=0$

(2) $x^2+2x-3=0$

(3) $x^2-x-6=0$

(4) $x^2-7x+6=0$

(5) $x^2+x=12$

유형 $acx^2+(ad+bc)x+bd=0$의 꼴의 해

• $2x^2+x-1=0 \xrightarrow{\text{인수분해}} \underset{=0}{(x+1)}\underset{=0}{(2x-1)}=0$

→ $x=-1$ 또는 $x=\frac{1}{2}$

05 인수분해를 이용하여 다음 이차방정식을 풀어라.

(1) $2x^2+3x+1=0$

(2) $3x^2+2x-1=0$

(3) $5x^2-3x-2=0$

(4) $6x^2-5x+1=0$

(5) $2x^2-7x=4$

도전! 100점

06 두 이차방정식 $x^2-7x+10=0$, $x^2+2x-8=0$을 동시에 만족하는 해는?

① $x=-4$ ② $x=1$ ③ $x=2$
④ $x=5$ ⑤ $x=8$

개념 04 이차방정식의 중근

(1) **중근** : 이차방정식의 **두 근이 중복되어 서로 같을 때**, 이 근을 **중근**이라 한다.

예 $x^2-2x+1=0$의 좌변을 인수분해하면 $(x-1)^2=0$이므로 $x^2-2x+1=0$의 해는 $x=\square$(중근)

(2) **중근을 가질 조건** : 이차방정식이 (완전제곱식)$=0$의 꼴로 인수분해되면 중근을 가진다.

$a^2x^2+2abx+b^2=0$ (제곱) (제곱)

⟺ $(ax+b)^2=0$

예 $4x^2+4x+a=0$이 중근을 가질 때,

$4x=(2\times2\times1)x$, $4=2^2$, $1^2=1$

➡ $a=1^2=\square$

유형 이차방정식의 중근 – $(a+b)^2=0$의 꼴

- $x^2+2x+1=0$ → $(x+1)^2=0$ → $x=-1$ (중근)
- $4x^2+4x+1=0$ → $(2x+1)^2=0$ → $x=-\frac{1}{2}$ (중근)

01 다음 이차방정식을 풀어라.

(1) $(x+5)^2=0$

(2) $\left(x+\frac{1}{2}\right)^2=0$

(3) $x^2+8x+16=0$

(4) $x^2+18x+81$

(5) $25x^2+10x+1=0$

(6) $4x^2+20x+25=0$

유형 이차방정식의 중근 – $(a-b)^2=0$의 꼴

- $x^2-6x+9=0$ → $(x-3)^2=0$ → $x=3$ (중근)
- $4x^2-4x+1=0$ → $(2x-1)^2=0$ → $x=\frac{1}{2}$ (중근)

02 다음 이차방정식을 풀어라.

(1) $(x-4)^2=0$

(2) $2\left(x-\frac{2}{3}\right)^2=0$

(3) $x^2-4x+4=0$

(4) $x^2-12x+36=0$

(5) $9x^2-6x+1=0$

(6) $9x^2-24x+16=0$

유형 중근을 가질 조건(1)

• $1x^2 + 2x + k = 0$이 중근을 가질 조건

$2x = 2\times1\times1$, $1^2=1$, $1^2=1$ → $k=1^2=1$

03 다음 x에 관한 이차방정식이 중근을 가질 때, k의 값을 구하여라.

(1) $x^2+8x+k=0$

(2) $x^2-14x+k=0$

(3) $x^2+3x+k=0$

(4) $x^2+4x+k-3=0$

(5) $x^2-6x+3k=0$

유형 중근을 가질 조건(2)

• $9x^2 + kx + 4 = 0$이 중근을 가질 조건

$kx = \pm(2\times3\times2)$, $3^2=9$, $2^2=4$ → $k=\pm(2\times3\times2)=\pm12$

04 다음 x에 관한 이차방정식이 중근을 가질 때, k의 값을 구하여라.

(1) $x^2+kx+1=0$

(2) $x^2+kx+9=0$

(3) $x^2-kx+16=0$

(4) $x^2-kx+25=0$

(5) $x^2+kx+\frac{4}{25}=0$

(6) $16x^2+kx+25=0$

(7) $25x^2-kx+4=0$

(8) $9x^2+kx+\frac{25}{4}=0$

(9) $4x^2-kx+\frac{9}{4}=0$

도전! 100점

05 x에 관한 이차방정식 $x^2-4x+2k-2=0$이 중근을 가질 때, 상수 k의 값은?

① -3 ② -2 ③ 2
④ 3 ⑤ 4

개념 05 제곱근을 이용한 이차방정식의 풀이

(1) $x^2=q(q\geq0)$의 해 : $x=\pm\sqrt{q}$

예 $x^2=2$의 해는 $x=$ □

(2) $ax^2=q(a\neq0,\ aq\geq0)$의 해 : $x=\pm\sqrt{\frac{q}{a}}$

예 $2x^2=3$의 해는 $x^2=\frac{3}{2}$이므로 $x=\pm\sqrt{\frac{3}{2}}=$ □

(3) $(x+p)^2=q(q\geq0)$의 해 : $x=-p\pm\sqrt{q}$

예 $(x-1)^2=2$의 해는 $x-1=\pm\sqrt{2}$이므로 $x=$ □

(4) $a(x+p)^2=q(a\neq0,\ aq\geq0)$의 해 : $x=-p\pm\sqrt{\frac{q}{a}}$

예 $2(x+1)^2=4$의 해는 $(x+1)^2=2$에서 $x+1=\pm\sqrt{2}$이므로 $x=$ □

유형 $x^2=q(q\geq0)$의 해

• $x^2=5$ → $x=\pm\sqrt{5}$

01 제곱근을 이용하여 다음 이차방정식을 풀어라.

(1) $x^2=4$

(2) $x^2=12$

(3) $x^2=\frac{4}{25}$

(4) $x^2=\frac{14}{9}$

(5) $x^2-3=0$

(6) $x^2-7=0$

유형 $ax^2=q(a\neq0,\ aq\geq0)$의 해

• $2x^2=16$ → $x^2=8$ → $x=\pm\sqrt{8}=\pm2\sqrt{2}$

02 제곱근을 이용하여 다음 이차방정식을 풀어라.

(1) $3x^2=18$

(2) $2x^2=24$

(3) $4x^2=36$

(4) $2x^2=49$

(5) $5x^2-25=0$

(6) $3x^2-\frac{2}{3}=0$

유형 $(x+p)^2=q(q\geq 0)$의 해

- $(x+1)^2=4 \rightarrow x+1=\pm\sqrt{4} \rightarrow x=-1\pm 2$
  $\rightarrow x=-3$ 또는 $x=1$
- $(x-1)^2=3 \rightarrow x-1=\pm\sqrt{3} \rightarrow x=1\pm\sqrt{3}$

03 제곱근을 이용하여 다음 이차방정식을 풀어라.

(1) $(x+1)^2=3$

(2) $(x+3)^2=8$

(3) $(x+2)^2=\frac{7}{3}$

(4) $(x-4)^2=25$

(5) $(x-6)^2=12$

(6) $(x-3)^2=\frac{3}{4}$

(7) $(x+5)^2-18=0$

(8) $(x-2)^2-9=0$

유형 $a(x+p)^2=q(a\neq 0, aq\geq 0)$의 해

- $4(x+2)^2=3$
  $\rightarrow (x+2)^2=\frac{3}{4} \rightarrow x+2=\pm\sqrt{\frac{3}{4}}$
  $\rightarrow x=-2\pm\frac{\sqrt{3}}{2}$

04 제곱근을 이용하여 다음 이차방정식을 풀어라.

(1) $3(x+2)^2=15$

(2) $2\left(x+\frac{1}{2}\right)^2=\frac{9}{2}$

(3) $4(x-1)^2=24$

(4) $3(x-5)^2=25$

(5) $2(x+1)^2-24=0$

(6) $3(x-2)^2-5=0$

도전! 100점

05 이차방정식 $(x+4)^2=7$의 해가 $x=a\pm\sqrt{b}$일 때, $a+b$의 값은?(단, a, b는 유리수)

① -11　　② -3　　③ 3
④ 5　　⑤ 11

개념 06 완전제곱식을 이용한 이차방정식의 풀이

① 이차항의 계수를 1로 만든다.
② 상수항을 우변으로 이항한다.
③ 양변에 $\left(\frac{\text{일차항의 계수}}{2}\right)^2$을 더한다.
④ $(x+p)^2=q\,(q\geq 0)$의 꼴로 고친다.
⑤ 제곱근을 이용하여 방정식을 푼다.

예 $x^2-4x-3=0$에서 -3을 이항하면 $x^2-4x=3$ ➡ 양변에 $\left(\frac{-4}{2}\right)^2=4$를 더하면

$x^2-4x+4=3+4$ ➡ $(\square)^2=7$ ➡ $x-2=\pm\sqrt{7}$ ➡ $x=\square$

유형 $(x+p)^2=q$의 꼴로 고치기(1)

• $x^2+2x=2$ → $x^2+2x+1=2+1$
→ $(x+1)^2=3$

01 다음 이차방정식을 $(x+p)^2=q$의 꼴로 나타내어라.

(1) $x^2+6x=1$

(2) $x^2+8x=-3$

(3) $x^2-2x=5$

(4) $x^2-4x=7$

(5) $x^2+4x+1=0$

(6) $x^2-6x+2=0$

유형 $(x+p)^2=q$의 꼴로 고치기(2)

• $2x^2-8x=-2$ → $x^2-4x=-1$
→ $x^2-4x+4=-1+4$
→ $(x-2)^2=3$

02 다음 이차방정식을 $(x+p)^2=q$의 꼴로 나타내어라.

(1) $3x^2+18x=6$

(2) $4x^2+16x=4$

(3) $4x^2-8x=4$

(4) $2x^2-8x=-4$

(5) $2x^2+4x-4=0$

(6) $3x^2-24x+12=0$

유형 완전제곱식을 이용한 이차방정식의 풀이(1)

• $x^2-2x=2$
→ $x^2-2x+1=2+1$ → $(x-1)^2=3$
→ $x-1=\pm\sqrt{3}$ → $x=1\pm\sqrt{3}$

03 완전제곱식을 이용하여 다음 이차방정식을 풀어라.

(1) $x^2+2x=1$

(2) $x^2+4x=4$

(3) $x^2+10x=-10$

(4) $x^2-2x=4$

(5) $x^2-6x=-4$

(6) $x^2-8x=-9$

(7) $x^2+4x-3=0$

(8) $x^2+5x-1=0$

(9) $x^2-8x+4=0$

(10) $x^2-3x+1=0$

유형 완전제곱식을 이용한 이차방정식의 풀이(2)

• $2x^2+4x=10$ (양변을 2로 나누면)
→ $x^2+2x=5$ → $x^2+2x+1=5+1$
→ $(x+1)^2=6$ → $x+1=\pm\sqrt{6}$
→ $x=-1\pm\sqrt{6}$

04 완전제곱식을 이용하여 다음 이차방정식을 풀어라.

(1) $3x^2+6x=6$

(2) $2x^2+4x=10$

(3) $3x^2-12x=9$

(4) $2x^2-12x=8$

(5) $2x^2+4x-8=0$

(6) $4x^2-16x+8=0$

도전! 100점

05 이차방정식 $x^2-10x+17=0$을 $(x+a)^2=b$의 꼴로 나타낼 때, 상수 a, b의 값은?

① $a=-5$, $b=8$ ② $a=-5$, $b=9$
③ $a=-5$, $b=17$ ④ $a=5$, $b=25$
⑤ $a=5$, $b=42$

개념 07 이차방정식의 근의 공식

(1) **근의 공식** : 이차방정식 $ax^2+bx+c=0(a\neq0)$의 근은

$$x=\frac{-b\pm\sqrt{b^2-4ac}}{2a} \text{ (단, } b^2-4ac\geq0)$$

예 이차방정식 $2x^2-x-2=0$의 해는 $a=2$, $b=-1$, $c=-2$이므로

$$x=\frac{-(-1)\pm\sqrt{(-1)^2-4\times2\times(-2)}}{2\times2}=\square$$

(2) **일차항의 계수가 짝수일 때의 근의 공식** : 이차방정식 $ax^2+2b'x+c=0(a\neq0)$의 근은

$$x=\frac{-b'\pm\sqrt{b'^2-ac}}{a} \text{ (단, } b'^2-ac\geq0)$$

예 이차방정식 $x^2+2x-5=0$의 해는 $a=1$, $b'=1$, $c=-5$이므로

$$x=\frac{-1\pm\sqrt{1^2-1\times(-5)}}{1}=\square$$

유형 근의 공식

• $\underset{=a}{1}x^2\underset{=b}{+3}x\underset{=c}{+1}=0$

$\rightarrow x=\frac{-b\pm\sqrt{b^2-4ac}}{2a}=\frac{-3\pm\sqrt{3^2-4\times1\times1}}{2\times1}$

$=\frac{-3\pm\sqrt{5}}{2}$

01 근의 공식을 이용하여 다음 이차방정식을 풀어라.

(1) $x^2+x-3=0$

(2) $x^2+5x+3=0$

(3) $x^2-x-2=0$

(4) $x^2-3x+1=0$

(5) $x^2-7x-5=0$

(6) $2x^2+3x-1=0$

(7) $3x^2+5x+1=0$

(8) $5x^2+x-2=0$

(9) $6x^2-5x-2=0$

(10) $3x^2-7x+1=0$

유형 일차항의 계수가 짝수일 때의 근의 공식

• $\underset{=a}{1}x^2+\underset{b'=2}{4x}\underset{=c}{+2}=0$

→ $x=\dfrac{-b'+\sqrt{b'^2-ac}}{a}=\dfrac{-2\pm\sqrt{2^2-1\times2}}{1}$

$=-2\pm\sqrt{2}$

02 근의 공식을 이용하여 다음 이차방정식을 풀어라.

(1) $x^2+2x-2=0$

(2) $x^2+4x-1=0$

(3) $x^2-2x-24=0$

(4) $x^2-4x-8=0$

(5) $x^2-6x+3=0$

(6) $2x^2+4x-3=0$

(7) $2x^2+10x+5=0$

(8) $3x^2+8x+2=0$

(9) $5x^2-6x+1=0$

유형 근의 공식을 이용하여 상수의 값 구하기

• $x^2-x+a=0$의 근이 $x=\dfrac{1\pm\sqrt{5}}{2}$일 때

→ $x=\dfrac{1\pm\sqrt{1-4a}}{2}=\dfrac{1\pm\sqrt{5}}{2}$

→ $1-4a=5$ → $a=-1$

03 다음 이차방정식의 근이 [ ] 안에 주어졌을 때, 상수 a의 값을 구하여라.

(1) $x^2+x+a=0$ $\left[\dfrac{-1\pm\sqrt{13}}{2}\right]$

(2) $x^2+3x+a=0$ $\left[\dfrac{-3\pm\sqrt{17}}{2}\right]$

(3) $2x^2-x+a=0$ $\left[\dfrac{1\pm\sqrt{33}}{4}\right]$

(4) $x^2+4x+a=0$ $[-2\pm\sqrt{6}]$

(5) $2x^2-4x+a=0$ $\left[\dfrac{2\pm\sqrt{3}}{2}\right]$

도전! 100점

04 이차방정식 $2x^2-3x-3=0$의 근이 $x=\dfrac{a\pm\sqrt{b}}{4}$일 때, $a+b$의 값은?(단, a, b는 유리수)

① 30 ② 36 ③ 42
④ 45 ⑤ 48

개념 08 복잡한 이차방정식의 풀이

(1) **괄호가 있을 때 : 전개**하여 $ax^2+bx+c=0$의 꼴로 정리한다.

예 $(x+1)(x-3)=1$의 괄호를 풀어 정리하면 $x^2-2x-3=1$에서 $x^2-\square x-\square=0$

(2) **계수가 분수일 때** : 양변에 **분모의 최소공배수를 곱하여** 계수를 정수로 고친다.

예 $\frac{1}{2}x^2-x-\frac{3}{4}=0$의 양변에 분모의 최소공배수 4를 곱하면 $\square x^2-\square x-3=0$

(3) **계수가 소수일 때** : 양변에 **10의 거듭제곱을 곱하여** 계수를 정수로 고친다.

예 $0.2x^2-0.3x+0.1=0$의 양변에 10을 곱하면 $2x^2-\square x+\square=0$

(4) **공통인 식이 있을 때** : 공통인 식을 한 문자로 치환한 후 $ax^2+bx+c=0$의 꼴로 정리한다.

예 $(x+1)^2+3(x+1)+2=0$에서 $x+1=A$로 치환하면 $\square^2+3\square+2=0$

유형 괄호가 있는 이차방정식의 풀이

• $(x+1)(x+2)=3$

$\xrightarrow{\text{전개}} x^2+3x+2=3 \rightarrow x^2+3x-1=0$

$\rightarrow x=\frac{-3\pm\sqrt{9+4}}{2}=\frac{-3\pm\sqrt{13}}{2}$

01 다음 이차방정식을 풀어라.

(1) $(x-1)^2+4x=0$

(2) $2(x+1)^2-7=0$

(3) $(x-2)^2=3(x+1)$

(4) $(x+2)(x-3)+2=0$

(5) $(x-2)(x-4)=15$

유형 계수가 분수인 이차방정식의 풀이

• $\frac{1}{2}x^2-2x+\frac{3}{2}=0$

$\xrightarrow{(\text{양변})\times 2} x^2-4x+3=0$

$\rightarrow (x-1)(x-3)=0 \rightarrow x=1$ 또는 $x=3$

02 다음 이차방정식을 풀어라.

(1) $\frac{1}{2}x^2+\frac{4}{3}x+\frac{1}{4}=0$

(2) $\frac{1}{3}x^2+2x-9=0$

(3) $x^2+\frac{3}{4}x-\frac{1}{2}=0$

(4) $x^2-\frac{1}{2}x-\frac{1}{4}=0$

(5) $\frac{1}{3}x^2-x+\frac{2}{3}=0$

유형 계수가 소수인 이차방정식의 풀이

• $0.1x^2-0.2x-0.5=0$

$\xrightarrow{(\text{양변})\times 10} x^2-2x-5=0$

→ $x=1\pm\sqrt{1+5}=1\pm\sqrt{6}$

03 다음 이차방정식을 풀어라.

(1) $0.1x^2+0.4x+0.4=0$

(2) $0.4x^2+0.3x-0.1=0$

(3) $0.1x^2-0.2x-0.3=0$

(4) $0.3x^2-0.2x-0.2=0$

유형 공통인 식을 치환하기

• $2(x-2)^2+3(x-2)-9=0$

$\xrightarrow{x-2=A\text{로 치환}} 2A^2+3A-9=0$

04 다음 이차방정식을 공통인 식을 A로 치환하여 나타내어라.

(1) $(x+1)^2+10(x+1)+25=0$

(2) $(x+2)^2+3(x+2)-28=0$

(3) $(x-1)^2-2(x-1)-15=0$

(4) $3(2x-1)^2-7(2x-1)+4=0$

유형 치환을 이용한 이차방정식의 풀이

• $(x-1)^2-4(x-1)+3=0$

$\xrightarrow{x-1=A\text{로 치환}} A^2-4A+3=0$

→ $(A-1)(A-3)=0$ → $A=1$ 또는 $A=3$

→ $x-1=1$ 또는 $x-1=3$

→ $x=2$ 또는 $x=4$

05 다음 이차방정식을 공통인 식을 A로 치환하여 풀어라.

(1) $(x+3)^2-4(x+3)+4=0$

(2) $(x+4)^2-3(x+4)-18=0$

(3) $(x-2)^2-3(x-2)-10=0$

(4) $3(x-1)^2+5(1-x)-2=0$

도전! 100점

06 이차방정식 $\frac{1}{2}x^2-0.7x+0.2=0$의 두 근의 합은?

① $-\frac{7}{5}$　② -1　③ $-\frac{2}{5}$

④ $\frac{3}{5}$　⑤ $\frac{7}{5}$

개념 01

01 다음 중 이차방정식인 것은 ○표, 아닌 것은 ×표 하여라.

(1) $x^2+2x-5=0$ ( )

(2) $2x^2-3x+1$ ( )

(3) $x^2-2=4x-2$ ( )

(4) $3x^2+x=3x^2-1$ ( )

(5) $(x+5)(x-1)=x^2+2x$ ( )

개념 01

02 다음 등식이 이차방정식이 되기 위한 상수 a의 조건을 구하여라.

(1) $ax^2+4x+1=0$

(2) $(a+2)x^2-(a+1)x+3=0$

(3) $ax^2-3x+2=4x^2+3x+5$

(4) $(ax+1)(x+3)=-6x^2+7$

(5) $(2x-1)^2-3x=(a-1)x^2+4$

개념 02

03 다음 이차방정식 중 [ ] 안의 수가 해인 것은 ○표, 아닌 것은 ×표 하여라.

(1) $x^2-2x=0$ [2] ( )

(2) $5x^2-4x-1=0$ [1] ( )

(3) $2x^2-6=x^2-x$ [-2] ( )

(4) $-3x^2-4x-8=-x$ [-1] ( )

(5) $(3x-4)(x+2)=25$ [3] ( )

개념 02

04 다음 [ ] 안의 수가 주어진 이차방정식의 한 근일 때, 상수 a의 값을 구하여라.

(1) $x^2-2x+a=0$ [2]

(2) $x^2-ax+6=0$ [3]

(3) $ax^2+3x+2=0$ $\left[-\frac{1}{2} \right]$

(4) $(ax+1)(3x-1)=8$ [-1]

(5) $-ax^2+2ax-8=0$ [-2]

개념 03

05 다음 이차방정식을 만족하는 x의 값을 구하여라.

(1) $(x-1)(x-3)=0$

(2) $x(x-4)=0$

(3) $3(x-2)(2x-5)=0$

(4) $(2x+2)(3x-1)=0$

(5) $(-x+3)(4x+5)=0$

개념 03

06 인수분해를 이용하여 다음 이차방정식을 풀어라.

(1) $x^2+4x=0$

(2) $x^2=1$

(3) $x^2-4x-21=0$

(4) $4x^2-8x+3=0$

(5) $2x^2-x=-8x-3$

개념 04

07 다음 이차방정식을 풀어라.

(1) $(x+3)^2=0$

(2) $16x^2+8x+1=0$

(3) $(x-7)^2=0$

(4) $x^2-10x+25=0$

(5) $49x^2+154x+121=0$

개념 04

08 다음 x에 관한 이차방정식이 중근을 가질 때, k의 값을 구하여라.

(1) $x^2+6x+k=0$

(2) $x^2-4x+k+2=0$

(3) $x^2+kx+36=0$

(4) $4x^2+kx+9=0$

(5) $9x^2-2kx+25=0$

개념 05

09 제곱근을 이용하여 다음 이차방정식을 풀어라.

(1) $x^2=8$

(2) $x^2-9=0$

(3) $2x^2=10$

(4) $3x^2=4$

(5) $\frac{7}{4}x^2=21$

개념 05

10 제곱근을 이용하여 다음 이차방정식을 풀어라.

(1) $(x-1)^2=6$

(2) $(x+2)^2-9=0$

(3) $(4-x)^2=2$

(4) $2(x+1)^2=6$

(5) $3(x-3)^2-2=0$

개념 06

11 다음 이차방정식을 $(x+p)^2=q$의 꼴로 나타내어라.

(1) $x^2+4x=-2$

(2) $x^2-8x-2=0$

(3) $x^2+14x+9=0$

(4) $2x^2+12x=2$

(5) $16x^2-8x=1$

개념 06

12 완전제곱식을 이용하여 다음 이차방정식을 풀어라.

(1) $x^2+6x=-2$

(2) $x^2-10x-7=0$

(3) $x^2-8x+13=0$

(4) $9x^2-18x=36$

(5) $-4x^2+32x=16$

개념 07

13 근의 공식을 이용하여 다음 이차방정식을 풀어라.

(1) $x^2+3x-2=0$

(2) $3x^2-x-1=0$

(3) $x^2+6x+2=0$

(4) $2x^2-8x+5=0$

(5) $5x^2-10x-20=0$

개념 07

14 다음 이차방정식의 근이 [ ] 안에 주어졌을 때, 상수 a의 값을 구하여라.

(1) $x^2+5x+a=0$ $\left[\dfrac{-5\pm\sqrt{5}}{2}\right]$

(2) $4x^2-3x+a=0$ $\left[\dfrac{3\pm\sqrt{41}}{8}\right]$

(3) $x^2+6x+a=0$ $[-3\pm\sqrt{3}]$

(4) $3x^2+18x+a=0$ $[-3\pm2\sqrt{2}]$

(5) $4x^2+4x+a=0$ $\left[\dfrac{-1\pm2\sqrt{2}}{2}\right]$

개념 08

15 다음 이차방정식을 풀어라.

(1) $(x+3)^2=0$

(2) $x^2+(x-3)^2=6$

(3) $\dfrac{1}{3}x^2-x-\dfrac{5}{3}=0$

(4) $0.4x^2+2x+2.5=0$

(5) $\dfrac{3}{5}x^2-4\left(x-\dfrac{5}{4}\right)=0.2$

개념 08

16 다음 이차방정식을 공통인 식을 A로 치환하여 풀어라.

(1) $(x+2)^2-2(x+2)+1=0$

(2) $(x-3)^2+5(x-3)-14=0$

(3) $(x-1)^2-4(x-1)-5=0$

(4) $\left(x+\dfrac{1}{2}\right)^2-\left(x+\dfrac{1}{2}\right)-20=0$

(5) $3(2x-3)^2-7(2x-3)=6$

개념 09 이차방정식의 근의 개수

이차방정식 $ax^2+bx+c=0(a\neq0)$의 근 $x=\dfrac{-b\pm\sqrt{b^2-4ac}}{2a}$에서

(1) $\boldsymbol{b^2-4ac>0}$이면 **서로 다른 두 근**을 가진다. ➡ 근이 **2개**

예 $x^2-x-1=0$에서 $b^2-4ac=(-1)^2-4\times1\times(-1)=$ ☐ >0이므로 근의 개수는 ☐개이다.

(2) $\boldsymbol{b^2-4ac=0}$이면 **중근**을 가진다. ➡ 근이 **1개**

예 $x^2+2x+1=0$에서 $b^2-4ac=2^2-4\times1\times1=$ ☐이므로 근의 개수는 ☐개이다.

(3) $\boldsymbol{b^2-4ac<0}$이면 **근이 없다.** ➡ 근이 **0개**

예 $x^2+2x+3=0$에서 $b^2-4ac=2^2-4\times1\times3=$ ☐ <0이므로 근의 개수는 ☐개이다.

(4) **근을 가질 조건 : $\boldsymbol{b^2-4ac\geq0}$**

예 $x^2+3x+k=0$이 근을 가질 때, 상수 k의 값의 범위는 $b^2-4ac=9-4k\geq0$에서 $-4k\geq-9$ 이므로 ☐이다.

유형 이차방정식의 근의 개수

b^2-4ac

- $x^2-x-2=0$ → $1+8=9>0$: 2개
- $x^2-4x+4=0$ → $16-16=0$: 1개
- $x^2+3x+3=0$ → $9-12=-3<0$: 0개

01 다음 이차방정식의 근의 개수를 구하여라.

(1) $x^2+3x-1=0$

(2) $x^2-4x-5=0$

(3) $3x^2+5x-2=0$

(4) $2x^2-8x+3=0$

(5) $x^2+4x+4=0$

(6) $x^2-6x+9=0$

(7) $16x^2-8x+1=0$

(8) $x^2-5x+7=0$

(9) $x^2+2x+4=0$

(10) $4x^2+3x+2=0$

유형 근을 가지도록 하는 상수의 값의 범위

• $x^2+2x+k=0 \rightarrow 4-4k \geq 0 \rightarrow k \leq 1$ ($b^2-4ac \geq 0$)

02 다음 이차방정식이 근을 가질 때, 상수 k의 값의 범위를 구하여라.

(1) $x^2+4x+k=0$

(2) $x^2-2x-k=0$

(3) $x^2+3x-2k=0$

(4) $2x^2+3x+k=0$

(5) $3x^2-2x-k=0$

유형 중근을 가지도록 하는 상수의 값

• $x^2-6x+k=0 \rightarrow 36-4k=0 \rightarrow k=9$ ($b^2-4ac=0$)

03 다음 이차방정식이 중근을 가질 때, 상수 k의 값을 구하여라.

(1) $x^2-4x+k=0$

(2) $x^2-8x-k=0$

(3) $x^2+10x+5k=0$

(4) $9x^2+6x+k=0$

(5) $4x^2-12x+2k-1=0$

유형 근을 가지지 않도록 하는 상수의 값의 범위

• $2x^2+3x+k=0 \rightarrow 9-8k<0 \rightarrow k>\frac{9}{8}$ ($b^2-4ac<0$)

04 다음 이차방정식이 근을 가지지 않을 때, 상수 k의 값의 범위를 구하여라.

(1) $x^2+2x+k=0$

(2) $x^2+3x+k=0$

(3) $x^2-5x-k=0$

(4) $3x^2+4x-k=0$

(5) $2x^2-2x+k+1=0$

도전! 100점

05 다음 이차방정식 중 근이 없는 것은?

① $2x^2-x-2=0$　② $x^2+4x-2=0$
③ $x^2+4x+4=0$　④ $x^2-7x+3=0$
⑤ $3x^2+2x+1=0$

개념 10 이차방정식의 활용

이차방정식의 활용 문제는 다음과 같은 순서로 푼다.

① 문제의 뜻을 파악하고, 구하려는 것을 미지수 x로 놓는다.
② 문제의 뜻에 맞게 이차방정식을 세운다.
③ 이차방정식을 푼다.
④ 구한 해 중에서 문제의 뜻에 맞는 것을 답으로 택한다.

유형 수의 계산에 관한 문제

- 어떤 수에 3을 더하여 제곱한 수 → $(x+3)^2$
  (어떤 수: x, 3을 더하여: $+3$, 제곱한 수: $(\ )^2$)
  어떤 수의 2배보다 5만큼 큰 수 → $2x+5$
  (어떤 수: x, 2배보다: $\times 2$, 5만큼 큰 수: $+5$)

01 어떤 수에 4를 더하여 제곱한 수는 어떤 수의 2배보다 7만큼 크다고 할 때, 어떤 수를 구하려고 한다. 다음 물음에 답하여라.

(1) 어떤 수를 x라 할 때,
어떤 수에 4를 더하여 제곱한 수
→ $(x+\square)^2$
어떤 수의 2배보다 7만큼 큰 수
→ $x\times\square+\square$

(2) x에 관한 이차방정식을 세워라.

(3) (2)에서 세운 이차방정식을 풀어라.

(4) 어떤 수를 구하여라.

02 어떤 수에 3을 더하여 제곱해야 할 것을 잘못하여 어떤 수에 3을 더하여 2배를 하였는데 그 결과가 같았을 때, 어떤 수를 구하려고 한다. 다음 물음에 답하여라.

(1) 어떤 수를 x라 할 때,
어떤 수에 3을 더하여 제곱한 수
→
어떤 수에 3을 더하여 2배를 한 수
→

(2) x에 관한 이차방정식을 세우고 풀어라.

(3) 어떤 수를 구하여라.

03 어떤 수에 5를 더하여 제곱한 수는 어떤 수의 3배보다 15만큼 크다고 할 때, 어떤 수를 구하여라.

유형 연속하는 수에 관한 문제

- 연속하는 두 자연수 : x, $x+1$
- 연속하는 두 짝수 : x, $x+2$
- 연속하는 두 홀수 : x, $x+2$

04 연속하는 두 자연수의 곱이 182일 때, 두 자연수를 구하려고 한다. 다음 물음에 답하여라.

(1) 연속하는 두 자연수 ┌ 작은 수 : x
└ 큰 수 : $x+\square$

(2) x에 관한 이차방정식을 세워라.

(3) (2)에서 세운 이차방정식을 풀어라.

(4) 두 자연수를 구하여라.

05 연속하는 두 짝수의 곱이 168일 때, 두 짝수를 구하려고 한다. 다음 물음에 답하여라.

(1) 연속하는 두 짝수 ┌ 작은 수 : x
└ 큰 수 : $x+\square$

(2) x에 관한 이차방정식을 세우고 풀어라.

(3) 두 짝수를 구하여라.

유형 나이에 관한 문제

- 민아와 동생의 나이의 차는 2살

→ ┌ 민아 : x살
└ 동생 : $(x-2)$살

→ 민아와 동생의 나이의 제곱의 합
: $x^2+(x-2)^2$

06 은지와 동생의 나이의 차는 3살이고 은지와 동생의 나이의 제곱의 합이 89일 때, 은지의 나이를 구하려고 한다. 다음 물음에 답하여라.

(1) 은지와 동생의 나이의 차는 3살

→ ┌ 은지의 나이 : x살
└ 동생의 나이 : $(x-\square)$살

(2) x에 관한 이차방정식을 세워라.

(3) (2)에서 세운 이차방정식을 풀어라.

(4) 은지의 나이를 구하여라.

07 동민이와 형의 나이의 차는 4살이고 동민이와 형의 나이의 제곱의 합이 170일 때, 동민이의 나이를 구하려고 한다. 다음 물음에 답하여라.

(1) 동민이와 형의 나이의 차는 4살

→ ┌ 동민이의 나이 : x살
└ 형의 나이 : $(\square)$살

(2) x에 관한 이차방정식을 세우고 풀어라.

(3) 동민이의 나이를 구하여라.

유형 쏘아 올린 물체에 관한 문제

• t초 후의 높이가 $(-5t^2+20t)$m로 주어질 때 처음으로 15 m 높이의 지점을 지날 때까지 걸린 시간 구하기
→ $-5t^2+20t=15$ → $-5(t-1)(t-3)=0$
→ $t=1$ 또는 $t=3$ ∴ 1초 후

08 지면에서 초속 15 m로 차올린 공의 t초 후의 높이를 $(-5t^2+15t)$m라 할 때, 이 공은 몇 초 후에 지면에 떨어지는지 구하려고 한다. 다음 물음에 답하여라.

(1) 공이 다시 지면에 떨어질 때의 높이는 몇 m인지 구하여라.

(2) t에 관한 이차방정식을 세워라.

(3) (2)에서 세운 이차방정식을 풀어라.

(4) 차올린 공은 몇 초 후에 지면에 떨어지는지 구하여라.

09 지면에서 초속 40 m로 발사한 물 로켓의 t초 후의 높이를 $(-5t^2+40t)$m라 할 때, 이 물 로켓이 처음으로 35 m 높이의 지점을 지나는 것은 발사하고 몇 초 후인지 구하려고 한다. 다음 물음에 답하여라.

(1) t에 관한 이차방정식을 세워라.

(2) (1)에서 세운 이차방정식을 풀어라.

(3) 물 로켓이 처음으로 35 m 높이의 지점을 지나는 것은 발사하고 몇 초 후인지 구하여라.

유형 도형에 관한 문제

• 직사각형의 둘레의 길이 : 22 cm
→ (가로의 길이)+(세로의 길이) : 11 cm
→ 가로의 길이 : $x$cm
→ 세로의 길이 : $(11-x)$cm
→ 넓이 : $x(11-x)\text{cm}^2$

10 둘레의 길이가 32 cm인 직사각형의 넓이가 48 cm^2일 때, 가로의 길이를 구하려고 한다. 다음 물음에 답하여라.

(1) 직사각형의 둘레의 길이 : 32 cm
- (가로의 길이)+(세로의 길이) : 16 cm
- 가로의 길이 : $x$cm
- 세로의 길이 : (□) cm

(2) x에 관한 이차방정식을 세워라.

(3) (2)에서 세운 이차방정식을 풀어라.

(4) 가로의 길이를 구하여라.

11 밑변의 길이가 높이보다 2 cm가 더 짧은 삼각형의 넓이가 24 cm^2일 때, 밑변의 길이를 구하려고 한다. 다음 물음에 답하여라.

(1) 밑변의 길이를 $x$cm라 할 때, 높이를 x를 이용하여 나타내어라.

(2) x에 관한 이차방정식을 세우고 풀어라.

(3) 밑변의 길이를 구하여라.

유형 물건을 나누어 주는 문제

• 한 사람에게 돌아가는 귤 수는 학생 수보다 3만큼 적다.
→ 학생 수 : x명, 한 사람당 귤 수 : $(x-3)$개

12 사탕 45개를 학생들에게 똑같이 나누어 주려고 하는데 한 사람에게 돌아가는 사탕 수는 학생 수보다 4만큼 적다고 한다. 학생 수를 구하려고 할 때, 다음 물음에 답하여라.

(1) 사탕 수는 학생 수보다 4만큼 적다.

→ 학생 수 : x명
  한 사람당 사탕 수 : $(x-\square)$개

(2) x에 관한 이차방정식을 세워라.

(3) (2)에서 세운 이차방정식을 풀어라.

(4) 학생 수를 구하여라.

13 초콜릿 80개를 학생들에게 똑같이 나누어 주려고 하는데 한 사람에 돌아가는 초콜릿 수는 학생 수보다 2만큼 적다고 한다. 학생 수를 구하려고 할 때, 다음 물음에 답하여라.

(1) 초콜릿 수는 학생 수보다 2만큼 적다.

→ 학생 수 : x명
  한 사람당 초콜릿 수 : $(\square)$개

(2) x에 관한 이차방정식을 세우고 풀어라.

(3) 학생 수를 구하여라.

14 귤 40개를 학생들에게 똑같이 나누어 주려고 하는데 한 사람에게 돌아가는 귤 수는 학생 수보다 3만큼 적다고 한다. 학생 수를 구하여라.

도전! 100점

15 연속하는 두 자연수의 제곱의 합이 113일 때, 이 두 수의 합은?

① 13 ② 15 ③ 17
④ 19 ⑤ 21

16 오른쪽 그림과 같이 가로, 세로의 길이가 각각 14 m, 10 m인 직사각형 모양의 땅에 폭이 일정한 길을 만들었더니 길을 제외한 땅의 넓이가 77 m^2였다. 이때 이 길의 폭은?

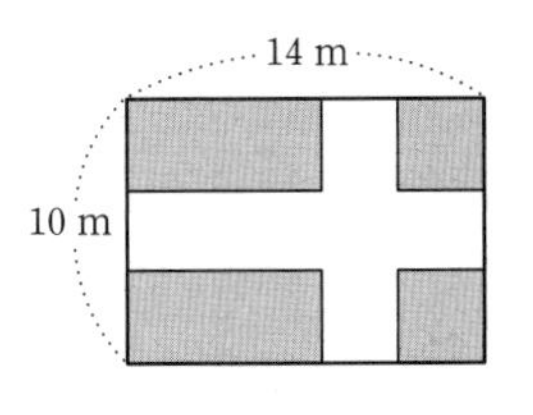

① 1 m ② 2 m ③ 3 m
④ 4 m ⑤ 5 m

개념 09

01 다음 이차방정식의 근의 개수를 구하여라.

(1) $x^2+7x+3=0$

(2) $3x^2-4x+1=0$

(3) $x^2+8x+16=0$

(4) $9x^2-6x+1=0$

(5) $x^2+4x+5=0$

개념 09

02 다음 이차방정식이 근을 가질 때, 상수 k의 값의 범위를 구하여라.

(1) $x^2+8x+k=0$

(2) $x^2-5x+k=0$

(3) $2x^2+4x-k=0$

(4) $-4x^2+8x-k=0$

(5) $-3x^2+5x+k=0$

개념 09

03 다음 이차방정식이 중근을 가질 때, 상수 k의 값을 구하여라.

(1) $x^2+6x+k=0$

(2) $x^2-2x+k=0$

(3) $kx^2-6x+1=0$

(4) $3x^2-9x+k+4=0$

(5) $4x^2-4x+2k+1=0$

개념 09

04 다음 이차방정식이 근을 가지지 않을 때, 상수 k의 값의 범위를 구하여라.

(1) $x^2+x+k=0$

(2) $x^2-4x-k=0$

(3) $x^2-2x+k=0$

(4) $3x^2+2x-k=0$

(5) $-5x^2+8x+k=0$

개념 10

05 어떤 자연수에 3을 더하여 제곱한 것은 그 수를 제곱한 것의 2배보다 2만큼 더 크다고 할 때, 다음 물음에 답하여라.

(1) 어떤 자연수를 x라 할 때, x에 관한 이차방정식을 세워라.

(2) (1)에서 세운 이차방정식을 풀어라.

(3) 어떤 자연수를 구하여라.

개념 10

06 연속하는 두 자연수의 곱이 132일 때, 두 자연수를 구하려고 한다. 다음 물음에 답하여라.

(1) 연속하는 두 자연수 ┌ 작은 수 : x
└ 큰 수 : $x+$ □

(2) x에 관한 이차방정식을 세우고 풀어라.

(3) 두 자연수를 구하여라.

개념 10

07 지효와 오빠의 나이의 차는 5살이고 지효와 오빠의 나이의 곱이 204일 때, 오빠의 나이를 구하려고 한다. 다음 물음에 답하여라.

(1) 오빠의 나이를 x살이라 할 때, 지효의 나이를 x를 이용하여 나타내어라.

(2) x에 관한 이차방정식을 세우고 풀어라.

(3) 오빠의 나이를 구하여라.

개념 10

08 지면에서 초속 30 m로 발사한 물 로켓의 t초 후의 높이를 $(-5t^2+30t)$ m라 할 때, 이 물 로켓이 처음으로 40 m 높이의 지점을 지나는 것은 발사하고 몇 초 후인지 구하려고 한다. 다음 물음에 답하여라.

(1) t에 관한 이차방정식을 세워라.

(2) (1)에서 세운 이차방정식을 풀어라.

(3) 물 로켓이 처음으로 40 m 높이의 지점을 지나는 것은 발사하고 몇 초 후인지 구하여라.

개념 10

09 높이가 밑변의 길이보다 4 cm가 더 긴 삼각형의 넓이가 96 cm^{2}일 때, 높이를 구하려고 한다. 다음 물음에 답하여라.

(1) 높이를 x cm라 할 때, 밑변을 x를 이용하여 나타내어라.

(2) x에 관한 이차방정식을 세우고 풀어라.

(3) 높이의 길이를 구하여라.

개념 10

10 공책 105권을 학생들에게 똑같이 나누어 주었더니 학생 수는 한 학생이 받은 공책의 개수보다 8만큼 많다고 한다. 다음 물음에 답하여라.

(1) 학생 수를 x명이라 할 때, 한 학생이 받은 공책의 개수를 x를 이용하여 나타내어라.

(2) x에 관한 이차방정식을 세우고 풀어라.

(3) 학생 수를 구하여라.

01 다음 중 x에 관한 이차방정식이 아닌 것은?

① $(x+2)(x-3)=1$
② $x(x+1)=2x$
③ $(x-1)(2x-1)=2x^2-1$
④ $(x-2)^2=-4x$
⑤ $3x^2+2=x+2$

02 다음 이차방정식 중 [ ] 안의 수가 해가 되는 것은?

① $(x-2)^2=1$ $[-1]$
② $x^2-5x+3=0$ $[1]$
③ $2x^2-4x=0$ $[-2]$
④ $x^2-2x-3=0$ $[-1]$
⑤ $2(x+2)(x-1)=0$ $[2]$

03 두 이차방정식 $x^2+3x-4=0$, $x^2-x-20=0$을 동시에 만족하는 해는?

① $x=-4$ ② $x=-2$ ③ $x=1$
④ $x=4$ ⑤ $x=5$

04 인수분해를 이용하여 이차방정식 $4x^2-5x+1=0$을 풀면?

① $x=-1$ 또는 $x=-\frac{1}{4}$
② $x=-1$ 또는 $x=\frac{1}{4}$
③ $x=1$ 또는 $x=-\frac{1}{4}$
④ $x=1$ 또는 $x=\frac{1}{4}$
⑤ $x=2$ 또는 $x=\frac{1}{2}$

05 다음 이차방정식 중에서 중근을 갖지 않는 것은?

① $2(x-1)^2=0$ ② $x^2=25$
③ $\frac{1}{4}x^2-x+1=0$ ④ $-2x^2+8x-8=0$
⑤ $\left(x-\frac{1}{3}\right)^2=0$

06 x에 관한 이차방정식 $x^2+2x+3k-2=0$이 중근을 가질 때, 상수 k의 값은?

① -2 ② -1 ③ 0
④ 1 ⑤ 2

07 다음 중 이차방정식과 그 해가 잘못 짝지어진 것은?

① $x^2=9$ ➡ $x=\pm3$
② $2x^2=4$ ➡ $x=\pm\sqrt{2}$
③ $(x-1)^2=3$ ➡ $x=1\pm\sqrt{3}$
④ $(2x+1)^2=5$ ➡ $x=-\frac{1}{2}\pm\sqrt{5}$
⑤ $2(x+1)^2=16$ ➡ $x=-1\pm2\sqrt{2}$

08 이차방정식 $\frac{1}{2}x^2-3x+1=0$을 $(x+a)^2=b$의 꼴로 나타낼 때, 상수 a, b의 값은?

① $a=-3$, $b=7$　② $a=3$, $b=7$
③ $a=6$, $b=11$　④ $a=-\frac{3}{2}$, $b=\frac{5}{4}$
⑤ $a=\frac{3}{2}$, $b=\frac{5}{4}$

09 이차방정식 $2x^2+3x-1=0$을 풀면?

① $x=\frac{3\pm\sqrt{17}}{4}$　② $x=\frac{-3\pm\sqrt{17}}{4}$
③ $x=\frac{-3\pm\sqrt{17}}{2}$　④ $x=\frac{1}{2}$ 또는 $x=-1$
⑤ $x=-\frac{1}{2}$ 또는 $x=-1$

10 이차방정식 $3x^2-4ax-2(a+3)=0$의 한 근이 $x=-2$일 때, 다른 한 근을 구하면? (단, a는 상수)

① $x=2$　② $x=\frac{3}{2}$
③ $x=1$　④ $x=\frac{2}{3}$
⑤ $x=-1$

11 이차방정식 $0.1x^2+0.3x-1=0$의 두 근 α, β에 대하여 $\alpha\beta$는?

① 10　② 8　③ 5
④ -5　⑤ -10

12 이차방정식 $(x-2)^2=5$의 해가 $x=a\pm\sqrt{b}$일 때, $a+b$의 값은?(단, a, b는 유리수)

① -7　② -3　③ 3
④ 5　⑤ 7

13 이차방정식 $3x^2+5x-1=0$의 근이 $x=\frac{a\pm\sqrt{b}}{6}$일 때, $b-a$의 값은? (단, a, b는 유리수)

① 30 ② 32 ③ 35
④ 38 ⑤ 42

14 다음 이차방정식 중에서 근의 개수가 가장 많은 것은?

① $2x^2-3x+4=0$ ② $4x^2-4x+1=0$
③ $2(x-3)^2=4$ ④ $x^2-x+1=0$
⑤ $x^2+10x+25=0$

15 이차방정식 $x^2-2x+2k-1=0$이 근을 가질 때, 상수 k의 범위는?

① $k\leq\frac{1}{2}$ ② $k\geq\frac{1}{2}$ ③ $k\leq1$
④ $k\geq1$ ⑤ $k\leq2$

16 지면에서 10 m 높이의 건물 옥상에서 초속 40 m로 쏘아 올린 물 로켓의 t초 후의 지면으로 부터의 높이는 $(-5t^2+40t+10)$m이다. 이 물 로켓이 처음으로 지면으로부터의 높이가 70 m가 되는 것은 쏘아 올린지 몇 초 후인가?

① 1초 후 ② 2초 후 ③ 3초 후
④ 4초 후 ⑤ 6초 후

17 어떤 자연수를 제곱해야 할 것을 잘못하여 2배 하였더니 제곱한 것보다 15만큼 작았다고 한다. 이때 어떤 자연수는?

① 10 ② 9 ③ 8
④ 6 ⑤ 5

18 오른쪽 그림과 같이 가로, 세로의 길이가 각각 15 m, 12 m인 직사각형 모양의 땅에 폭이 일정한 길을 만들었더니 길을 제외한 땅의 넓이가 130 m^2였다. 이때 이 길의 폭은?

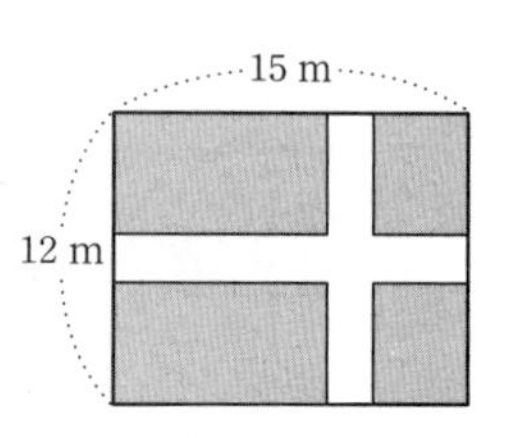

① 1 m ② 2 m ③ 3 m
④ 4 m ⑤ 5 m

Ⅳ 이차함수

이 단원에서 공부해야 할 필수 개념

개념 01 이차함수의 뜻

(1) **이차함수** : 함수 $y=f(x)$에서 $f(x)$가 x에 관한 이차식 $\boldsymbol{y=ax^2+bx+c(a\neq0,\ a,\ b,\ c}$**는 상수)** 로 나타내어질 때, $\boldsymbol{y}$**를** $\boldsymbol{x}$**에 관한 이차함수**라 한다.

예 $y=x^2-2x-3$은 우변이 이차식이므로 (일차, 이차)함수이고, $y=x+2$는 우변이 일차식이므로 (일차, 이차)함수이다.

(2) **함숫값** : 함수 $y=f(x)$에서 x의 값에 따라 결정되는 y의 값

예 이차함수 $f(x)=x^2+3x-1$에 대하여 $x=1$일 때의 함숫값은

$f(1)=1^2+3\times1-1=1+3-1=\square$

유형 식이 주어졌을 때, 이차함수 찾기

- $y=x^2+x+1$ → 우변 : x에 관한 이차식 → 이차함수
- $y=x+1$ → 우변 : x에 관한 일차식 → 일차함수

01 다음 중 이차함수인 것은 ○표, 아닌 것은 ×표 하여라.

(1) $y=x^2+2x+3$ ( )

(2) $y=3x-2$ ( )

(3) $x^2+3x-5=0$ ( )

(4) $y=\dfrac{2}{x^2}$ ( )

(5) $y=5(x-1)^2+1$ ( )

(6) $y=x^2-x(x-3)$ ( )

유형 관계식을 구하고 이차함수 찾기

- 한 변의 길이가 $x$cm인 정사각형의 넓이 $y$cm^2 → $y=x^2$ → 이차함수
- 반지름의 길이가 $x$cm인 구의 부피 $y$cm^3 → $y=\dfrac{4}{3}\pi x^3$ → 이차함수가 아니다.

02 다음 문장에서 y를 x에 관한 식으로 나타내고, 이차함수인 것은 ○표, 아닌 것은 ×표 하여라.

(1) 한 변의 길이가 $x$cm인 정삼각형의 둘레의 길이 $y$cm ( )

(2) 반지름의 길이가 $x$cm인 원의 넓이 $y$cm^2 ( )

(3) 한 모서리의 길이가 $x$cm인 정육면체의 부피 $y$cm^3 ( )

(4) 밑면의 반지름의 길이가 $x$cm, 높이가 10cm인 원기둥의 부피 $y$cm^3 ( )

(5) 한 모서리의 길이가 $x$cm인 정육면체의 겉넓이 $y$cm^2 ( )

유형 함숫값 구하기

- $y=f(x)=x^2+2x-1$
  $\xrightarrow{x=3 \text{ 대입}} f(3)=3^2+2\times3-1=14$

03 이차함수 $y=x^2-4x+2$에 대하여 다음을 구하여라.

(1) $x=1$일 때의 함숫값

(2) $x=2$일 때의 함숫값

(3) $x=0$일 때의 함숫값

(4) $x=-1$일 때의 함숫값

(5) $x=-2$일 때의 함숫값

04 이차함수 $f(x)=4x^2-2x-5$에 대하여 다음을 구하여라.

(1) $f(1)$의 값

(2) $f\left(\frac{1}{2}\right)$의 값

(3) $f(0)$의 값

(4) $f(-1)$의 값

(5) $f\left(-\frac{1}{2}\right)$의 값

05 다음 이차함수 $f(x)$에 대하여 주어진 함숫값을 만족시키는 상수 a의 값을 구하여라.

(1) $f(x)=x^2-2x+a$, $f(1)=1$

(2) $f(x)=x^2+ax-1$, $f(-1)=-3$

(3) $f(x)=-x^2+ax+4$, $f(3)=-5$

(4) $f(x)=5x^2+3x+a$, $f(-2)=8$

(5) $f(x)=ax^2-3x+7$, $f(2)=-7$

(6) $f(x)=\frac{3}{2}x^2-ax+3$, $f(1)=4$

도전! 100점

06 다음 중 이차함수가 아닌 것은?

① $y=\frac{x^2}{2}$　② $y=2(x-1)^2-2x^2$
③ $y=3x^2-2x+1$　④ $y=x(3-x)$
⑤ $y=-\frac{1}{3}x(x+6)$

이차함수 $y=x^2$의 그래프

(1) **이차함수 $y=x^2$의 그래프**

① **꼭짓점의 좌표** : $(0, 0)$

② **축의 방정식** : $x=0$(y축) ➡ **y축에 대하여 대칭**

③ **아래로 볼록**한 포물선이다.

④ $x<0$인 구간에서 **x의 값이 증가**하면 **y의 값은 감소**한다.

$x>0$인 구간에서 **x의 값이 증가**하면 **y의 값도 증가**한다.

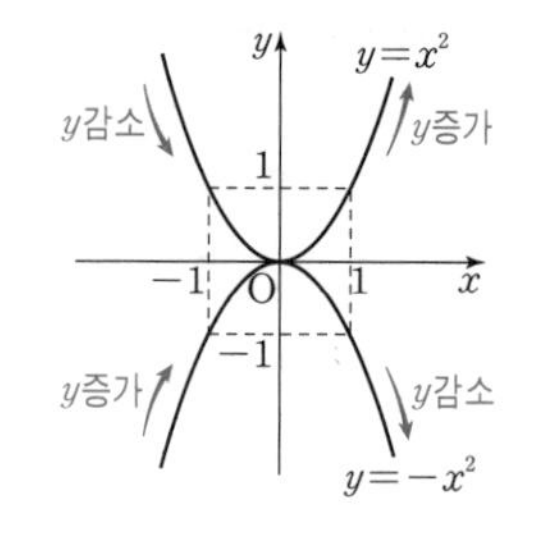

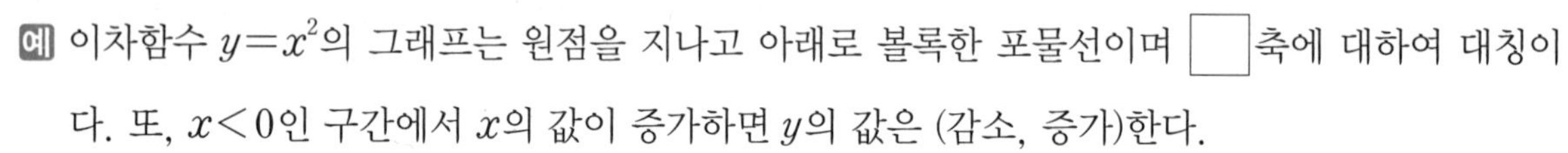
예 이차함수 $y=x^2$의 그래프는 원점을 지나고 아래로 볼록한 포물선이며 ☐축에 대하여 대칭이다. 또, $x<0$인 구간에서 x의 값이 증가하면 y의 값은 (감소, 증가)한다.

(2) **이차함수 $y=-x^2$의 그래프** : 이차함수 **$y=x^2$의 그래프**와 **x축에 대하여 대칭**

유형 이차함수 $y=x^2$의 그래프

• 이차함수 $y=x^2$에 대하여

→

x	⋯	-2	-1	0	1	2	⋯
y	⋯	4	1	0	1	4	⋯

→ $(-2, 4)$, $(-1, 1)$, $(0, 0)$, $(1, 1)$, $(2, 4)$를 이용하여 그래프를 그릴 수 있다.

01 이차함수 $y=x^2$에 대하여 다음 물음에 답하여라.

(1) 아래 표를 완성하여라.

x	⋯	-3	-2	-1	0	1	2	3	⋯
y	⋯	9	4			1			⋯

(2) 위의 표를 이용하여 x의 값이 실수 전체일 때, 이차함수 $y=x^2$의 그래프를 그려라.

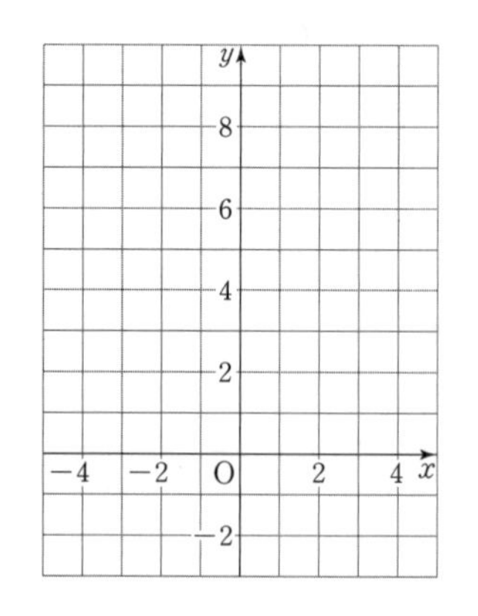

유형 이차함수 $y=-x^2$의 그래프

• 이차함수 $y=-x^2$에 대하여

→

x	⋯	-2	-1	0	1	2	⋯
y	⋯	-4	-1	0	-1	-4	⋯

→ $(-2, -4)$, $(-1, -1)$, $(0, 0)$, $(1, -1)$, $(2, -4)$를 이용하여 그래프를 그릴 수 있다.

02 이차함수 $y=-x^2$에 대하여 다음 물음에 답하여라.

(1) 아래 표를 완성하여라.

x	⋯	-3	-2	-1	0	1	2	3	⋯
y	⋯	-9	-4			-1			⋯

(2) 위의 표를 이용하여 x의 값이 실수 전체일 때, 이차함수 $y=-x^2$의 그래프를 그려라.

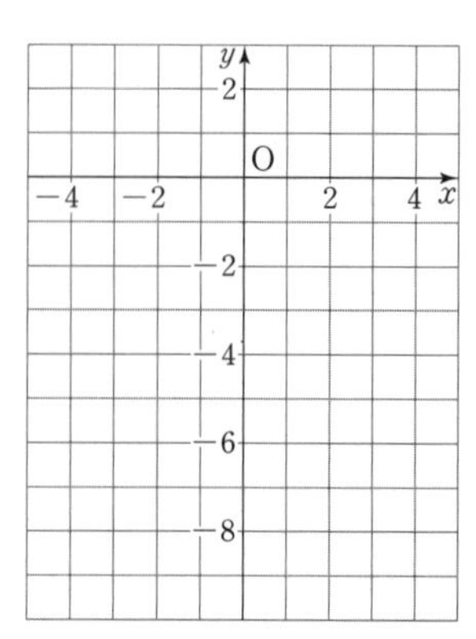

유형 이차함수 $y=x^2$의 그래프의 성질

① 제1, 2사분면을 지난다.
② 원점 (0, 0)을 지난다.
③ $x<0$일 때, x의 값 증가 → y의 값 감소
④ $x>0$일 때, x의 값 증가 → y의 값 증가

x증가, y감소, y증가, x증가, O, x, y

03 이차함수 $y=x^2$의 그래프에 대하여 다음 □ 안에 알맞은 것을 써넣어라.

(1) 꼭짓점의 좌표 : □

(2) 축의 방정식 : □

(3) x의 값이 증가할 때, y의 값은 감소하는 구간 : □

유형 이차함수 $y=-x^2$의 그래프의 성질

① 제3, 4사분면을 지난다.
② 원점 (0, 0)을 지난다.
③ $x<0$일 때, x의 값 증가 → y의 값 증가
④ $x>0$일 때, x의 값 증가 → y의 값 감소

y, O, x, x증가, y증가, y감소, x증가

04 이차함수 $y=-x^2$의 그래프에 대하여 다음 □ 안에 알맞은 것을 써넣어라.

(1) 꼭짓점의 좌표 : □

(2) 축의 방정식 : □

(3) x의 값이 증가할 때, y의 값도 증가하는 구간 : □

05 다음 설명 중 옳은 것은 ○표, 옳지 않은 것은 ×표 하여라.

(1) $y=x^2$의 그래프는 아래로 볼록한 포물선이다. (　　)

(2) $y=x^2$의 그래프는 제3, 4사분면을 지난다. (　　)

(3) $y=-x^2$의 그래프는 x축에 대하여 대칭이다. (　　)

(4) $y=x^2$의 그래프와 $y=-x^2$의 그래프는 모두 원점 (0, 0)을 지난다. (　　)

(5) $y=x^2$의 그래프와 $y=-x^2$의 그래프는 x축에 대하여 서로 대칭이다. (　　)

도전! 100점

06 이차함수 $y=-x^2$의 그래프에 대한 다음 설명 중 옳지 않은 것을 모두 고르면?(정답 2개)

① 제3, 4사분면을 지난다.
② y축에 대하여 대칭이다.
③ 아래로 볼록한 포물선이다.
④ $x>0$인 구간에서 x의 값이 증가하면 y의 값도 증가한다.
⑤ 이차함수 $y=x^2$의 그래프와 x축에 대하여 서로 대칭이다.

개념 03 이차함수 $y=ax^2$의 그래프

① **꼭짓점의 좌표 : $(0, 0)$**

② **축의 방정식 : $x=0$(y축) ➡ y축에 대하여 대칭**

③ **$a>0$**이면 **아래로 볼록**하고, **$a<0$**이면 **위로 볼록**하다.

④ **a의 절댓값이 클수록** 그래프의 **폭이 좁아진다.**

⑤ 이차함수 **$y=-ax^2$의 그래프**와 **x축에 대하여 대칭**이다.

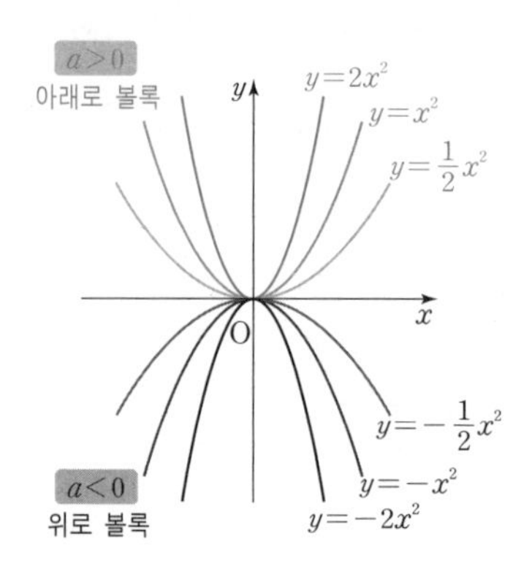

예 이차함수 $y=ax^2$의 그래프는 원점을 지나고 y축에 대하여 대칭이다. 또, a ☐ 0이면 아래로 볼록하고, a ☐ 0이면 위로 볼록하다. 한편 a의 절댓값이 (클, 작을)수록 그래프의 폭이 좁아진다.

유형 이차함수 $y=ax^2$의 그래프(1)

• $y=2x^2$의 그래프
→ $y=x^2$의 그래프의 각 점에 대하여 y좌표를 2배로 하는 점을 연결

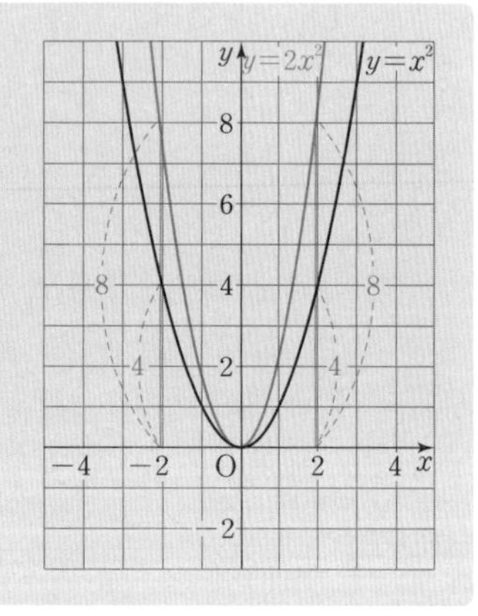

01 이차함수 $y=x^2$의 그래프를 이용하여 다음 이차함수의 그래프를 그려라.

(1) $y=3x^2$ (2) $y=\frac{1}{3}x^2$

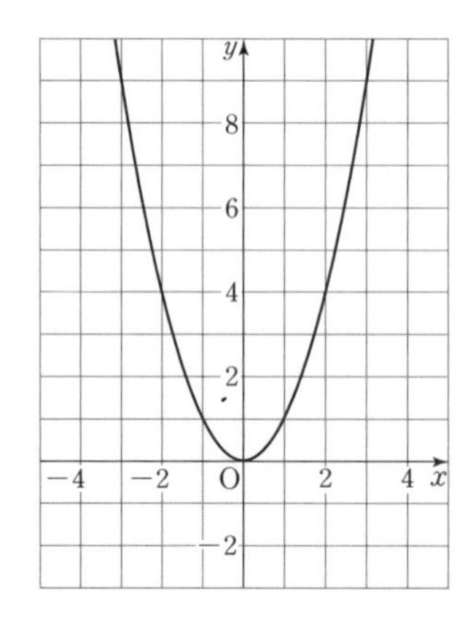

유형 이차함수 $y=ax^2$의 그래프(2)

• $y=-\frac{1}{3}x^2$의 그래프
→ $y=-x^2$의 그래프의 각 점에 대하여 y좌표를 $\frac{1}{3}$배로 하는 점을 연결

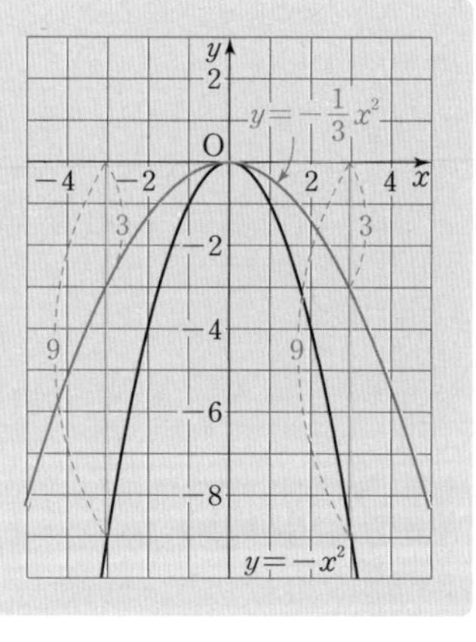

02 이차함수 $y=-x^2$의 그래프를 이용하여 다음 이차함수의 그래프를 그려라.

(1) $y=-2x^2$ (2) $y=-\frac{1}{2}x^2$

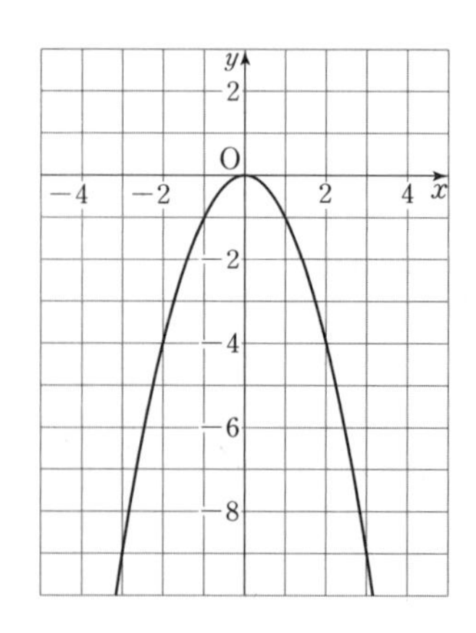

유형 이차함수 $y=ax^2(a>0)$의 그래프의 성질(1)

- 이차함수 $y=2x^2$의 그래프에서
  ① 꼭짓점의 좌표 : $(0, 0)$
  ② 축의 방정식 : $x=0$
  ③ x^2의 계수가 양수$(2>0)$이므로 아래로 볼록하고 제1, 2사분면을 지남

03 이차함수 $y=4x^2$의 그래프에 대하여 다음 □ 안에 알맞은 것을 써넣어라.

(1) 꼭짓점의 좌표 : □

(2) 축의 방정식 : □

(3) 그래프의 모양 : □로 볼록

(4) 그래프가 지나는 사분면 : 제□, □사분면

04 이차함수 $y=\frac{1}{2}x^2$의 그래프에 대하여 다음 □ 안에 알맞은 것을 써넣어라.

(1) 꼭짓점의 좌표 : □

(2) 축의 방정식 : □

(3) 그래프의 모양 : □로 볼록

(4) 그래프가 지나는 사분면 : 제□, □사분면

유형 이차함수 $y=ax^2(a>0)$의 그래프의 성질(2)

- 이차함수 $y=2x^2$의 그래프에서
  ① $x<0$일 때, x의 값 증가 → y의 값 감소
  ② $x>0$일 때, x의 값 증가 → y의 값 증가
  ③ $2=2\times1^2$이므로 점 $(1, 2)$를 지남
  ④ x축에 대하여 대칭인 그래프의 식 : $y=-2x^2$

05 이차함수 $y=4x^2$의 그래프에 대하여 다음 □ 안에 알맞은 것을 써넣어라.

(1) x의 값이 증가할 때, y의 값은 감소하는 구간 : □

(2) 두 점 $(1,$ □$)$, $(2,$ □$)$을 지난다.

(3) x축에 대하여 대칭인 그래프의 식 : □

06 이차함수 $y=\frac{1}{2}x^2$의 그래프에 대하여 다음 □ 안에 알맞은 것을 써넣어라.

(1) x의 값이 증가할 때, y의 값도 증가하는 구간 : □

(2) 두 점 $(-2,$ □$)$, $(4,$ □$)$을 지난다.

(3) x축에 대하여 대칭인 그래프의 식 : □

유형 이차함수 $y=ax^2(a<0)$의 그래프의 성질(1)

- 이차함수 $y=-2x^2$의 그래프에서
  ① 꼭짓점의 좌표 : $(0, 0)$
  ② 축의 방정식 : $x=0$
  ③ x^2의 계수가 음수 $(-2<0)$이므로 위로 볼록하고 제3, 4사분면을 지남

07 이차함수 $y=-3x^2$의 그래프에 대하여 다음 □ 안에 알맞은 것을 써넣어라.

(1) 꼭짓점의 좌표 : □

(2) 축의 방정식 : □

(3) 그래프의 모양 : □로 볼록

(4) 그래프가 지나는 사분면 : 제□, □사분면

08 이차함수 $y=-\frac{1}{3}x^2$의 그래프에 대하여 다음 □ 안에 알맞은 것을 써넣어라.

(1) 꼭짓점의 좌표 : □

(2) 축의 방정식 : □

(3) 그래프의 모양 : □로 볼록

(4) 그래프가 지나는 사분면 : 제□, □사분면

유형 이차함수 $y=ax^2(a<0)$의 그래프의 성질(2)

- 이차함수 $y=-2x^2$의 그래프에서
  ① $x<0$일 때, x의 값 증가 → y의 값 증가
  ② $x>0$일 때, x의 값 증가 → y의 값 감소
  ③ $-2=-2\times1^2$ → 점 $(1, -2)$를 지남
  ④ x축에 대하여 대칭인 그래프의 식 : $y=2x^2$

09 이차함수 $y=-3x^2$의 그래프에 대하여 다음 □ 안에 알맞은 것을 써넣어라.

(1) x의 값이 증가할 때, y의 값은 감소하는 구간 : □

(2) 두 점 $(-1,$ □$)$, $(2,$ □$)$를 지난다.

(3) x축에 대하여 대칭인 그래프의 식 : □

10 이차함수 $y=-\frac{1}{3}x^2$의 그래프에 대하여 다음 □ 안에 알맞은 것을 써넣어라.

(1) x의 값이 증가할 때, y의 값도 증가하는 구간 : □

(2) 두 점 $(2,$ □$)$, $(3,$ □$)$을 지난다.

(3) x축에 대하여 대칭인 그래프의 식 : □

유형 이차함수 $y=ax^2$의 그래프의 성질

• $y=-4x^2$, $y=4x^2$, $y=5x^2$의 그래프에서
① 아래로 볼록($a>0$)
→ $y=4x^2$, $y=5x^2$
② 폭이 가장 좁다($|a|$이 가장 크다.)
→ $y=5x^2$
③ x축에 대하여 서로 대칭(부호가 반대, $|a|$은 같다.)
→ $y=-4x^2$, $y=4x^2$

11 이차함수 $y=-2x^2$, $y=2x^2$, $y=3x^2$, $y=-\frac{1}{2}x^2$의 그래프에 대하여 다음을 구하여라.

(1) 아래로 볼록한 그래프

(2) 폭이 가장 좁은 그래프

(3) 폭이 가장 넓은 그래프

(4) x축에 대하여 서로 대칭인 그래프

12 이차함수 $y=3x^2$, $y=-5x^2$, $y=4x^2$, $y=-\frac{2}{3}x^2$, $y=\frac{3}{2}x^2$, $y=-3x^2$의 그래프에 대하여 다음을 구하여라.

(1) 위로 볼록한 그래프

(2) 폭이 가장 좁은 그래프

(3) 폭이 가장 넓은 그래프

(4) x축에 대하여 서로 대칭인 그래프

유형 이차함수의 식에서 상수의 값 구하기

• 이차함수 $y=ax^2$의 그래프가 점 $(1, 2)$를 지날 때

$$y=ax^2 \xrightarrow[y=2 \text{ 대입}]{x=1,} 2=a\times 1^2 \rightarrow a=2$$

13 이차함수 $y=ax^2$의 그래프가 다음 점을 지날 때, 상수 a의 값을 구하여라.

(1) $(1, 3)$

(2) $(2, 8)$

(3) $(3, -18)$

(4) $(-2, 2)$

(5) $\left(-1, \frac{1}{3}\right)$

(6) $(-2, -28)$

도전! 100점

14 다음 이차함수의 그래프 중 폭이 가장 좁은 것은?

① $y=-7x^2$ ② $y=-6x^2$ ③ $y=x^2$
④ $y=\frac{3}{2}x^2$ ⑤ $y=5x^2$

개념 04 이차함수 $y=ax^2+q$의 그래프

$$y=ax^2 \xrightarrow[q\text{만큼 평행이동}]{y\text{축의 방향으로}} y=ax^2+q$$

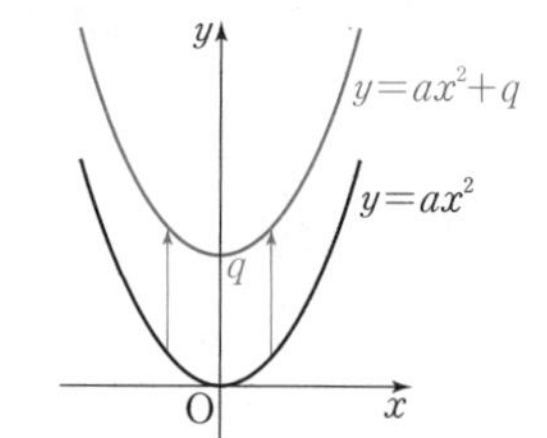

① **꼭짓점의 좌표 변화** : (0, 0) ➡ **(0, q)**

② **축의 방정식** : $\boldsymbol{x=0}$(y축)

③ **x축에 대하여 대칭인 그래프의 식** : $\boldsymbol{y=-ax^2-q}$

예 이차함수 $y=2x^2+2$의 그래프는 이차함수 $y=2x^2$의 그래프를 y축의 방향으로 ☐만큼 평행이동한 것이다. 또, 꼭짓점의 좌표는 (0, ☐)이고 축의 방정식은 $x=0$이다.

유형 이차함수 $y=ax^2+q$의 그래프(1)

• $y=x^2+2$의 그래프
→ $y=x^2$의 그래프의 각 점에 대하여 y좌표에 2만큼 더한 점을 연결

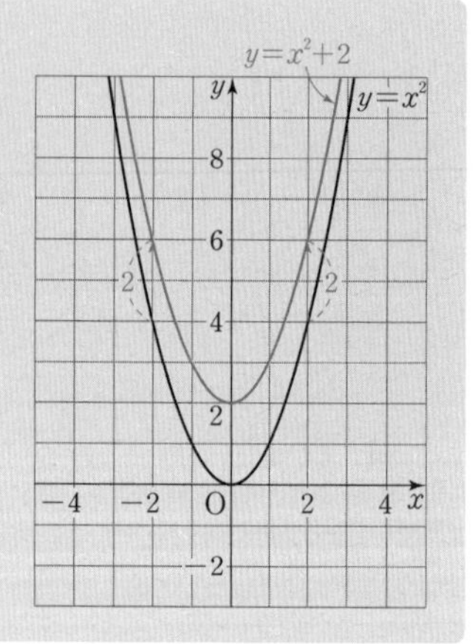

유형 이차함수 $y=ax^2+q$의 그래프(2)

• $y=-x^2-2$의 그래프
→ $y=-x^2$의 그래프의 각 점에 대하여 y좌표에 -2만큼 더한 점을 연결

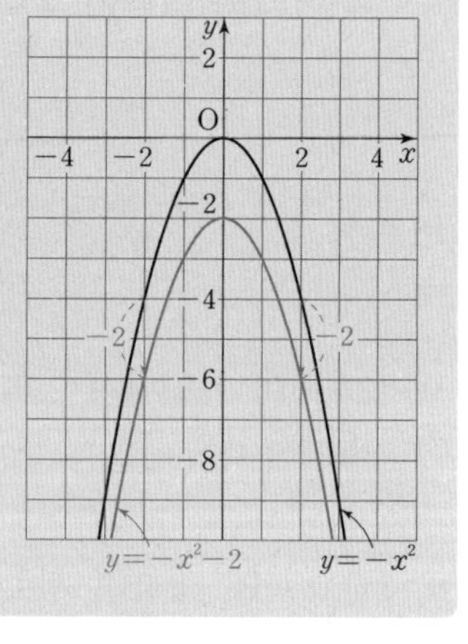

01 이차함수 $y=2x^2$의 그래프를 이용하여 다음 이차함수의 그래프를 그려라.

(1) $y=2x^2+1$　　　(2) $y=2x^2-2$

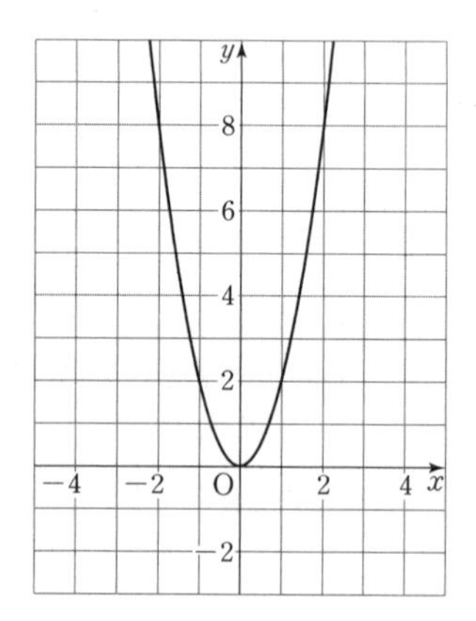

02 이차함수 $y=-2x^2$의 그래프를 이용하여 다음 이차함수의 그래프를 그려라.

(1) $y=-2x^2+2$　　　(2) $y=-2x^2-2$

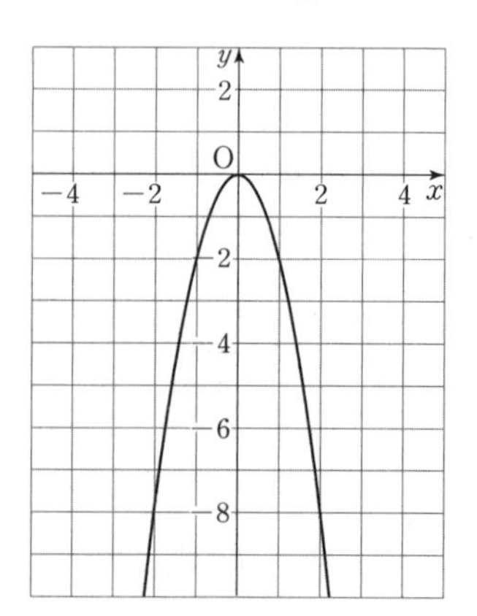

유형 $y=ax^2$의 그래프의 평행이동

• $y=2x^2$ —y축의 방향으로 3만큼→ $y=2x^2+3$

03 다음 이차함수의 그래프는 이차함수 $y=x^2$의 그래프를 y축의 방향으로 얼마만큼 평행이동한 것인지 구하여라.

(1) $y=x^2+2$

(2) $y=x^2+\frac{1}{3}$

(3) $y=x^2-3$

(4) $y=x^2-\frac{3}{4}$

04 다음 이차함수의 그래프는 이차함수 $y=-3x^2$의 그래프를 y축의 방향으로 얼마만큼 평행이동한 것인지 구하여라.

(1) $y=-3x^2+4$

(2) $y=-3x^2+\frac{3}{2}$

(3) $y=-3x^2-9$

(4) $y=-3x^2-\frac{1}{2}$

05 다음 이차함수의 그래프를 y축의 방향으로 [ ] 안의 수만큼 평행이동한 그래프의 식을 구하여라.

(1) $y=x^2$ [5]

(2) $y=2x^2$ [3]

(3) $y=\frac{1}{2}x^2$ [1]

(4) $y=3x^2$ [−1]

(5) $y=\frac{2}{3}x^2$ [−4]

(6) $y=-x^2$ [2]

(7) $y=-\frac{2}{5}x^2$ $\left[\ \frac{1}{3}\ \right]$

(8) $y=-2x^2$ [−2]

(9) $y=-6x^2$ $\left[-\frac{2}{3}\right]$

(10) $y=-\frac{3}{4}x^2$ [−3]

유형 꼭짓점의 좌표 구하기

- $y=3x^2$ $\xrightarrow[\text{1만큼 평행이동}]{y\text{축의 방향으로}}$ $y=3x^2+1$

꼭짓점 : $(0, 0)$ 꼭짓점 : $(0, 1)$

06 다음 이차함수의 그래프의 꼭짓점의 좌표를 구하여라.

(1) $y=x^2+5$

(2) $y=2x^2+3$

(3) $y=3x^2-2$

(4) $y=\frac{1}{2}x^2-9$

(5) $y=-2x^2+6$

(6) $y=-7x^2+\frac{1}{2}$

(7) $y=-x^2-1$

(8) $y=-5x^2-\frac{5}{6}$

유형 축의 방정식 구하기

- $y=3x^2$ $\xrightarrow[\text{1만큼 평행이동}]{y\text{축의 방향으로}}$ $y=3x^2+1$

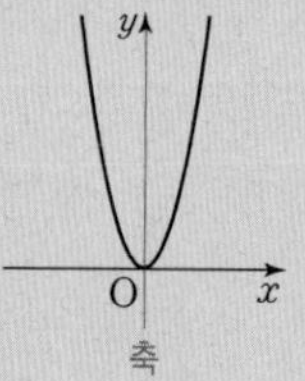

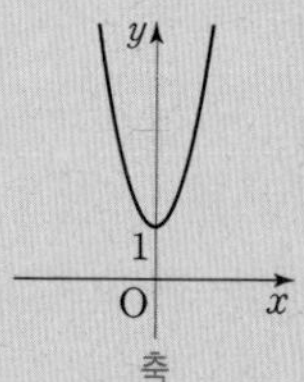

축의 방정식 : $x=0$ 축의 방정식 : $x=0$

07 다음 이차함수의 그래프의 축의 방정식을 구하여라.

(1) $y=2x^2+1$

(2) $y=\frac{1}{2}x^2+4$

(3) $y=x^2-2$

(4) $y=4x^2-\frac{4}{3}$

(5) $y=-x^2+2$

(6) $y=-5x^2+1$

(7) $y=-2x^2-6$

(8) $y=-3x^2-1$

유형 x축에 대하여 대칭인 그래프의 식 구하기

• $y=2x^2-7 \xrightarrow[y \to -y]{x\text{축에 대하여 대칭}} -y=2x^2-7$

→ $y=-2x^2+7$

08 다음 이차함수의 그래프와 x축에 대하여 대칭인 그래프의 식을 구하여라.

(1) $y=2x^2+3$

(2) $y=3x^2+2$

(3) $y=4x^2+\frac{1}{2}$

(4) $y=x^2-5$

(5) $y=\frac{2}{3}x^2-\frac{5}{4}$

(6) $y=-2x^2+5$

(7) $y=-4x^2+1$

(8) $y=-5x^2-4$

(9) $y=-4x^2-\frac{6}{5}$

(10) $y=-\frac{1}{2}x^2-\frac{2}{3}$

유형 상수의 값 구하기

• 이차함수 $y=-4x^2+6$의 그래프가 점 $(1,\ k)$를 지날 때

$y=-4x^2+6 \xrightarrow[\text{대입}]{x=1,\ y=k} k=-4\times1^2+6$

→ $k=2$

09 다음 이차함수의 그래프가 주어진 점을 지날 때, 상수 k의 값을 구하여라.

(1) $y=2x^2+2,\ (-1,\ k)$

(2) $y=x^2-4,\ (1,\ k)$

(3) $y=3x^2-5,\ (2,\ k)$

(4) $y=-x^2+5,\ (-2,\ k)$

(5) $y=-\frac{1}{2}x^2-1,\ (-4,\ k)$

도전! 100점

10 이차함수 $y=\frac{1}{3}x^2$의 그래프를 y축의 방향으로 -2만큼 평행이동한 그래프가 점 $(3,\ a)$를 지날 때, a의 값은?

① -1 ② 1 ③ 3
④ 5 ⑤ 7

개념 05

이차함수 $y=a(x-p)^2$의 그래프

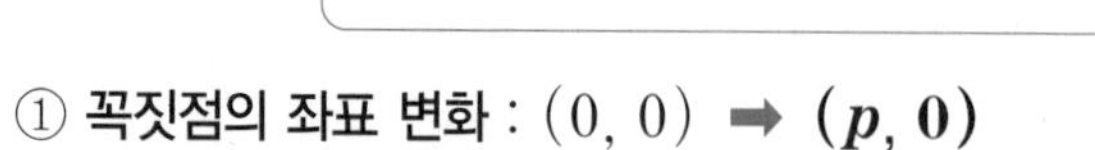

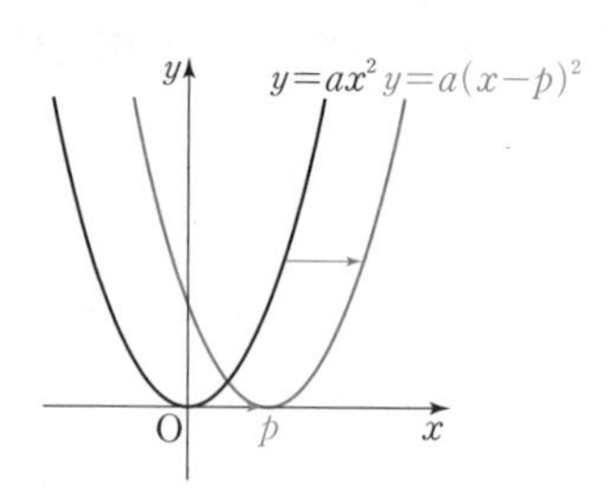

① **꼭짓점의 좌표 변화** : $(0,\ 0)$ ➡ $(p,\ 0)$

② **축의 방정식** : $x=p$

③ **x축에 대하여 대칭인 그래프의 식** : $y=-a(x-p)^2$

예 이차함수 $y=2(x-3)^2$의 그래프는 이차함수 $y=2x^2$의 그래프를 x축의 방향으로 3만큼 평행이동한 것이다. 또, 꼭짓점의 좌표는 ($\square$, 0)이고 축의 방정식은 $x=$ $\square$ 이다.

유형 이차함수 $y=a(x-p)^2$의 그래프(1)

• $y=(x-2)^2$의 그래프
→ $y=x^2$의 그래프의 각 점에 대하여 x좌표에 2만큼 더한 점을 연결

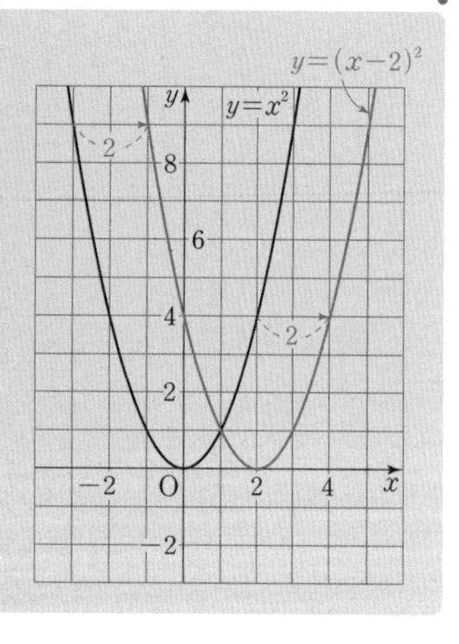

유형 이차함수 $y=a(x-p)^2$의 그래프(2)

• $y=-(x+2)^2$의 그래프
→ $y=-x^2$의 그래프의 각 점에 대하여 x좌표에 -2만큼 더한 점을 연결

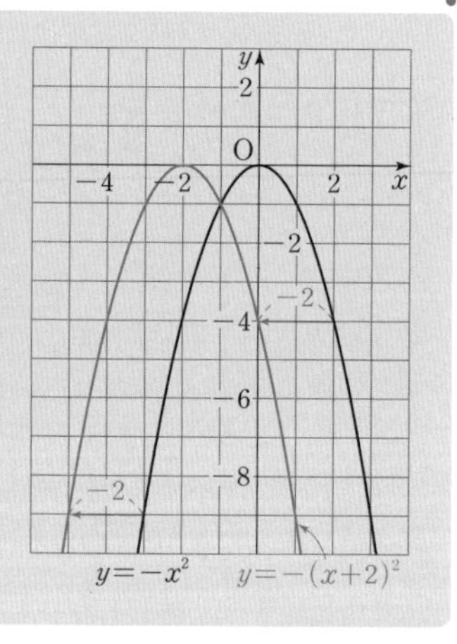

01 이차함수 $y=2x^2$의 그래프를 이용하여 다음 이차함수의 그래프를 그려라.

(1) $y=2(x-2)^2$ (2) $y=2(x+2)^2$

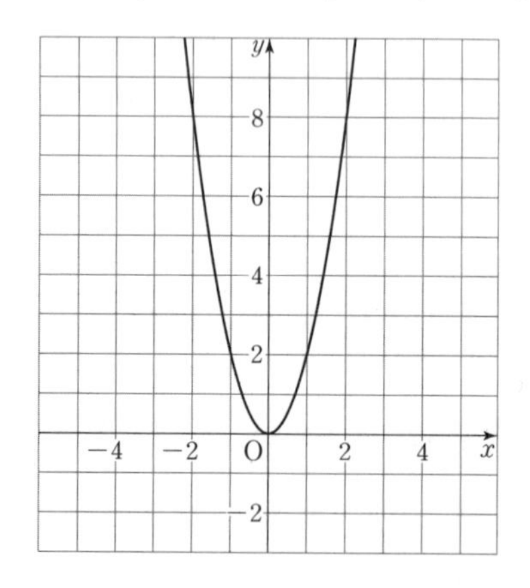

02 이차함수 $y=-2x^2$의 그래프를 이용하여 다음 이차함수의 그래프를 그려라.

(1) $y=-2(x-2)^2$ (2) $y=-2(x+2)^2$

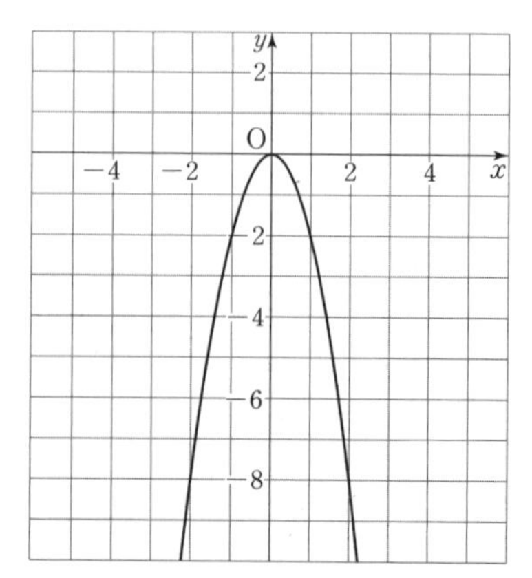

유형 $y=ax^2$의 그래프의 평행이동

- $y=3x^2 \xrightarrow{x\text{축의 방향으로 }2\text{만큼}} y=3(x-2)^2$

03 다음 이차함수의 그래프는 이차함수 $y=2x^2$의 그래프를 x축의 방향으로 얼마만큼 평행이동한 것인지 구하여라.

(1) $y=2(x-2)^2$

(2) $y=2\left(x-\frac{2}{3}\right)^2$

(3) $y=2(x+3)^2$

(4) $y=2\left(x+\frac{5}{3}\right)^2$

04 다음 이차함수의 그래프는 이차함수 $y=-\frac{3}{2}x^2$의 그래프를 x축의 방향으로 얼마만큼 평행이동한 것인지 구하여라.

(1) $y=-\frac{3}{2}(x-5)^2$

(2) $y=-\frac{3}{2}\left(x-\frac{3}{4}\right)^2$

(3) $y=-\frac{3}{2}(x+7)^2$

(4) $y=-\frac{3}{2}\left(x+\frac{1}{4}\right)^2$

05 다음 이차함수의 그래프를 x축의 방향으로 [ ] 안의 수만큼 평행이동한 그래프의 식을 구하여라.

(1) $y=x^2$ [3]

(2) $y=3x^2$ [2]

(3) $y=\frac{1}{3}x^2$ [1]

(4) $y=2x^2$ [-3]

(5) $y=\frac{5}{2}x^2$ [-5]

(6) $y=-x^2$ [4]

(7) $y=-\frac{1}{4}x^2$ $\left[\frac{3}{2}\right]$

(8) $y=-3x^2$ [-1]

(9) $y=-4x^2$ $\left[-\frac{1}{3}\right]$

(10) $y=-\frac{1}{5}x^2$ [-2]

유형 꼭짓점의 좌표 구하기

• $y=3x^2 \xrightarrow[\text{1만큼 평행이동}]{x\text{축의 방향으로}} y=3(x-1)^2$

꼭짓점 : (0, 0)　　　꼭짓점 : (1, 0)

06 다음 이차함수의 그래프의 꼭짓점의 좌표를 구하여라.

(1) $y=(x-4)^2$

(2) $y=3(x-1)^2$

(3) $y=2(x+3)^2$

(4) $y=\frac{2}{3}(x+5)^2$

(5) $y=-2(x-1)^2$

(6) $y=-8\left(x-\frac{1}{2}\right)^2$

(7) $y=-(x+3)^2$

(8) $y=-3\left(x+\frac{5}{3}\right)^2$

유형 축의 방정식 구하기

• $y=3x^2 \xrightarrow[\text{1만큼 평행이동}]{x\text{축의 방향으로}} y=3(x-1)^2$

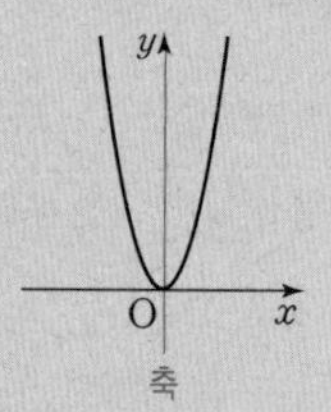

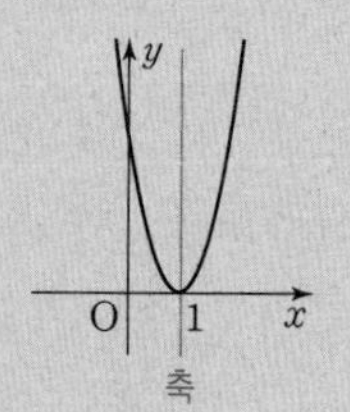

축의 방정식 : $x=0$　　　축의 방정식 : $x=1$

07 다음 이차함수의 그래프의 축의 방정식을 구하여라.

(1) $y=2(x-5)^2$

(2) $y=\frac{1}{4}(x-2)^2$

(3) $y=(x+2)^2$

(4) $y=4\left(x+\frac{3}{4}\right)^2$

(5) $y=-2(x-4)^2$

(6) $y=-6(x-1)^2$

(7) $y=-(x+1)^2$

(8) $y=-5(x+6)^2$

유형 x축에 대하여 대칭인 그래프의 식 구하기

• $y=2(x-3)^2 \xrightarrow[y \to -y]{x\text{축에 대하여 대칭}} -y=2(x-3)^2$

$\rightarrow y=-2(x-3)^2$

08 다음 이차함수의 그래프와 x축에 대하여 대칭인 그래프의 식을 구하여라.

(1) $y=(x-8)^2$

(2) $y=4(x-3)^2$

(3) $y=\frac{2}{5}\left(x-\frac{1}{2}\right)^2$

(4) $y=2(x+3)^2$

(5) $y=3(x+9)^2$

(6) $y=-5(x-1)^2$

(7) $y=-4\left(x-\frac{2}{3}\right)^2$

(8) $y=-2(x+7)^2$

(9) $y=-6(x+2)^2$

(10) $y=-\frac{1}{3}(x+3)^2$

유형 상수의 값 구하기

• 이차함수 $y=-(x+1)^2$의 그래프가 점 $(1, k)$를 지날 때

$y=-(x+1)^2 \xrightarrow[\text{대입}]{x=1,\ y=k} k=-(1+1)^2$

$\rightarrow k=-4$

09 다음 이차함수의 그래프가 주어진 점을 지날 때, 상수 k의 값을 구하여라.

(1) $y=(x-3)^2$, $(1, k)$

(2) $y=2(x+1)^2$, $(2, k)$

(3) $y=-(x-5)^2$, $(3, k)$

(4) $y=-3(x-4)^2$, $(6, k)$

(5) $y=-\frac{1}{3}(x+2)^2$, $(-5, k)$

도전! 100점

10 이차함수 $y=5(x-1)^2$의 그래프에 대한 다음 설명 중 옳은 것을 모두 고르면?(정답 2개)

① 점 $(0, 5)$를 지난다.
② 제3, 4사분면을 지난다.
③ 축의 방정식은 $x=5$이다.
④ 꼭짓점의 좌표는 $(1, 0)$이다.
⑤ $y=5x^2$의 그래프를 x축의 방향으로 -1만큼 평행이동한 것이다.

개념 06 이차함수 $y=a(x-p)^2+q$의 그래프

$y=ax^2$ —(x축의 방향으로 p만큼, y축의 방향으로 q만큼 평행이동)→ $\boldsymbol{y=a(x-p)^2+q}$

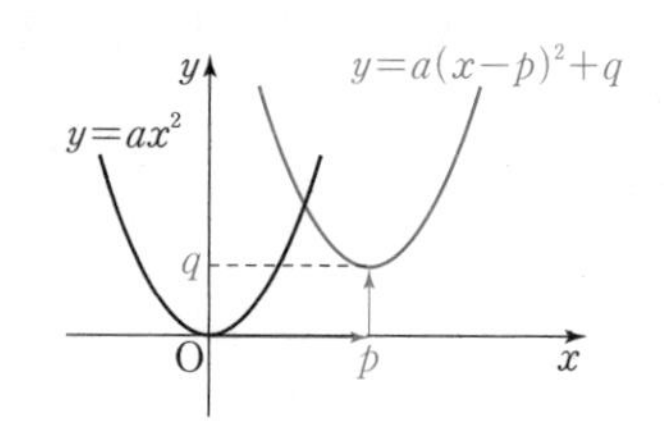

① **꼭짓점의 좌표 변화** : $(0, 0)$ ➡ $\boldsymbol{(p, q)}$

② **축의 방정식** : $\boldsymbol{x=p}$

③ **x축에 대하여 대칭인 그래프의 식** : $\boldsymbol{y=-a(x-p)^2-q}$

예 이차함수 $y=2(x-1)^2+2$의 그래프는 이차함수 $y=2x^2$의 그래프를 x축의 방향으로 1만큼, y축의 방향으로 2만큼 평행이동한 것이다. 또, 꼭짓점의 좌표는 (□, □)이고 축의 방정식은 $x=$□이다.

유형 이차함수 $y=a(x-p)^2+q$의 그래프(1)

• $y=(x-2)^2+3$의 그래프
→ $y=x^2$의 그래프를 x축의 방향으로 2만큼, y축의 방향으로 3만큼 평행이동

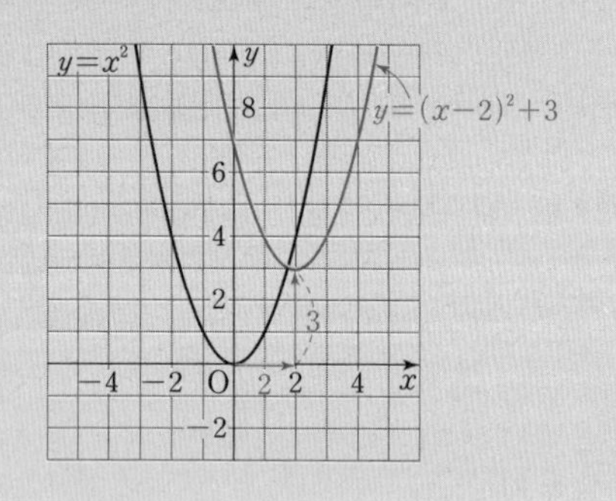

유형 이차함수 $y=a(x-p)^2+q$의 그래프(2)

• $y=-(x-2)^2-3$의 그래프
→ $y=-x^2$의 그래프를 x축의 방향으로 2만큼, y축의 방향으로 -3만큼 평행이동

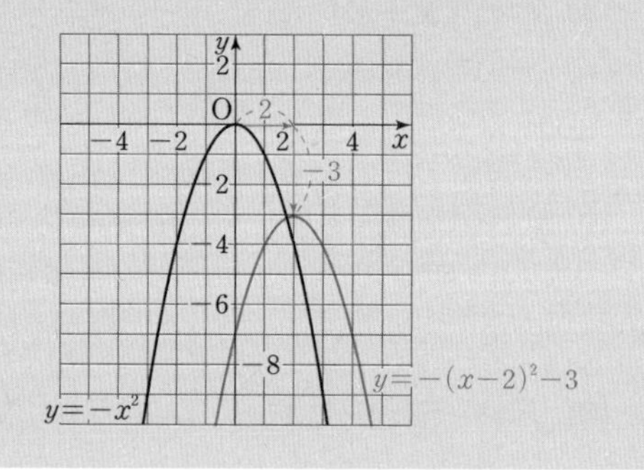

01 이차함수 $y=2x^2$의 그래프를 이용하여 다음 이차함수의 그래프를 그려라.

(1) $y=2(x-2)^2+2$ (2) $y=2(x+2)^2-2$

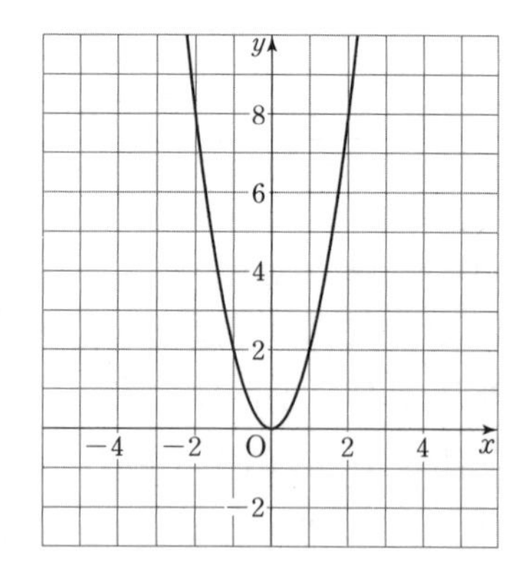

02 이차함수 $y=-2x^2$의 그래프를 이용하여 다음 이차함수의 그래프를 그려라.

(1) $y=-2(x-2)^2-2$ (2) $y=-2(x+2)^2+2$

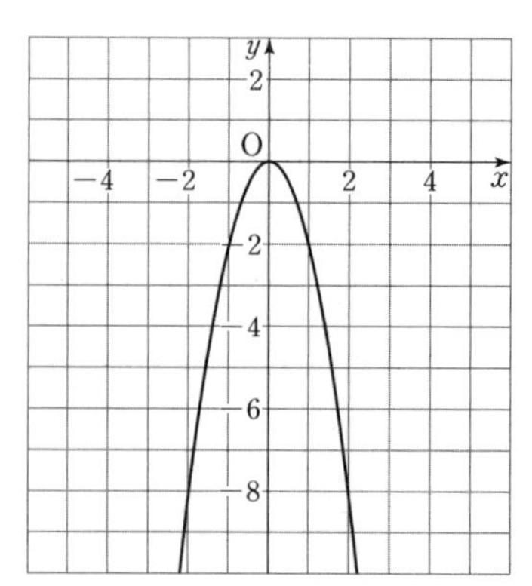

유형 $y=ax^2$의 그래프의 평행이동

• $y=3x^2 \xrightarrow[y\text{축의 방향으로 }1\text{만큼}]{x\text{축의 방향으로 }2\text{만큼,}} y=3(x-2)^2+1$

03 다음 이차함수의 그래프는 이차함수 $y=2x^2$의 그래프를 x축, y축의 방향으로 각각 얼마만큼 평행이동한 것인지 차례로 구하여라.

(1) $y=2(x-1)^2+2$

(2) $y=2(x-2)^2-1$

(3) $y=2(x+1)^2+\frac{1}{3}$

(4) $y=2\left(x+\frac{3}{4}\right)^2-5$

04 다음 이차함수의 그래프는 이차함수 $y=-3x^2$의 그래프를 x축, y축의 방향으로 각각 얼마만큼 평행이동한 것인지 차례로 구하여라.

(1) $y=-3(x-3)^2+\frac{5}{2}$

(2) $y=-3\left(x-\frac{1}{2}\right)^2-4$

(3) $y=-3(x+2)^2+3$

(4) $y=-3(x+5)^2-2$

05 다음 이차함수의 그래프를 x축, y축의 방향으로 각각 [ ] 안의 수만큼 평행이동한 그래프의 식을 구하여라.

(1) $y=x^2$ [1, 2]

(2) $y=2x^2$ [3, 1]

(3) $y=3x^2$ [2, −4]

(4) $y=\frac{1}{2}x^2$ [−2, 2]

(5) $y=4x^2$ [−5, −3]

(6) $y=-x^2$ [2, 4]

(7) $y=-\frac{2}{3}x^2$ [4, −1]

(8) $y=-2x^2$ [−2, 1]

(9) $y=-4x^2$ [−1, 4]

(10) $y=-6x^2$ [−5, −1]

유형 꼭짓점의 좌표 구하기

• $y=3(x-1)^2+2$ → 꼭짓점의 좌표 : $(1, 2)$

06 다음 이차함수의 그래프의 꼭짓점의 좌표를 구하여라.

(1) $y=(x-2)^2+5$

(2) $y=4(x-1)^2+3$

(3) $y=\frac{1}{2}(x-3)^2-2$

(4) $y=2(x+2)^2+4$

(5) $y=3(x+1)^2-1$

(6) $y=-(x-3)^2+1$

(7) $y=-2(x-2)^2-2$

(8) $y=-5(x+1)^2+7$

(9) $y=-\frac{2}{3}(x+4)^2+2$

(10) $y=-7(x+1)^2-3$

유형 축의 방정식 구하기

• $y=3(\underbrace{x-1}_{=0})^2+2$ → 축의 방정식 : $x=1$

07 다음 이차함수의 그래프의 축의 방정식을 구하여라.

(1) $y=2(x-3)^2+2$

(2) $y=3(x-2)^2-4$

(3) $y=5(x-1)^2-1$

(4) $y=(x+1)^2+3$

(5) $y=\frac{1}{4}(x+2)^2-2$

(6) $y=-(x-2)^2+3$

(7) $y=-3(x-5)^2+1$

(8) $y=-2(x-6)^2-3$

(9) $y=-4(x+3)^2+1$

(10) $y=-\frac{4}{5}(x+4)^2-2$

유형 x축에 대하여 대칭인 그래프의 식 구하기

• $y=2(x-3)^2-2$
$\xrightarrow[y \to -y]{x\text{축에 대하여 대칭}}$ $-y=2(x-3)^2-2$
$\rightarrow$ $y=-2(x-3)^2+2$

08 다음 이차함수의 그래프와 x축에 대하여 대칭인 그래프의 식을 구하여라.

(1) $y=2(x-4)^2+3$

(2) $y=6(x-1)^2-2$

(3) $y=\frac{1}{3}(x+7)^2+\frac{5}{4}$

(4) $y=3(x+1)^2-2$

(5) $y=-(x-6)^2+2$

(6) $y=-4(x-3)^2-1$

(7) $y=-2\left(x+\frac{2}{3}\right)^2+5$

(8) $y=-3(x+2)^2-3$

유형 상수의 값 구하기

• 이차함수 $y=-(x+1)^2+3$의 그래프가 점 $(1, k)$를 지날 때
$y=-(x+1)^2+3$
$\xrightarrow[\text{대입}]{x=1,\ y=k}$ $k=-(1+1)^2+3$ $\rightarrow$ $k=-1$

09 다음 이차함수의 그래프가 주어진 점을 지날 때, 상수 k의 값을 구하여라.

(1) $y=(x-2)^2+1$, $(1, k)$

(2) $y=2(x-3)^2-9$, $(6, k)$

(3) $y=3(x+1)^2-5$, $(-3, k)$

(4) $y=-2(x-2)^2+6$, $(4, k)$

(5) $y=-\frac{1}{2}(x+4)^2-3$, $(-8, k)$

도전! 100점

10 이차함수 $y=a(x-1)^2+1(a\neq0)$의 그래프가 두 점 $(0, 4)$, $(2, k)$를 지날 때, 상수 k의 값은?

① -4　② -2　③ 1
④ 2　⑤ 4

개념 01

01 다음 중 이차함수인 것은 ○표, 아닌 것은 ×표 하여라.

(1) $y=3x^2-2x+1$ (　　)

(2) $y=2(x+1)^2-2$ (　　)

(3) $y=x^2-x(x+1)$ (　　)

(4) $y=-(x+1)(x-2)$ (　　)

(5) $y=-\dfrac{2}{x^2}-2x$ (　　)

개념 01

02 다음 문장에서 y를 x에 관한 식으로 나타내고, 이차함수인 것은 ○표, 아닌 것은 ×표 하여라.

(1) 밑변의 길이가 x cm, 높이가 $4x$ cm인 삼각형의 넓이 y cm^2 (　　)

(2) 반지름의 길이가 x cm인 원의 둘레의 길이 y cm (　　)

(3) 5000원으로 300원짜리 연필을 x개 사고 남은 돈 y원 (　　)

(4) 한 변의 길이가 2 cm인 정사각형의 각 변을 x cm씩 늘려서 만든 정사각형의 넓이 y cm^2 (　　)

개념 01

03 다음 이차함수 $y=f(x)$에 대하여 주어진 함숫값을 만족시키는 상수 a의 값을 구하여라.

(1) $f(x)=-4x^2+3x+a$, $f(2)=-3$

(2) $f(x)=x^2+ax+4$, $f(-1)=1$

(3) $f(x)=5x^2+ax-2$, $f(1)=-2$

(4) $f(x)=ax^2+7x+3$, $f(-2)=1$

(5) $f(x)=-ax^2+5x+6$, $f(3)=-6$

개념 02

04 다음 설명 중 옳은 것은 ○표, 옳지 않은 것은 ×표 하여라.

(1) $y=-x^2$의 그래프는 위로 볼록한 포물선이다. (　　)

(2) $y=-x^2$의 그래프는 제1, 2사분면을 지난다. (　　)

(3) $y=x^2$의 그래프는 x축에 대하여 대칭이다. (　　)

(4) $y=x^2$의 그래프는 $x>0$일 때, x의 값이 감소하면 y의 값도 감소한다. (　　)

(5) $y=x^2$의 그래프와 $y=-x^2$의 그래프는 y축에 대하여 서로 대칭이다. (　　)

개념 03

05 이차함수 $y=3x^2$의 그래프에 대하여 다음 □ 안에 알맞은 것을 써넣어라.

(1) $y=3x^2$

① 꼭짓점의 좌표 : □

② 축의 방정식 : □

③ 그래프의 모양 : □로 볼록

④ x의 값이 증가할 때, y의 값은 감소하는 구간 : □

(2) $y=-2x^2$

① 꼭짓점의 좌표 : □

② 축의 방정식 : □

③ 그래프의 모양 : □로 볼록

④ x의 값이 감소할 때, y의 값은 증가하는 구간 : □

개념 03

06 이차함수 $y=-6x^2$, $y=6x^2$, $y=7x^2$, $y=-\frac{1}{6}x^2$의 그래프에 대하여 다음을 구하여라.

(1) 아래로 볼록한 그래프

(2) 위로 볼록한 그래프

(3) 폭이 가장 넓은 그래프

(4) 폭이 가장 좁은 그래프

(5) x축에 대하여 서로 대칭인 그래프

개념 03

07 이차함수 $y=ax^2$의 그래프가 다음 점을 지날 때, 상수 a의 값을 구하여라.

(1) $(2,\ 4)$

(2) $(3,\ -27)$

(3) $(4,\ -8)$

(4) $(-5,\ 10)$

(5) $\left(-\frac{1}{2},\ 3\right)$

개념 04

08 다음 이차함수의 그래프를 y축의 방향으로 [ ] 안의 수만큼 평행이동한 그래프의 식을 구하여라.

(1) $y=3x^2$ [1]

(2) $y=\frac{1}{2}x^2$ [-3]

(3) $y=-2x^2$ [7]

(4) $y=-4x^2$ [-2]

(5) $y=-\frac{5}{2}x^2$ [$\frac{5}{6}$]

개념 04

09 다음 이차함수의 그래프의 꼭짓점의 좌표, 축의 방정식을 각각 구하여라.

(1) $y=2x^2+10$

(2) $y=-x^2-4$

(3) $y=-3x^2+\frac{1}{2}$

(4) $y=\frac{4}{3}x^2-2$

(5) $y=5x^2+6$

개념 04

10 다음 이차함수의 그래프가 주어진 점을 지날 때, 상수 k의 값을 구하여라.

(1) $y=-2x^2+5$, $(1,\ k)$

(2) $y=x^2-6$, $(4,\ k)$

(3) $y=3x^2+k$, $(2,\ 3)$

(4) $y=-kx^2-1$, $(-2,\ 7)$

(5) $y=kx^2+2$, $(-3,\ 8)$

개념 05

11 다음 이차함수의 그래프를 x축의 방향으로 [ ] 안의 수만큼 평행이동한 그래프의 식을 구하여라.

(1) $y=2x^2$ [6]

(2) $y=3x^2$ [-2]

(3) $y=-x^2$ [5]

(4) $y=-\frac{2}{3}x^2$ [-1]

(5) $y=6x^2$ $\left[-\frac{1}{3}\right]$

개념 05

12 다음 이차함수의 그래프가 주어진 점을 지날 때, 상수 k의 값을 구하여라.

(1) $y=2(x-1)^2$, 점 $(2,\ k)$

(2) $y=-\frac{1}{2}(x+2)^2$, 점 $(2,\ k)$

(3) $y=k(x+1)^2$, 점 $(-4,\ -9)$

(4) $y=k(x-3)^2$, 점 $(1,\ 6)$

(5) $y=(x+k)^2$, 점 $(1,\ 4)$

개념 06

13 다음 이차함수의 그래프를 x축, y축의 방향으로 각각 [ ] 안의 수만큼 평행이동한 그래프의 식을 구하여라.

(1) $y=4x^2$ [3, 2]

(2) $y=2x^2$ [1, -3]

(3) $y=-3x^2$ [-2, 1]

(4) $y=-\frac{5}{2}x^2$ [-1, -4]

(5) $y=-2x^2$ $\left[-\frac{2}{3}, 6\right]$

개념 06

14 다음 이차함수의 그래프의 꼭짓점의 좌표와 축의 방정식을 각각 구하여라.

(1) $y=(x-1)^2+7$

(2) $y=6(x+2)^2+2$

(3) $y=-2(x-3)^2-4$

(4) $y=-3(x+1)^2-3$

(5) $y=\frac{2}{3}(x+4)^2+7$

개념 06

15 다음 이차함수의 그래프와 x축에 대하여 대칭인 그래프의 식을 구하여라.

(1) $y=5(x-1)^2-2$

(2) $y=-4(x+2)^2-3$

(3) $y=2(x-3)^2+8$

(4) $y=-\frac{1}{2}(x+4)^2+2$

(5) $y=\frac{5}{3}(x+3)^2+6$

개념 06

16 다음 이차함수의 그래프가 주어진 점을 지날 때, 상수 k의 값을 구하여라.

(1) $y=3(x-1)^2-5$ 점 $(-1, k)$

(2) $y=-5(x+4)^2+15$ 점 $(-2, k)$

(3) $y=4(x-2)^2+k$ 점 $(5, 20)$

(4) $y=-\frac{1}{3}(x+4)^2+k$ 점 $(2, -4)$

(5) $y=k(x+1)^2+2$ 점 $(-3, -6)$

개념 07 이차함수 $y=ax^2+bx+c$의 그래프

① $y=a(x-p)^2+q$의 꼴로 고쳐서 그래프를 그릴 수 있다.
② 점 $(0, c)$를 지난다.
③ $a>0$이면 아래로 볼록하고 $a<0$이면 위로 볼록하다.

예 이차함수 $y=x^2-2x+3$을 $y=a(x-p)^2+q$의 꼴로 고치면
$y=x^2-2x+3=(x^2-2x+1-1)+3=(x-1)^2+2$이므로 꼭짓점의 좌표는 $(1, \square)$이고 축의 방정식은 $x=1$이며, y축과의 교점의 좌표는 $(0, \square)$이다.

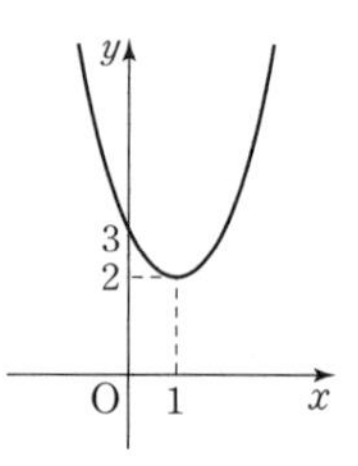

유형 $y=a(x-p)^2+q$의 꼴로 고치기

• $y=2x^2+4x+1$
→ $y=2(x^2+2x)+1$
→ $y=2(x^2+2x+1-1)+1$
→ $y=2(x+1)^2-2+1$
→ $y=2(x+1)^2-1$

01 다음 이차함수를 $y=a(x-p)^2+q$의 꼴로 고쳐라.

(1) $y=x^2+4x-2$

(2) $y=3x^2-6x-1$

(3) $y=2x^2+12x+10$

(4) $y=\frac{1}{2}x^2-4x+5$

(5) $y=-x^2+4x-5$

(6) $y=-4x^2-16x-7$

유형 꼭짓점의 좌표와 축의 방정식 구하기

• $y=x^2-6x+2$
→ $y=(x-3)^2-7$
→ 꼭짓점의 좌표 : $(3, -7)$
축의 방정식 : $x=3$

02 다음 이차함수의 그래프의 꼭짓점의 좌표와 축의 방정식을 각각 구하여라.

(1) $y=x^2-10x+17$

(2) $y=2x^2-4x+3$

(3) $y=2x^2+2x+3$

(4) $y=-x^2+6x-3$

(5) $y=-2x^2+8x+2$

(6) $y=-\frac{2}{3}x^2-4x-7$

유형 y축과의 교점의 좌표 구하기

• $y=-x^2-8x+2$

$\xrightarrow{x=0}$ $y=-0-0+2=2$

→ y축과의 교점의 좌표 : $(0, 2)$

03 다음 이차함수의 그래프와 y축과의 교점의 좌표를 구하여라.

(1) $y=x^2-4x+3$

(2) $y=2x^2-4x-1$

(3) $y=3x^2+6x+2$

(4) $y=\frac{1}{2}x^2+4x$

(5) $y=-x^2+3x-2$

(6) $y=-2x^2+6x+\frac{1}{2}$

유형 이차함수 $y=ax^2+bx+c$의 그래프

• $y=3x^2+6x+2$

→ $y=3(x+1)^2-1$

→ 꼭짓점의 좌표 : $(-1, -1)$,

y축과의 교점의 좌표 : $(0, 2)$

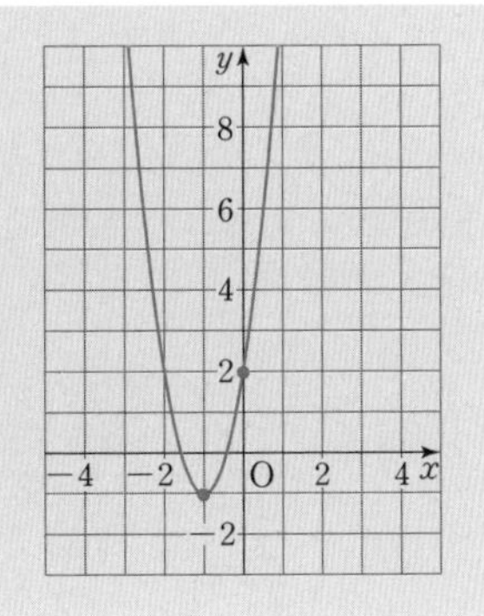

04 다음 이차함수의 그래프를 그려라.

(1) $y=2x^2-4x+5$

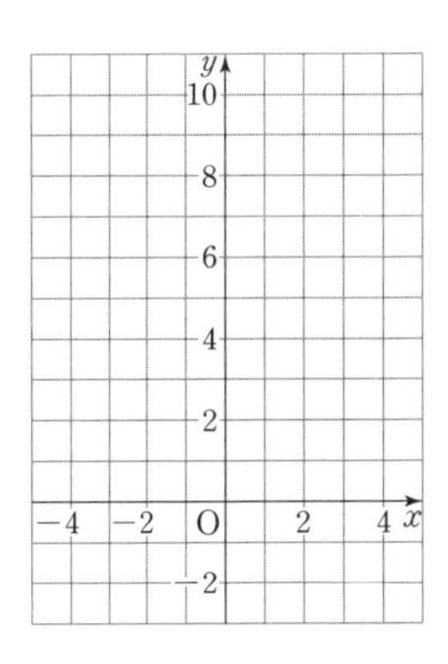

(2) $y=-3x^2-12x-8$

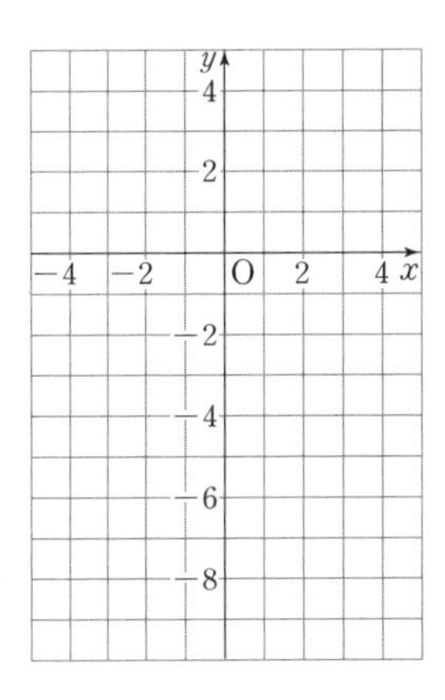

도전! 100점

05 다음 중 이차함수 $y=4x^2-8x+3$의 그래프에 대한 설명으로 옳지 <u>않은</u> 것은?

① 축의 방정식은 $x=1$이다.

② 꼭짓점의 좌표는 $(1, -1)$이다.

③ y축과의 교점의 좌표는 $(0, 3)$이다.

④ $x>1$인 구간에서 x의 값이 증가하면 y의 값도 증가한다.

⑤ 이차함수 $y=4x^2$의 그래프를 x축의 방향으로 -1만큼, y축의 방향으로 -1만큼 평행이동한 것이다.

개념 08 이차함수 $y=ax^2+bx+c$의 그래프에서 a, b, c의 부호

(1) **a의 부호 ➡ 그래프의 모양**에 의해 결정

① **아래로 볼록(∪)하면 $a>0$** ② **위로 볼록(∩)하면 $a<0$**

예 오른쪽 그림에서 그래프의 모양이 아래로 볼록하므로 a□0

(2) **b의 부호 ➡ 축의 위치**에 의해 결정

① 축이 **y축의 왼쪽**에 있으면 **a, b는 같은 부호**

② 축이 **y축의 오른쪽**에 있으면 **a, b는 다른 부호**

③ 축이 **y축**이면 **$b=0$**

예 위의 그래프에서 축이 y축의 오른쪽에 있으므로 a, b는 다른 부호이다. 따라서 b□0이다.

(3) **c의 부호 ➡ y축과의 교점의 위치**에 의해 결정

① **x축의 위쪽**에 있으면 **$c>0$** ② **x축의 아래쪽**에 있으면 **$c<0$**

③ **원점**이면 **$c=0$**

예 위의 그래프에서 y축과의 교점이 x축의 아래쪽에 있으므로 c□0

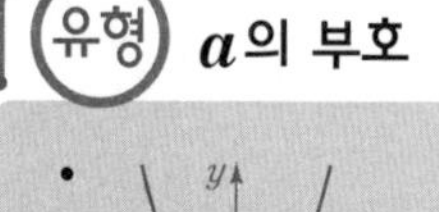

유형 a의 부호

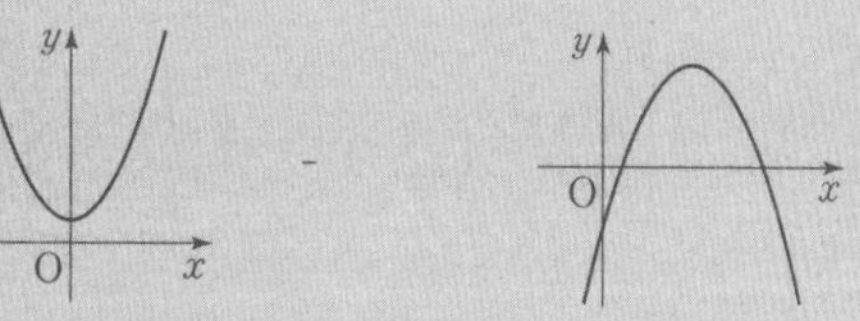

→ 아래로 볼록 → $a>0$

→ 위로 볼록 → $a<0$

01 이차함수 $y=ax^2+bx+c$의 그래프가 다음 그림과 같을 때, □ 안에 $>$, $<$ 중 알맞은 것을 써넣어라.

(1)

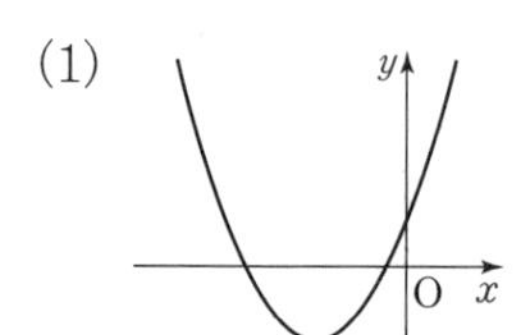

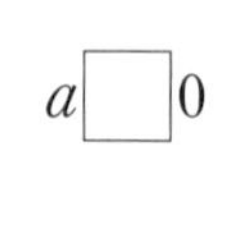

a□0

(2)

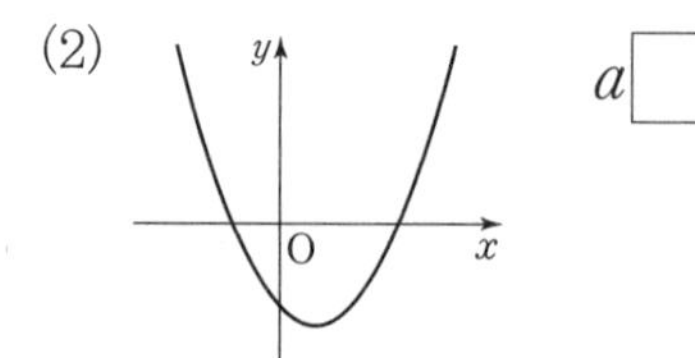

a□0

(3)

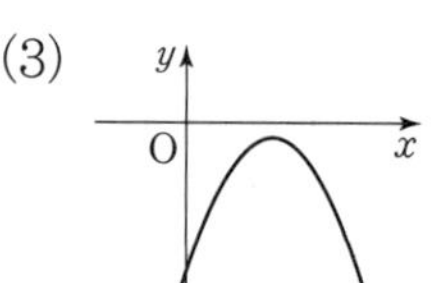

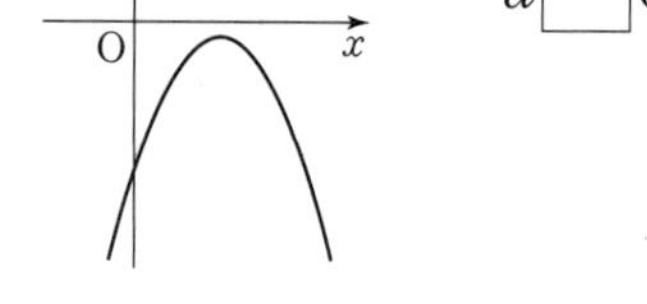

a□0

(4)

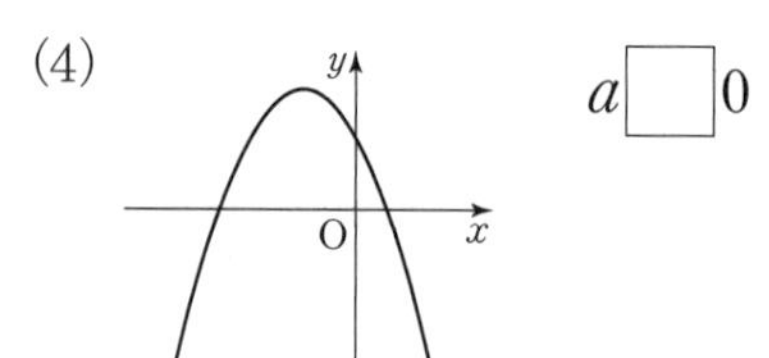

a□0

(5)

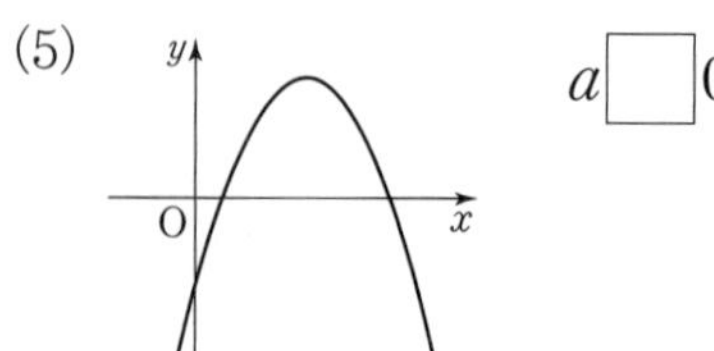

a□0

유형 b, c의 부호

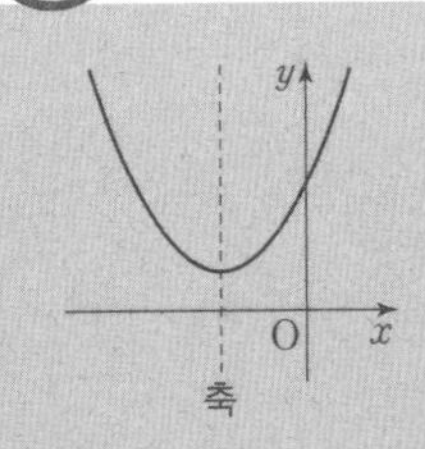

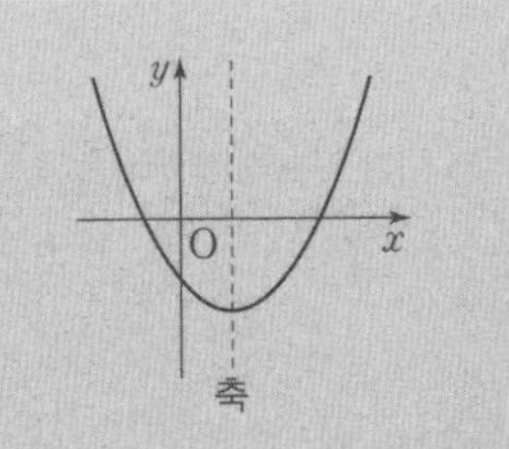

① 축이 y축의 왼쪽
: a, b는 같은 부호
$a>0 \rightarrow b>0$
② y축과의 교점의 위치 : x축의 위쪽
$\rightarrow c>0$

① 축이 y축의 오른쪽
: a, b는 다른 부호
$a>0 \rightarrow b<0$
② y축과의 교점의 위치 : x축의 아래쪽
$\rightarrow c<0$

02 이차함수 $y=ax^2+bx+c$의 그래프가 다음 그림과 같을 때, □ 안에 $>$, $=$, $<$ 중 알맞은 것을 써넣어라.

(1)
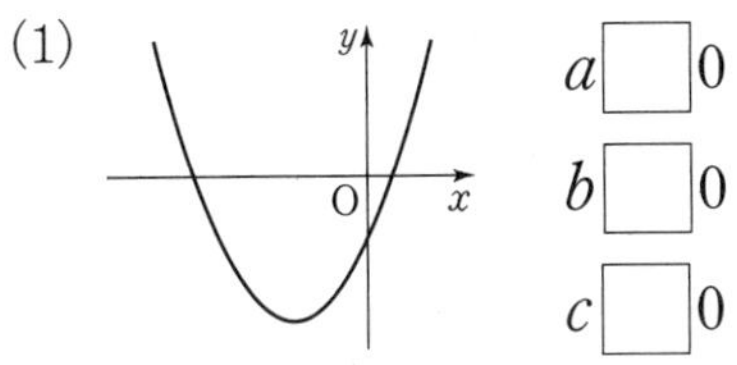

a □ 0
b □ 0
c □ 0

(2)
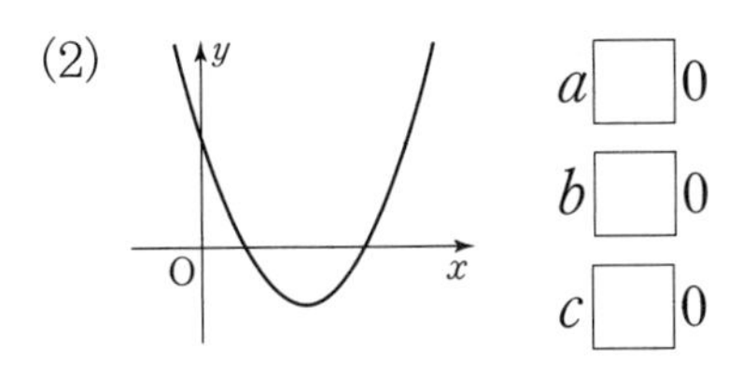

a □ 0
b □ 0
c □ 0

(3)
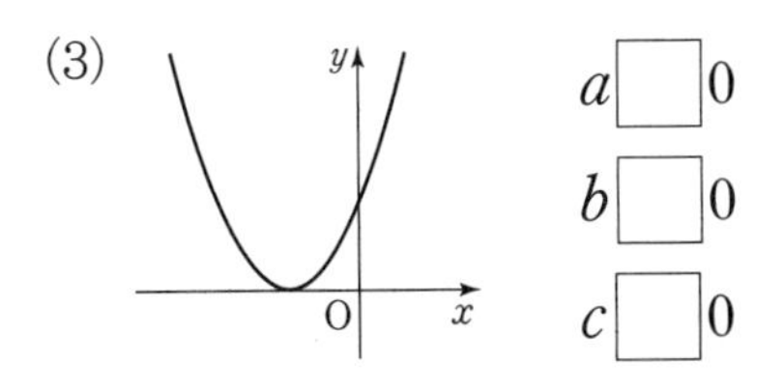

a □ 0
b □ 0
c □ 0

(4)
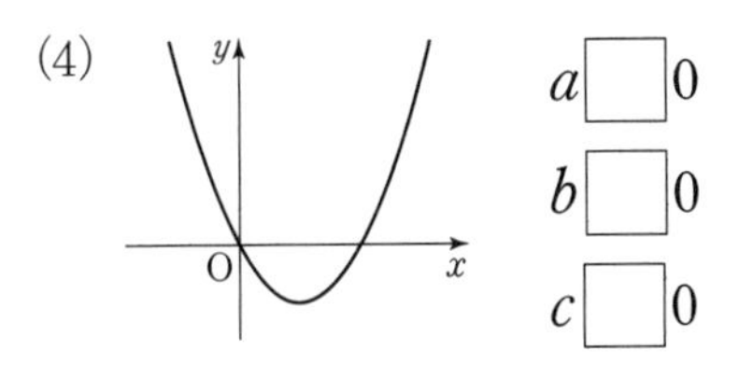

a □ 0
b □ 0
c □ 0

(5)
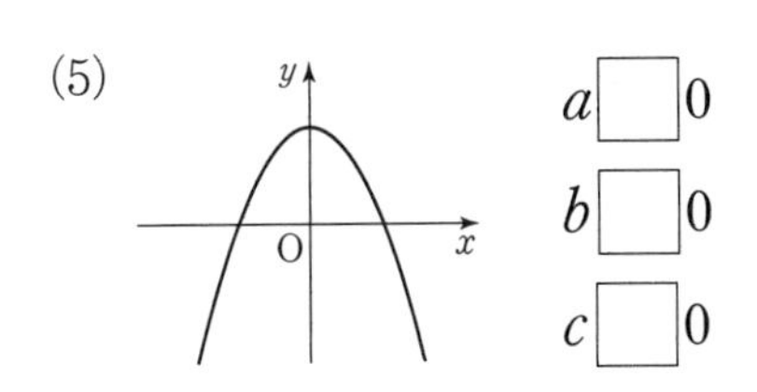

a □ 0
b □ 0
c □ 0

(6)
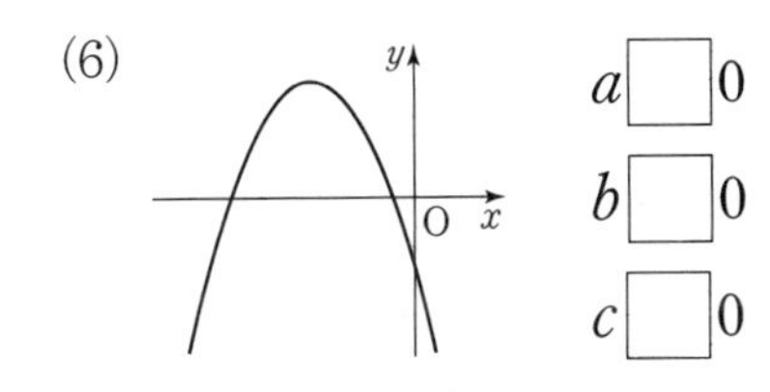

a □ 0
b □ 0
c □ 0

도전! 100점

03 이차함수 $y=ax^2+bx+c$의 그래프가 오른쪽 그림과 같을 때, 상수 a, b, c의 부호는?

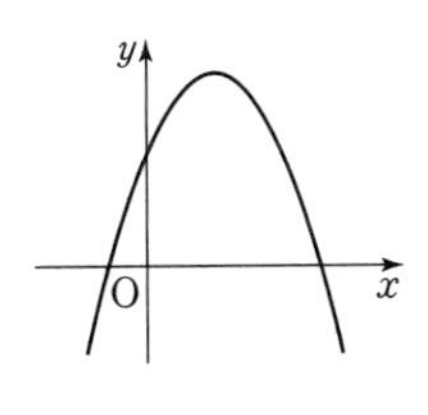

① $a>0$, $b>0$, $c>0$
② $a>0$, $b<0$, $c<0$
③ $a<0$, $b>0$, $c>0$
④ $a<0$, $b>0$, $c<0$
⑤ $a<0$, $b<0$, $c>0$

개념 09 이차함수의 식 구하기(1)

(1) **꼭짓점의 좌표 (p, q)와 그래프가 지나는 다른 한 점을 알 때** : $y=a(x-p)^2+q$로 놓고 주어진 한 점의 좌표를 대입하여 a의 값을 구한다.

예 꼭짓점의 좌표가 (1, 2)이고 점 (0, 4)를 지나는 이차함수의 그래프의 식

➡ $y=a(x-p)^2+q$에서 $p=1$, $q=2$이므로 $y=a(x-\square)^2+\square$

➡ 점 (0, 4)를 지나므로 $4=a(0-1)^2+2$에서 $a=\square$

따라서 구하는 식은 $y=\square(x-1)^2+2$

(2) **축의 방정식 $x=p$와 그래프가 지나는 다른 두 점을 알 때** : $y=a(x-p)^2+q$로 놓고 주어진 두 점의 좌표를 대입하여 a, q의 값을 구한다.

예 축의 방정식이 $x=2$이고 두 점 (0, 4), (1, 1)을 지나는 이차함수의 그래프의 식

➡ $y=a(x-p)^2+q$에서 $p=2$이므로 $y=a(x-\square)^2+q$

➡ 점 (0, 4), (1, 1)을 지나므로 $4a+q=4$ ⋯ ㉠, $a+q=1$ ⋯ ㉡

㉠－㉡을 하면 $3a=3$이므로 $a=1$, $a=1$을 ㉡에 대입하면 $1+q=1$이므로 $q=\square$

따라서 구하는 식은 $y=\square$

유형 꼭짓점과 다른 한 점을 알 때

• 꼭짓점 : (2, 1) → $y=a(x-2)^2+1$
  지나는 점 : (3, 4) → $4=a(3-2)^2+1$
  → $a=3$
→ $y=3(x-2)^2+1$

01 꼭짓점의 좌표와 그래프가 지나는 다른 한 점의 좌표가 다음과 같은 이차함수의 그래프의 식을 $y=a(x-p)^2+q$의 꼴로 나타내어라.

(1) 꼭짓점 : (1, 2)
지나는 점 : (3, 6)

(2) 꼭짓점 : (1, −3)
지나는 점 : (2, −1)

(3) 꼭짓점 : (−1, 2)
지나는 점 : (0, 3)

(4) 꼭짓점 : (3, 3)
지나는 점 : (4, 0)

(5) 꼭짓점 : (1, −4)
지나는 점 : (3, −8)

(6) 꼭짓점 : (−2, −3)
지나는 점 : (−1, −7)

유형 그래프가 주어질 때

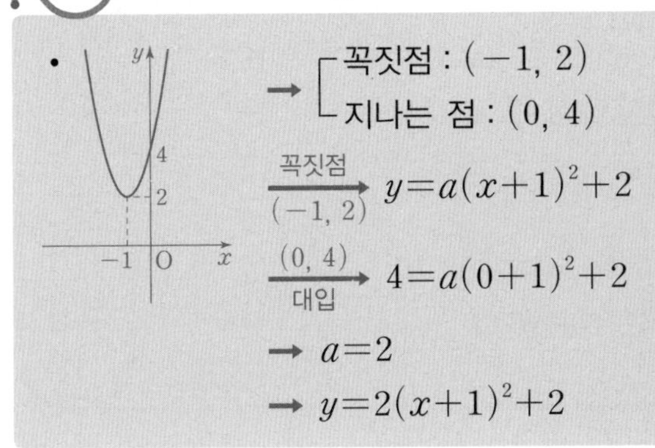

• → $\left[\begin{array}{l}\text{꼭짓점} : (-1,\ 2)\\ \text{지나는 점} : (0,\ 4)\end{array}\right.$

$\xrightarrow[(-1,\ 2)]{\text{꼭짓점}}$ $y=a(x+1)^2+2$

$\xrightarrow[\text{대입}]{(0,\ 4)}$ $4=a(0+1)^2+2$

→ $a=2$

→ $y=2(x+1)^2+2$

02 다음 그림과 같은 포물선을 그래프로 가지는 이차함수의 식을 $y=a(x-p)^2+q$의 꼴로 나타내어라.(단, a, p, q는 상수)

(1)

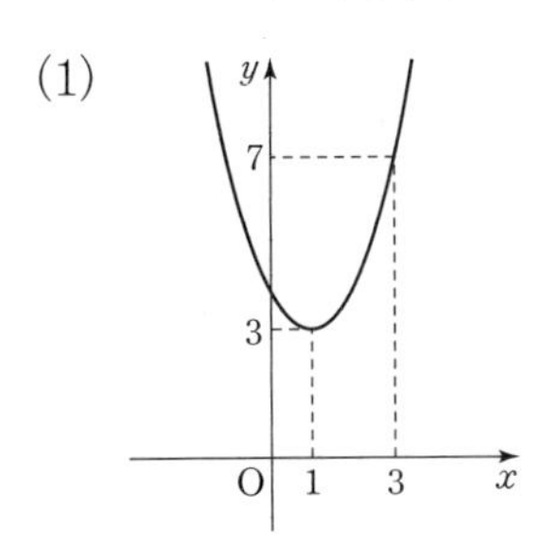

(2)

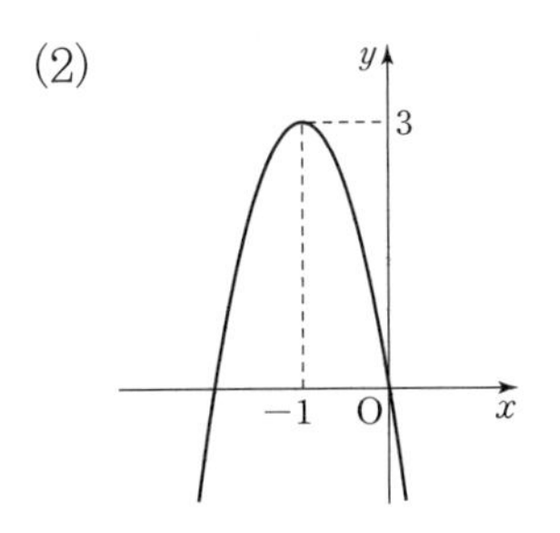

(3)

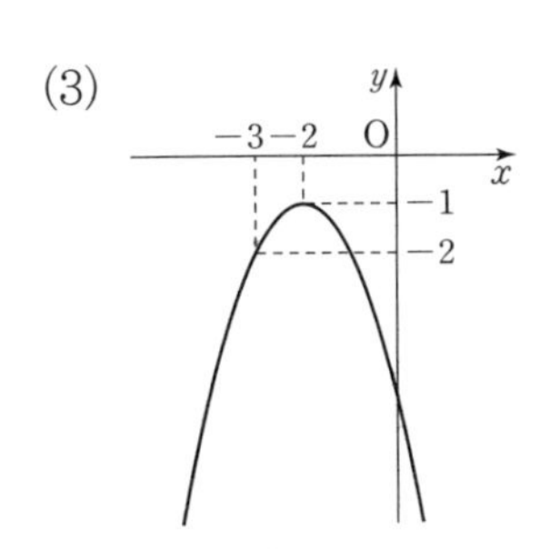

유형 축의 방정식과 다른 두 점을 알 때

• 축의 방정식 : $x=2$

→ $y=a(x-2)^2+q$

• 지나는 점 : (1, 6), (4, 12)

$\xrightarrow[(4,\ 12)]{(1,\ 6)}$ $\left[\begin{array}{l}6=a(1-2)^2+q \ : \ a+q=6\\ 12=a(4-2)^2+q \ : \ 4a+q=12\end{array}\right]$ 연립

$\xrightarrow[q=4]{a=2}$ $y=2(x-2)^2+4$

03 축의 방정식과 그래프가 지나는 서로 다른 두 점의 좌표가 다음과 같은 이차함수의 그래프의 식을 구하여라.

(1) $\left[\begin{array}{l}\text{축의 방정식} : x=1\\ \text{지나는 점} : (0,\ 5),\ (3,\ 11)\end{array}\right.$

(2) $\left[\begin{array}{l}\text{축의 방정식} : x=-2\\ \text{지나는 점} : (-1,\ 0),\ (1,\ 8)\end{array}\right.$

(3) $\left[\begin{array}{l}\text{축의 방정식} : x=3\\ \text{지나는 점} : (1,\ 1),\ (2,\ 4)\end{array}\right.$

(4) $\left[\begin{array}{l}\text{축의 방정식} : x=-1\\ \text{지나는 점} : (-2,\ 1),\ (1,\ -8)\end{array}\right.$

도전! 100점

04 꼭짓점의 좌표가 (2, 1)이고 점 (1, 4)를 지나는 이차함수의 그래프의 식을
$y=a(x-p)^2+q$라 할 때, $a+p+q$의 값은?

① -6 ② -2 ③ 0
④ 2 ⑤ 6

개념 10 이차함수의 식 구하기(2)

그래프가 지나는 세 점을 알 때 : $y=ax^2+bx+c$에 세 점의 좌표를 대입하여 연립방정식을 세운 후, 연립방정식을 풀어 a, b, c의 값을 각각 구한다.

예 세 점 $(0, 1)$, $(-1, 7)$, $(2, 1)$을 지나는 이차함수의 그래프의 식

➡ 이차함수 $y=ax^2+bx+c$에서 y절편이 1이므로 $y=ax^2+bx+1$

➡ 두 점 $(-1, 7)$, $(2, 1)$을 차례로 대입하면 $a-b=6$ ⋯ ㉠, $4a+2b=0$ ⋯ ㉡

➡ ㉠, ㉡을 연립하여 풀면 $a=$☐, $b=$☐이므로 구하는 식은 $y=$☐

유형 세 점을 알 때

• 세 점의 좌표 : $(-1, -2)$, $(0, 5)$, $(1, 0)$

→ $y=ax^2+bx+c$

$\xrightarrow{\text{세 점의 좌표를 차례로 대입}} \begin{cases} a-b+c=-2 \\ c=5 \\ a+b+c=0 \end{cases}$

→ $a=-6$, $b=1$, $c=5$ → $y=-6x^2+x+5$

01 다음 세 점을 지나는 이차함수의 그래프의 식을 $y=ax^2+bx+c$의 꼴로 나타내어라.

(1) $(3, 0)$, $(2, 6)$, $(0, 6)$

(2) $(0, -2)$, $(-1, -9)$, $(2, 6)$

(3) $(0, 6)$, $(1, 2)$, $(4, 2)$

(4) $(-1, 7)$, $(0, -2)$, $(3, 7)$

(5) $(-1, 0)$, $(-2, 9)$, $(0, -1)$

(6) $(1, 0)$, $(5, 0)$, $(3, 4)$

(7) $(2, 0)$, $(3, 0)$, $(4, 4)$

유형 그래프가 주어질 때

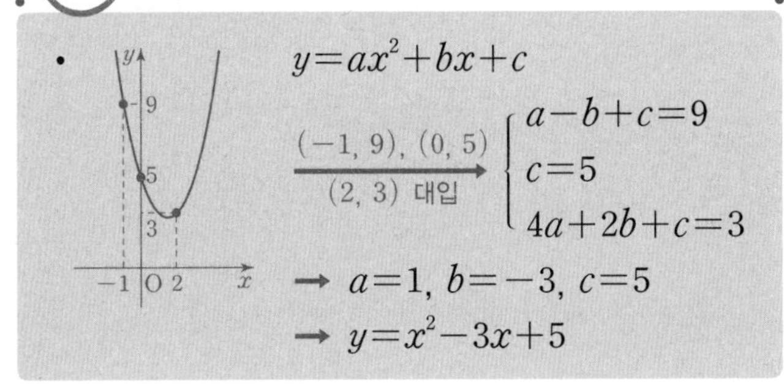

02 다음 그림과 같은 포물선을 그래프로 가지는 이차함수의 식을 $y=ax^2+bx+c$의 꼴로 나타내어라.

(1)

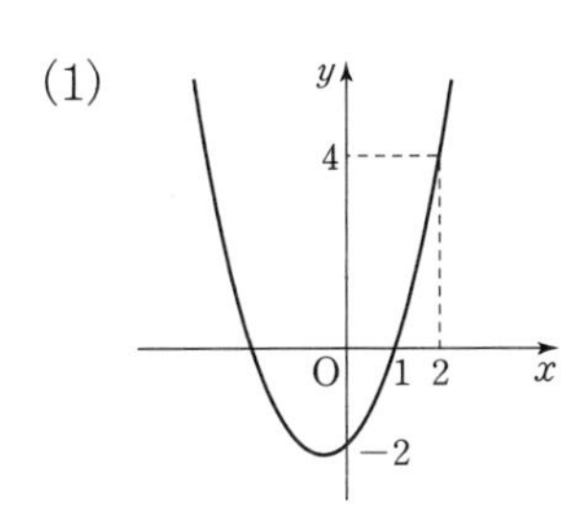

(2)

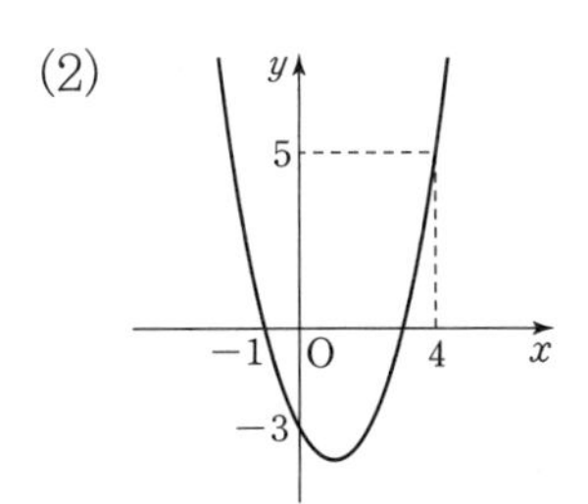

(3)

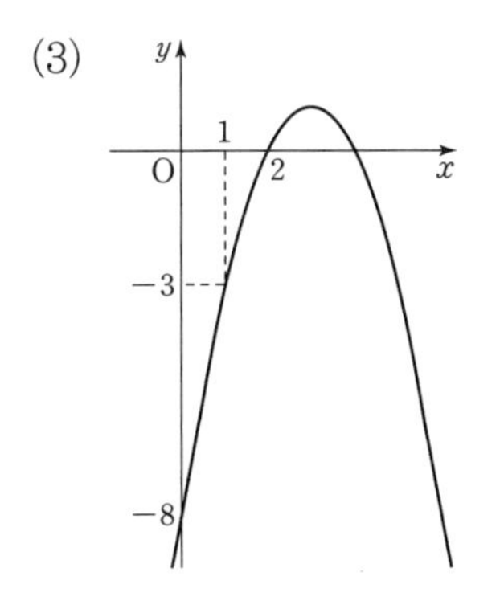

(4)

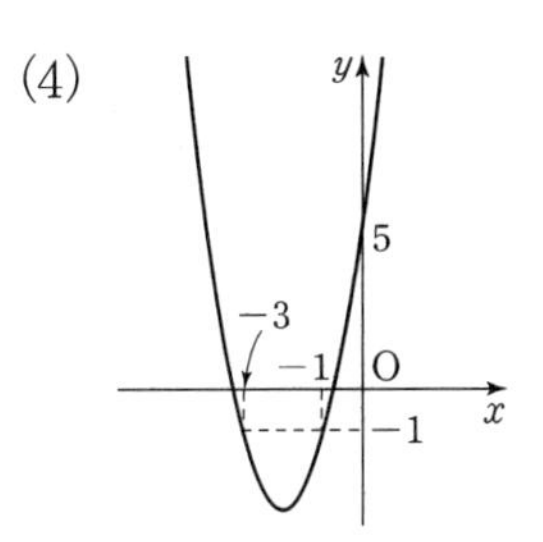

(5)

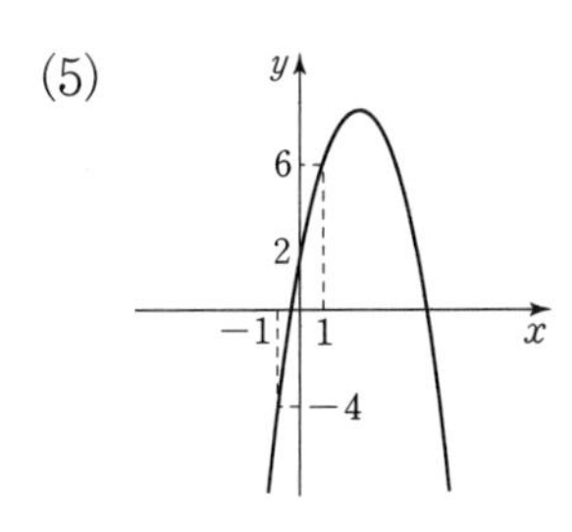

(6)

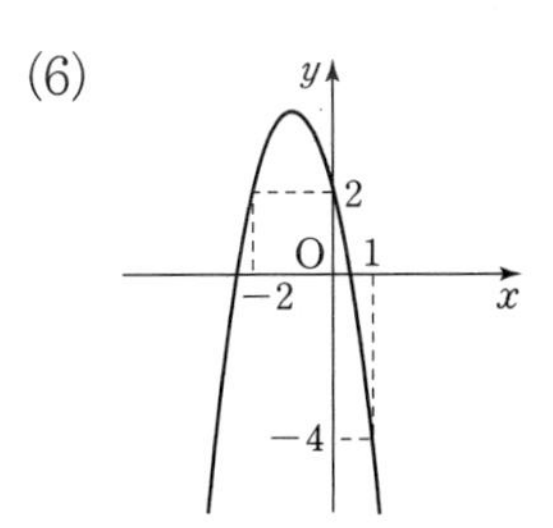

도전! 100점

03 이차함수 $y=ax^2+bx+c$의 그래프가 세 점 $(0,\ 3)$, $(2,\ 1)$, $(4,\ 3)$을 지날 때, abc의 값은?

① -12 ② -6 ③ -3
④ 3 ⑤ 12

개념정복

개념 07

01 다음 이차함수를 $y=a(x-p)^2+q$의 꼴로 고쳐라.

(1) $y=x^2-10x+17$

(2) $y=3x^2+6x-2$

(3) $y=-x^2+6x-4$

(4) $y=-2x^2-8x+1$

(5) $y=\frac{1}{4}x^2-3x+3$

개념 07

02 다음 이차함수의 그래프의 꼭짓점의 좌표와 축의 방정식을 각각 구하여라.

(1) $y=x^2-4x+5$

(2) $y=\frac{1}{2}x^2+4x+6$

(3) $y=-2x^2+4x-5$

(4) $y=-x^2-6x+5$

(5) $y=-3x^2-9x-3$

개념 07

03 다음 이차함수의 그래프와 y축과의 교점의 좌표를 구하여라.

(1) $y=3x^2+6x-4$

(2) $y=-x^2+4x+1$

(3) $y=-2x^2-5x+3$

(4) $y=-5x^2-6x+7$

개념 08

04 이차함수 $y=ax^2+bx+c$의 그래프가 다음 그림과 같을 때, □ 안에 $>$, $=$, $<$ 중 알맞은 것을 써넣어라.

(1)

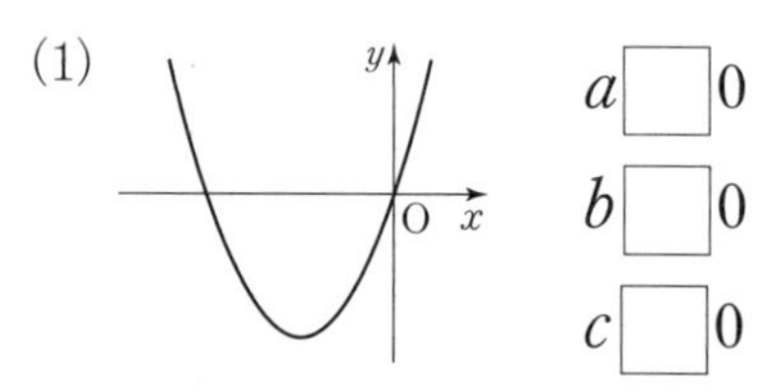

a □ 0
b □ 0
c □ 0

(2)

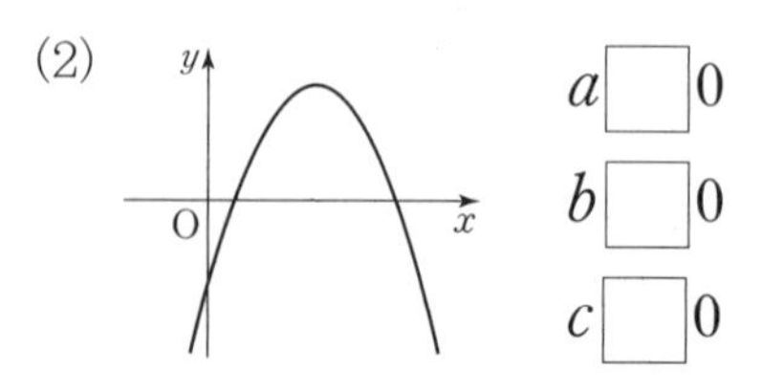

a □ 0
b □ 0
c □ 0

(3)

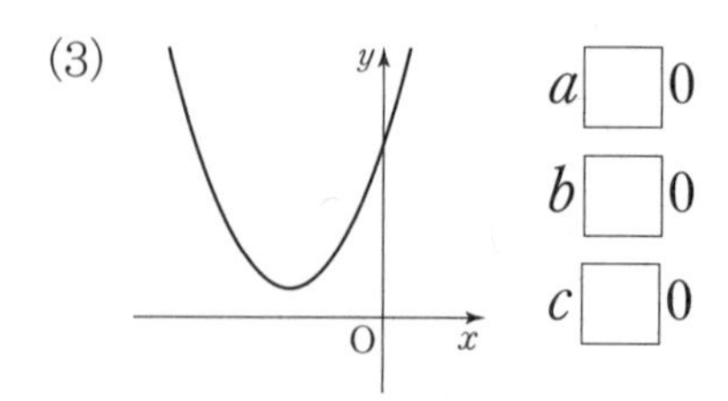

a □ 0
b □ 0
c □ 0

개념 09

05 꼭짓점의 좌표와 그래프가 지나는 다른 한 점의 좌표가 다음과 같은 이차함수의 그래프의 식을 $y=a(x-p)^2+q$의 꼴로 나타내어라.

(1) 꼭짓점 : $(2, 2)$
지나는 점 : $(3, 5)$

(2) 꼭짓점 : $(-1, 3)$
지나는 점 : $(-2, 1)$

(3) 꼭짓점 : $(3, -3)$
지나는 점 : $(2, 5)$

(4) 꼭짓점 : $(-2, 4)$
지나는 점 : $(-1, 1)$

(5) 꼭짓점 : $(-4, -2)$
지나는 점 : $(0, -10)$

개념 09

06 축의 방정식과 그래프가 지나는 서로 다른 두 점의 좌표가 다음과 같은 이차함수의 그래프의 식을 구하여라.

(1) 축의 방정식 : $x=-1$
지나는 점 : $(2, 2)$, $(3, 9)$

(2) 축의 방정식 : $x=5$
지나는 점 : $(3, -25)$, $(4, -7)$

(3) 축의 방정식 : $x=-2$
지나는 점 : $(-1, 5)$, $(1, -27)$

(4) 축의 방정식 : $x=-6$
지나는 점 : $(-3, -6)$, $(0, -15)$

(5) 축의 방정식 : $x=3$
지나는 점 : $(5, 5)$, $(9, 21)$

개념 10

07 다음 세 점을 지나는 이차함수의 그래프의 식을 $y=ax^2+bx+c$의 꼴로 나타내어라.

(1) $(-1, 0)$, $(0, 4)$, $(2, 6)$

(2) $(0, 2)$, $(-1, 7)$, $(2, 4)$

(3) $(2, 1)$, $(3, -2)$, $(0, -11)$

(4) $(-2, -5)$, $(0, -5)$, $(-1, -3)$

(5) $(-3, 4)$, $(-1, 20)$, $(0, 40)$

(6) $(0, 4)$, $(1, 3)$, $(2, -4)$

(7) $(2, 0)$, $(-3, 0)$, $(1, -20)$

(8) $(-1, 0)$, $(1, 0)$, $(2, -12)$

01 다음 중 이차함수가 아닌 것은?

① $y=x^2$ ② $y=x(x-2)$
③ $y=2x^2+3x+1$ ④ $y=-3x(x-2)$
⑤ $y=-4(x+1)^2+4x^2$

02 이차함수 $f(x)=x^2-2x-7$에 대하여 $f(-1)$의 값은?

① -10 ② -8 ③ -4
④ 4 ⑤ 10

03 이차함수 $y=3x^2$의 그래프에 대한 다음 설명 중 옳지 않은 것을 모두 고르면? (정답 2개)

① 제1, 2사분면을 지난다.
② y축에 대하여 대칭이다.
③ 위로 볼록한 포물선이다.
④ $x<0$인 구간에서 x의 값이 증가하면 y의 값도 증가한다.
⑤ 이차함수 $y=-3x^2$의 그래프와 x축에 대하여 서로 대칭이다.

04 이차함수 $y=-2x^2$의 그래프에서 x의 값이 증가할 때, y의 값은 감소하는 구간은?

① $x<0$ ② $x>0$ ③ $x<-1$
④ $x>-1$ ⑤ $-1<x<1$

05 다음 이차함수의 그래프 중 폭이 가장 좁은 것은?

① $y=-5x^2$ ② $y=-2x^2$
③ $y=-x^2$ ④ $y=3x^2$
⑤ $y=\frac{7}{2}x^2$

06 다음 중 |보기|의 이차함수의 그래프에 대한 설명으로 옳지 않은 것은?

|보기|
ㄱ. $y=2x^2$ ㄴ. $y=-\frac{5}{4}x^2$ ㄷ. $y=-5x^2$
ㄹ. $y=5x^2$ ㅁ. $y=-\frac{1}{4}x^2$ ㅂ. $y=\frac{1}{3}x^2$

① 위로 볼록한 것은 ㄴ, ㄷ, ㅁ이다.
② 폭이 가장 넓은 것은 ㅂ이다.
③ ㄷ과 ㄹ은 x축에 대하여 서로 대칭이 된다.
④ 모두 꼭짓점은 원점이고, 대칭축은 y축이다.
⑤ 폭이 가장 좁고 아래로 볼록한 것은 ㄹ이다.

07 이차함수 $y=\frac{1}{2}x^2+1$의 그래프에 대한 다음 설명 중 옳은 것은?

① 제3, 4사분면을 지난다.
② 축의 방정식은 $x=1$이다.
③ 꼭짓점의 좌표는 $(0, -1)$이다.
④ $y=\frac{1}{2}x^2-1$인 그래프와 x축에 대하여 대칭이다.
⑤ $y=\frac{1}{2}x^2$의 그래프를 y축의 방향으로 1만큼 평행이동한 것이다.

08 이차함수 $y=2x^2$의 그래프를 y축의 방향으로 a만큼 평행이동하였더니 점 $(2, 10)$, $(1, b)$를 지난다고 할 때, $a+b$의 값은?

① -2　② 2　③ 4
④ 6　⑤ 8

09 이차함수 $y=\frac{5}{2}(x+2)^2$ 의 축의 방정식이 $x=a$이고, 꼭짓점의 좌표가 (b, c)일 때, $a+b+c$의 값은?

① -1　② -2　③ -3
④ -4　⑤ -5

10 다음 중 이차함수 $y=-(x-2)^2$ 의 그래프에 대한 설명으로 옳은 것은?

① $y=-x^2$의 그래프를 x축의 방향으로 2만큼 평행이동한 것이다.
② 축의 방정식은 $x=-2$이다.
③ 꼭짓점의 좌표는 $(2, 2)$이다.
④ 점 $(1, 1)$을 지난다.
⑤ $x>2$인 구간에서 x의 값이 증가하면 y의 값도 증가한다.

11 이차함수 $y=-6x^2$의 그래프를 x축의 방향으로 3만큼, y축의 방향으로 -2만큼 평행이동한 그래프의 꼭짓점의 좌표를 구하면?

① $(2, 2)$　② $(3, -2)$
③ $(-3, 2)$　④ $(-3, -2)$
⑤ $(3, -3)$

12 이차함수 $y=-2(x+2)^2-3$의 그래프가 점 $(-3, k)$를 지날 때, 상수 k의 값은?

① -5　② -3　③ -1
④ 1　⑤ 5

13 이차함수 $y=2x^2-4x+5$의 그래프는 $y=ax^2$의 그래프를 x축, y축의 방향으로 각각 p, q만큼 평행이동한 그래프이고 꼭짓점의 좌표는 $(m,\ n)$이다. 이때 $a+p+q+m+n$의 값은?

① 12　　② 10　　③ 8
④ 6　　⑤ 4

14 오른쪽 그림과 같은 이차함수 $y=a(x-p)^2$의 그래프에서 $a+p$의 값은?
(단, a, p는 상수)

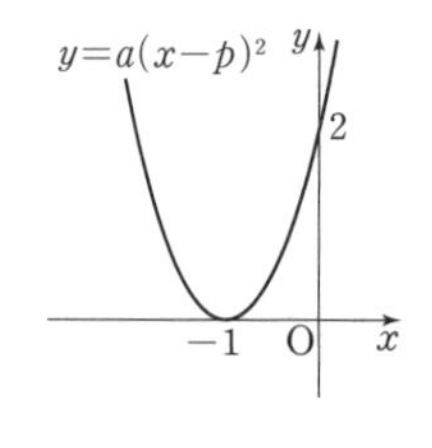

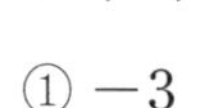

① -3　　② -2
③ -1　　④ 1
⑤ 2

15 이차함수 $y=a(x-p)^2+q$의 그래프가 오른쪽 그림과 같을 때, 다음 중 옳은 것은?

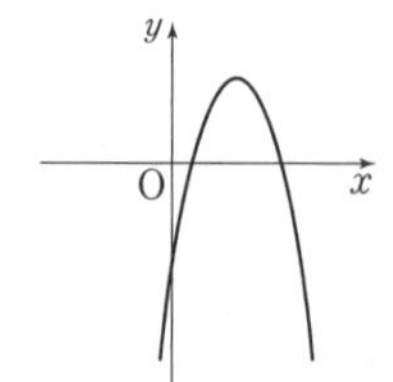

① $a>0,\ p>0,\ q>0$
② $a>0,\ p<0,\ q>0$
③ $a<0,\ p>0,\ q>0$
④ $a<0,\ p>0,\ q<0$
⑤ $a<0,\ p<0,\ q>0$

16 다음 중 이차함수 $y=-2x^2+4x-1$의 그래프에 대한 설명으로 옳지 <u>않은</u> 것은?

① 축의 방정식은 $x=1$이다.
② 꼭짓점의 좌표는 $(1,\ 1)$이다.
③ y축과의 교점의 좌표는 $(0,\ -1)$이다.
④ $x>1$인 구간에서 x의 값이 증가하면 y의 값은 감소한다.
⑤ 이차함수 $y=-2x^2$의 그래프를 x축의 방향으로 -1만큼, y축의 방향으로 1만큼 평행이동한 것이다.

17 이차함수 $y=ax^2+bx+c$의 그래프가 오른쪽 그림과 같을 때, 상수 a, b, c의 부호는?

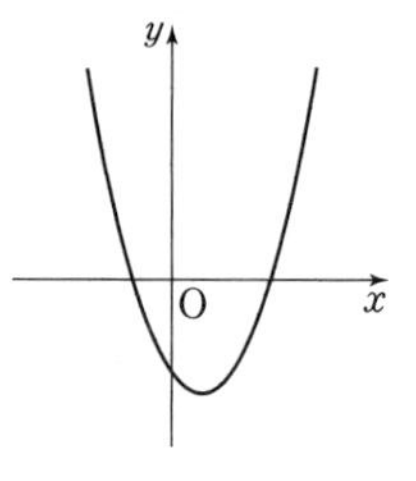

① $a>0,\ b<0,\ c<0$
② $a>0,\ b<0,\ c>0$
③ $a>0,\ b>0,\ c<0$
④ $a<0,\ b>0,\ c>0$
⑤ $a<0,\ b<0,\ c<0$

18 세 점 $(0,\ -5)$, $(-1,\ -8)$, $(1,\ -4)$를 지나는 이차함수의 그래프의 식을 $y=ax^2+bx+c$의 꼴로 바르게 나타낸 것은?

① $y=x^2+2x-5$　　② $y=-x^2+2x+5$
③ $y=2x^2+x-5$　　④ $y=-x^2+2x-5$
⑤ $y=5x^2+2x-5$

중학수학

절대강자

중학수학

절대강자

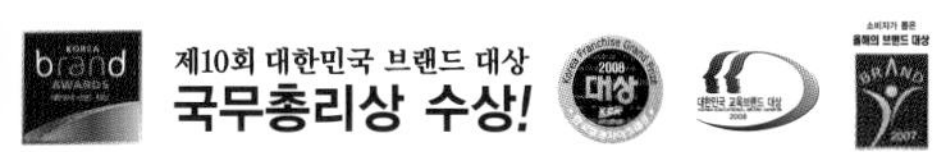

중학수학

절대강자

정답 및 해설

개념에 강하다! **연산**에 강하다!

개념 + 연산

3·1

중학수학

절대강자

중학수학

절대강자

개념에 강하다! 연산에 강하다!

개념+연산

정답 및 해설

3·1

정답 및 해설

Ⅰ. 제곱근과 실수

1 제곱근과 실수

P. 6~7

개념 01 제곱근의 뜻

예 4, 4, 4, 4 / -2, 없다

01 (1) $4, -4$ (2) $6, -6$ (3) $7, -7$ (4) $8, -8$ (5) $9, -9$ (6) $10, -10$

02 (1) $\frac{1}{3}, -\frac{1}{3}$ (2) $\frac{5}{4}, -\frac{5}{4}$ (3) $\frac{1}{12}, -\frac{1}{12}$ (4) $0.3, -0.3$ (5) $0.4, -0.4$ (6) $0.8, -0.8$

03 (1) 1 (2) 4 (3) 36 (4) 81

04 (1) $\frac{1}{9}$ (2) $\frac{4}{25}$ (3) 0.25 (4) 0.81

05 (1) 2개 (2) 2개 (3) 2개 (4) 1개 (5) 0개

도전! 100점 06 ③

01 (1) $16=4^2=(-4)^2$ ➡ 16의 제곱근 : $4, -4$

(4) $8^2=64=(-8)^2$ ➡ 8^2의 제곱근 : $8, -8$

(6) $(-10)^2=100=10^2$

➡ $(-10)^2$의 제곱근 : $10, -10$

02 (1) $\frac{1}{9}=\left(\frac{1}{3}\right)^2=\left(-\frac{1}{3}\right)^2$

➡ $\frac{1}{9}$의 제곱근 : $\frac{1}{3}, -\frac{1}{3}$

(5) $0.16=0.4^2=(-0.4)^2$

➡ 0.16의 제곱근 : $0.4, -0.4$

(6) $(-0.8)^2=0.64=0.8^2$

➡ $(-0.8)^2$의 제곱근 : $0.8, -0.8$

03 (2) $2^2=(-2)^2=4$ ➡ 어떤 수 : 4

(3) $6^2=(-6)^2=36$ ➡ 어떤 수 : 36

04 (2) $\left(\frac{2}{5}\right)^2=\left(-\frac{2}{5}\right)^2=\frac{4}{25}$ ➡ 어떤 수 : $\frac{4}{25}$

(3) $(0.5)^2=(-0.5)^2=0.25$ ➡ 어떤 수 : 0.25

05 (1) $25=5^2=(-5)^2$ ➡ 25의 제곱근의 개수 : 2개

(3) $\frac{4}{9}=\left(\frac{2}{3}\right)^2=\left(-\frac{2}{3}\right)^2$ ➡ $\frac{4}{9}$의 제곱근의 개수 : 2개

(4) $0=0^2$ ➡ 0의 제곱근 : 1개

(5) -16은 음수 ➡ -16의 제곱근은 없다 : 0개

06 ① -9의 제곱근은 없다.

② 0의 제곱근은 0이다.

④ $(-2)^2$의 제곱근은 $2, -2$이다.

⑤ $\frac{49}{9}$의 제곱근의 개수는 $\frac{7}{3}, -\frac{7}{3}$의 2개이다.

P. 8~9

개념 02 제곱근의 표현

예 $\sqrt{2}$ / $\sqrt{3}$, 3

01 (1) $\sqrt{5}$ (2) $\sqrt{6}$ (3) $\sqrt{12}$ (4) $-\sqrt{7}$ (5) $-\sqrt{10}$ (6) $-\sqrt{24}$

02 (1) $\sqrt{\frac{1}{3}}$ (2) $\sqrt{\frac{3}{4}}$ (3) $\sqrt{0.2}$ (4) $-\sqrt{\frac{2}{5}}$ (5) $-\sqrt{0.5}$ (6) $-\sqrt{1.4}$

03 (1) $\pm\sqrt{5}$ (2) $\pm\sqrt{12}$ (3) $\pm\sqrt{20}$ (4) $\pm\sqrt{45}$ (5) $\pm\sqrt{\frac{7}{6}}$ (6) $\pm\sqrt{\frac{21}{10}}$ (7) $\pm\sqrt{2.55}$ (8) $\pm\sqrt{3.14}$

04 (1) $\pm\sqrt{8}$ (2) $\sqrt{8}$ (3) $\pm\sqrt{\frac{15}{7}}$ (4) $\sqrt{\frac{15}{7}}$ (5) $\pm\sqrt{1.6}$ (6) $\sqrt{1.6}$

도전! 100점 05 ① 06 ①

01 (1) 5의 제곱근 : $\sqrt{5}, -\sqrt{5}$

5의 양의 제곱근 : $\sqrt{5}$

(4) 7의 제곱근 : $\sqrt{7}$, $-\sqrt{7}$

7의 음의 제곱근 : $-\sqrt{7}$

02 (1) $\frac{1}{3}$의 제곱근 : $\sqrt{\frac{1}{3}}$, $-\sqrt{\frac{1}{3}}$

$\frac{1}{3}$의 양의 제곱근 : $\sqrt{\frac{1}{3}}$

(5) 0.5의 제곱근 : $\sqrt{0.5}$, $-\sqrt{0.5}$,

0.5의 음의 제곱근 : $-\sqrt{0.5}$

05 ① $\sqrt{3}$ ②, ③, ④, ⑤ 3 또는 -3

06 4의 양의 제곱근은 2이므로 $a=2$

제곱근 $\frac{1}{4}$은 $\frac{1}{4}$의 제곱근 중 양의 제곱근이므로

$b=\frac{1}{2}$

$\therefore ab=2\times\frac{1}{2}=1$

P. 10~13

개념 03 제곱근의 성질(1)

예 3, 3 / 3, 3

01 (1) 6 (2) 7
(3) 10 (4) 11
(5) -5 (6) -8
(7) -12 (8) -15

02 (1) $\frac{1}{3}$ (2) $\frac{1}{5}$
(3) $-\frac{5}{7}$ (4) 0.3
(5) 0.7 (6) -3.6

03 (1) 6 (2) 7
(3) -14 (4) -18
(5) $\frac{3}{5}$ (6) $-\frac{1}{7}$
(7) 1.7 (8) -3.2

04 (1) 3 (2) 5
(3) -6 (4) -9
(5) $\frac{7}{2}$ (6) $-\frac{2}{5}$
(7) -0.4 (8) 1.1

05 (1) 5 (2) 12
(3) 15 (4) 9
(5) 13 (6) 11

06 (1) 2 (2) 3
(3) 3 (4) 1
(5) -2 (6) -4

07 (1) 2 (2) $\frac{7}{2}$
(3) 1 (4) 3
(5) 4 (6) $\frac{2}{3}$

08 (1) 3 (2) 3
(3) 5 (4) 2

도전! 100점 09 ④ 10 ③

04 (1) $\sqrt{9}=\sqrt{3^2}=3$

(2) $\sqrt{25}=\sqrt{5^2}=5$

(3) $-\sqrt{36}=-\sqrt{6^2}=-6$

(4) $-\sqrt{81}=-\sqrt{9^2}=-9$

(5) $\sqrt{\frac{49}{4}}=\sqrt{\left(\frac{7}{2}\right)^2}=\frac{7}{2}$

(6) $-\sqrt{\frac{4}{25}}=-\sqrt{\left(\frac{2}{5}\right)^2}=-\frac{2}{5}$

(7) $-\sqrt{0.16}=-\sqrt{(0.4)^2}=-0.4$

(8) $\sqrt{1.21}=\sqrt{(1.1)^2}=1.1$

05 (3) (주어진 식)$=\sqrt{64}+\sqrt{49}=\sqrt{8^2}+\sqrt{7^2}$
$=8+7=15$

(6) (주어진 식)$=\sqrt{3^2}+(\sqrt{8})^2$
$=3+8=11$

06 (3) (주어진 식)$=\sqrt{8^2}-(\sqrt{5})^2=8-5=3$

(4) (주어진 식)$=\sqrt{10^2}-\sqrt{9^2}=10-9=1$

(5) (주어진 식)$=\sqrt{5^2}-(\sqrt{7})^2$
$=5-7=-2$

(6) (주어진 식)$=(\sqrt{6})^2-\sqrt{10^2}$
$=6-10=-4$

07 (1) (주어진 식)$=\frac{2}{5}\times 5=2$

(3) (주어진 식)$=\sqrt{2^2}\times\sqrt{(0.5)^2}=2\times 0.5=1$

(6) (주어진 식)$=\left(\sqrt{\frac{4}{15}}\right)^2\times\sqrt{\left(\frac{5}{2}\right)^2}$

$=\frac{4}{15}\times\frac{5}{2}=\frac{2}{3}$

08 (1) (주어진 식)$=4\div\frac{4}{3}=4\times\frac{3}{4}=3$

(3) (주어진 식)$=\frac{5}{6}\div\frac{1}{6}=5$

09 ①, ②, ③, ⑤ -2 ④ 2

10 (주어진 식)

$=\sqrt{9^2}\div\sqrt{(-3)^2}-\sqrt{(-4)^2}\times\left(-\sqrt{\frac{3}{4}}\right)^2$

$=9\div3-4\times\frac{3}{4}=3-3$

$=0$

P. 14~15

개념 04 제곱근의 성질(2)

예 $6a$, $-4a$

01 (1) $3a$ (2) $5a$
(3) $-8a$ (4) $9a$
(5) $10a$ (6) $-4a$

02 (1) $-4a$ (2) $-7a$
(3) $9a$ (4) $-11a$
(5) $-15a$ (6) $3a$

03 (1) $x-2$ (2) $2-x$
(3) $x-2$ (4) $2-x$
(5) $x+1$ (6) $-x-1$
(7) $x+3$ (8) $-x-3$

04 (1) $1-x$ (2) $x-1$
(3) $2-x$ (4) $x-2$
(5) $-x-4$ (6) $x+4$

도전! 100점 **05** ④

01 (1) $3a>0$이므로 $\sqrt{(3a)^2}=|3a|=3a$

(3) $8a>0$이므로 $-\sqrt{(8a)^2}=-|8a|=-8a$

(4) $-9a<0$이므로

$\sqrt{(-9a)^2}=|-9a|=-(-9a)=9a$

(6) $-4a<0$이므로

$-\sqrt{(-4a)^2}=-|-4a|$

$=-\{-(-4a)\}=-4a$

02 (1) $4a<0$이므로 $\sqrt{(4a)^2}=|4a|=-4a$

(3) $9a<0$이므로

$-\sqrt{(9a)^2}=-|9a|=-(-9a)=9a$

(4) $-11a>0$이므로

$\sqrt{(-11a)^2}=|-11a|=-11a$

(6) $-3a>0$이므로

$-\sqrt{(-3a)^2}=-|-3a|=-(-3a)=3a$

03 (1) $x-2>0$이므로

$\sqrt{(x-2)^2}=|x-2|=x-2$

(2) $x-2>0$이므로

$-\sqrt{(x-2)^2}=-|x-2|=2-x$

(3) $2-x<0$이므로

$\sqrt{(2-x)^2}=|2-x|=-(2-x)=x-2$

(4) $2-x<0$이므로

$-\sqrt{(2-x)^2}=-|2-x|$

$=-\{-(2-x)\}=2-x$

04 (1) $x-1<0$이므로

$\sqrt{(x-1)^2}=|x-1|=-(x-1)=1-x$

(2) $x-1<0$이므로

$-\sqrt{(x-1)^2}=-|x-1|$

$=-\{-(x-1)\}=x-1$

(3) $2-x>0$이므로

$\sqrt{(2-x)^2}=|2-x|=2-x$

(4) $2-x>0$이므로

$-\sqrt{(2-x)^2}=-|2-x|$

$=-(2-x)=x-2$

05 (주어진 식)$=10a-5a=5a$

P. 16~19

개념 05 제곱근의 대소 관계

예 <, > / >, >

01 (1) < (2) >

(3) $>$　(4) $>$
(5) $<$　(6) $<$

02 (1) $<$　(2) $>$
(3) $<$　(4) $>$

03 (1) $>$　(2) $<$
(3) $<$　(4) $>$
(5) $>$　(6) $<$
(7) $<$　(8) $>$

04 (1) $>$　(2) $<$
(3) $>$　(4) $>$
(5) $<$　(6) $<$

05 (1) $<$　(2) $>$
(3) $<$　(4) $>$
(5) $<$　(6) $>$
(7) $<$　(8) $>$

06 (1) $<$　(2) $>$
(3) $>$　(4) $<$
(5) $>$　(6) $<$
(7) $>$　(8) $<$

07 (1) $3, \sqrt{3}, \sqrt{2}$　(2) $\sqrt{32}, \sqrt{27}, 5$
(3) $\sqrt{17}, 4, \sqrt{15}$　(4) $\sqrt{50}, 7, 6$
(5) $\sqrt{\frac{1}{3}}, \sqrt{\frac{1}{6}}, \frac{1}{5}$　(6) $\frac{3}{2}, \sqrt{\frac{3}{4}}, \sqrt{\frac{1}{4}}$
(7) $\sqrt{0.2}, 0.4, \sqrt{0.1}$　(8) $\sqrt{0.5}, \sqrt{0.4}, 0.5$

08 (1) 1　(2) 1, 2, 3, 4
(3) 1, 2, 3, 4, 5, 6, 7, 8

도전! 100점 **09** ②　**10** ①, ⑤

05 (1) $2=\sqrt{4}$이므로 $\sqrt{3}<\sqrt{4}$ ➡ $\sqrt{3}<2$
(2) $4=\sqrt{16}$이므로 $\sqrt{17}>\sqrt{16}$ ➡ $\sqrt{17}>4$
(5) $\frac{1}{5}=\sqrt{\frac{1}{25}}$ 이므로
$\sqrt{\frac{1}{25}}<\sqrt{\frac{1}{5}}$ ➡ $\frac{1}{5}<\sqrt{\frac{1}{5}}$
(7) $0.3=\sqrt{0.09}$이므로
$\sqrt{0.09}<\sqrt{0.3}$ ➡ $0.3<\sqrt{0.3}$

06 (1) $2=\sqrt{4}$이므로 $\sqrt{5}>\sqrt{4}$ ➡ $-\sqrt{5}<-2$
(5) $\frac{1}{6}=\sqrt{\frac{1}{36}}$ 이므로
$\sqrt{\frac{1}{36}}<\sqrt{\frac{1}{6}}$ ➡ $-\frac{1}{6}>-\sqrt{\frac{1}{6}}$
(7) $0.2=\sqrt{0.04}$이므로 $\sqrt{0.04}<\sqrt{0.2}$
➡ $-0.2>-\sqrt{0.2}$

07 (1) $3=\sqrt{9}$ 이므로 $\sqrt{9}>\sqrt{3}>\sqrt{2}$
(2) $5=\sqrt{25}$이므로 $\sqrt{32}>\sqrt{27}>\sqrt{25}$
(3) $4=\sqrt{16}$ 이므로 $\sqrt{17}>\sqrt{16}>\sqrt{15}$

08 (2) $\sqrt{x}\leq 2$에서 양변을 제곱하면 $x\leq 4$
$\sqrt{x}\leq 2$를 만족하는 자연수 x의 값 : 1, 2, 3, 4

09 ② $-\sqrt{12}<-\sqrt{11}$
③ $\frac{1}{2}=\frac{3}{6}>\frac{1}{3}=\frac{2}{6}$이므로 $\sqrt{\frac{1}{2}}>\sqrt{\frac{1}{3}}$
④ $\sqrt{35}<\sqrt{36}$이므로 $\sqrt{35}<6$
⑤ $\sqrt{9}>\sqrt{6}$이므로 $3>\sqrt{6}$　$\therefore -3<-\sqrt{6}$

10 각 변을 제곱하면 $4<x<9$이므로 $x=5, 6, 7, 8$

P. 20～21

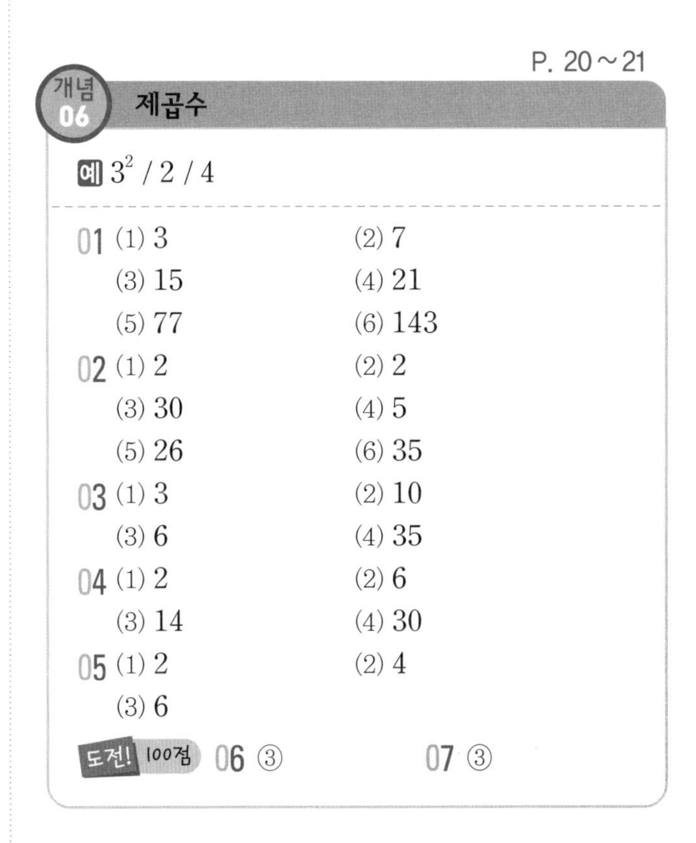
개념 06 **제곱수**

예 3^2 / 2 / 4

01 (1) 3　(2) 7
(3) 15　(4) 21
(5) 77　(6) 143

02 (1) 2　(2) 2
(3) 30　(4) 5
(5) 26　(6) 35

03 (1) 3　(2) 10
(3) 6　(4) 35

04 (1) 2　(2) 6
(3) 14　(4) 30

05 (1) 2　(2) 4
(3) 6

도전! 100점 **06** ③　**07** ③

01 (2) 지수가 홀수인 소인수 : 7
(3) 지수가 홀수인 소인수 : 3, 5 ➡ $x=3\times 5=15$

02 (1) $8=2^3$이고, 지수가 홀수인 소인수는 2이므로
가장 작은 자연수 $x=2$

(2) $18=2\times3^2$이고, 지수가 홀수인 소인수는 2이므로 가장 작은 자연수 $x=2$

(3) $30=2\times3\times5$이고, 지수가 홀수인 소인수는 2, 3, 5이므로 가장 작은 자연수 $x=2\times3\times5=30$

03 (2) 지수가 홀수인 소인수 : 2, 5 ➡ $x=2\times5=10$

04 (1) $50=2\times5^2$이고, 지수가 홀수인 소인수는 2이므로 가장 작은 자연수 $x=2$

(2) $24=2^3\times3$이고, 지수가 홀수인 소인수는 2, 3이므로 가장 작은 자연수 $x=2\times3=6$

05 (1) 7보다 큰 제곱수를 구하면 $7+x=9$, $7+x=16$, $\cdots$에서 $x=2$, $x=9$, $\cdots$이므로 가장 작은 자연수 $x=2$

(2) 8보다 작은 제곱수를 구하면 $8-x=1$, $8-x=4$에서 각각의 x의 값은 $x=7$, $x=4$이므로 가장 작은 자연수 $x=4$

(3) $15-x=1$, $15-x=4$, $15-x=9$에서 각각의 x의 값은 14, 11, 6이므로 가장 작은 자연수 $x=6$

06 분자에서 $45=3^2\times5$이므로
지수가 홀수인 소인수는 5
분모에서 지수가 홀수인 소인수는 2
따라서 구하는 값 $x=2\times5=10$

07 $72=2^3\times3^2$에서 지수가 홀수인 소인수는 2이므로 $a=2$
분자 $250=2\times5^3$에서 지수가 홀수인 소인수는 2, 5이므로 $b=2\times5=10$
$\therefore a+b=12$

P. 22~23

개념 07 무리수와 실수

예 무리수

01 (1) 유 (2) 무
(3) 유 (4) 유
(5) 유 (6) 무
(7) 유 (8) 무
(9) 무 (10) 유
(11) 유 (12) 무

02 (1) ◯ (2) ×
(3) × (4) ×
(5) × (6) ◯
(7) × (8) ◯
(9) ◯ (10) ×

03 (1) ◯ (2) ×
(3) × (4) ◯
(5) ×

도전! 100점 **04** ①, ④

04 ② 순환하지 않는 무한소수가 무리수이다.
③ $\sqrt{4}=2$와 같이 근호가 있는 수 중에는 유리수인 것도 있다.
⑤ 유리수이면서 무리수인 수는 없다.

P. 24~25

개념 08 제곱근표

예 1.792

01 (1) 2.236 (2) 2.258
(3) 2.307

02 (1) 1.600 (2) 1.628
(3) 1.667 (4) 1.694
(5) 1.718 (6) 1.729

03 (1) 10.4 (2) 11.1
(3) 12.2 (4) 14.3
(5) 13.0 (6) 15.2

04 (1) 4.545 (2) 3.987
(3) 5.064 (4) 5.857
(5) 7.086 (6) 7.275

도전! 100점 **05** ③

05 $\sqrt{9.14}=3.023=a$
$\sqrt{b}=3.053$에서 $b=9.32$
$\therefore 100a+10b=302.3+93.2=395.5$

P. 26～27

개념 09 무리수를 수직선 위에 나타내기

예 $\sqrt{2}$, $-\sqrt{2}$

01 (1) $\sqrt{2}$ (2) $\sqrt{5}$
(3) $\sqrt{13}$ (4) $\sqrt{10}$
(5) 5

02 (1) $3+\sqrt{2}$ (2) $-2-\sqrt{2}$
(3) $\sqrt{8}$ (4) $-1-\sqrt{5}$
(5) $1+\sqrt{5}$ (6) $-4+\sqrt{10}$
(7) $-3-\sqrt{10}$

도전! 100점 **03** ③

01 (1) 피타고라스의 정리에 의하여
$\overline{AC}^2=1^2+1^2=2$, $\overline{AC}=\sqrt{2}$($\because$ $\overline{AC}>0$)

(2) 피타고라스의 정리에 의하여
$\overline{AC}^2=2^2+1^2=5$, $\overline{AC}=\sqrt{5}$($\because$ $\overline{AC}>0$)

(3) 피타고라스의 정리에 의하여
$\overline{AC}^2=3^2+2^2=13$, $\overline{AC}=\sqrt{13}$($\because$ $\overline{AC}>0$)

(4) 피타고라스의 정리에 의하여
$\overline{AC}^2=3^2+1^2=10$, $\overline{AC}=\sqrt{10}$($\because$ $\overline{AC}>0$)

(5) 피타고라스의 정리에 의하여
$\overline{AC}^2=3^2+4^2=25$, $\overline{AC}=5$ ($\because$ $\overline{AC}>0$)

02 (1) 피타고라스의 정리에 의하여 $\overline{AC}=\sqrt{2}$
따라서 점 P는 3을 나타내는 점에서 오른쪽으로 $\sqrt{2}$만큼 떨어진 점이므로 점 P에 대응하는 수는 $3+\sqrt{2}$

(4) 피타고라스의 정리에 의하여 $\overline{AC}=\sqrt{5}$
따라서 점 P는 -1을 나타내는 점에서 왼쪽으로 $\sqrt{5}$만큼 떨어진 점이므로 점 P에 대응하는 수는 $-1-\sqrt{5}$

(6) 피타고라스의 정리에 의하여 $\overline{AC}=\sqrt{10}$
따라서 점 P는 -4를 나타내는 점에서 오른쪽으로 $\sqrt{10}$만큼 떨어진 점이므로 점 P에 대응하는 수는 $-4+\sqrt{10}$

03 $\square ABCD=\overline{AD}^2=5$이므로
$\overline{AD}=\sqrt{5}$($\because$ $\overline{AD}>0$)
따라서 점 P에 대응하는 수는 $-1+\sqrt{5}$이다.

P. 28～29

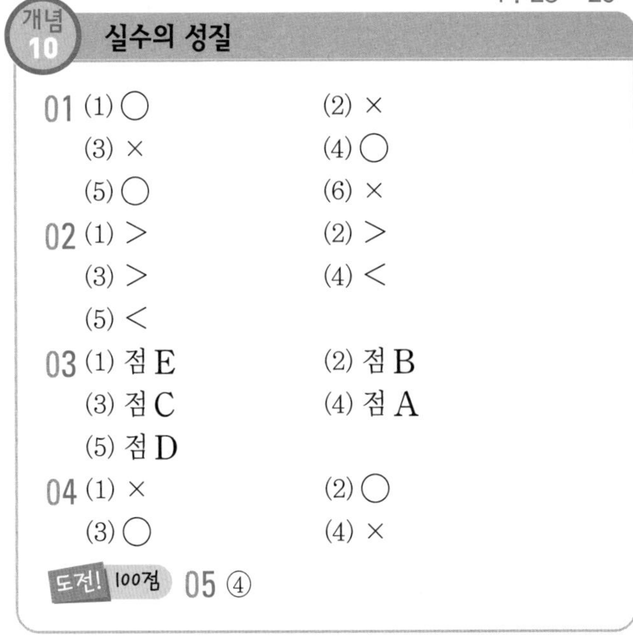

개념 10 실수의 성질

01 (1) ○ (2) ×
(3) × (4) ○
(5) ○ (6) ×

02 (1) $>$ (2) $>$
(3) $>$ (4) $<$
(5) $<$

03 (1) 점 E (2) 점 B
(3) 점 C (4) 점 A
(5) 점 D

04 (1) × (2) ○
(3) ○ (4) ×

도전! 100점 **05** ④

03 (1) $3=\sqrt{9}$, $4=\sqrt{16}$이므로
$\sqrt{11}$은 3과 4 사이에 있는 점 E이다.

05 $3<\sqrt{13}<4$, $1<\sqrt{13}-2<2$이므로
$\sqrt{13}-2$에 대응하는 점이 있는 곳은 D이다.

必 개념정복

P. 30～33

01 (1) 3, -3 (2) 5, -5
(3) $\frac{1}{4}$, $-\frac{1}{4}$ (4) $\frac{2}{3}$, $-\frac{2}{3}$
(5) 0.9, -0.9 (6) 0.7, -0.7

02 (1) 2개 (2) 2개
(3) 1개 (4) 0개

03 (1) $\sqrt{8}$ (2) $-\sqrt{15}$
(3) $\sqrt{\frac{4}{5}}$ (4) $-\sqrt{\frac{1}{8}}$
(5) $\sqrt{0.7}$ (6) $-\sqrt{1.6}$

04 (1) $\pm\sqrt{5}$ (2) $\pm\sqrt{17}$
(3) $\pm\sqrt{\frac{5}{8}}$ (4) $\pm\sqrt{1.8}$

05 (1) $\pm\sqrt{6}$ (2) $\sqrt{6}$
(3) $\pm\sqrt{\frac{1}{10}}$ (4) $\sqrt{\frac{1}{10}}$

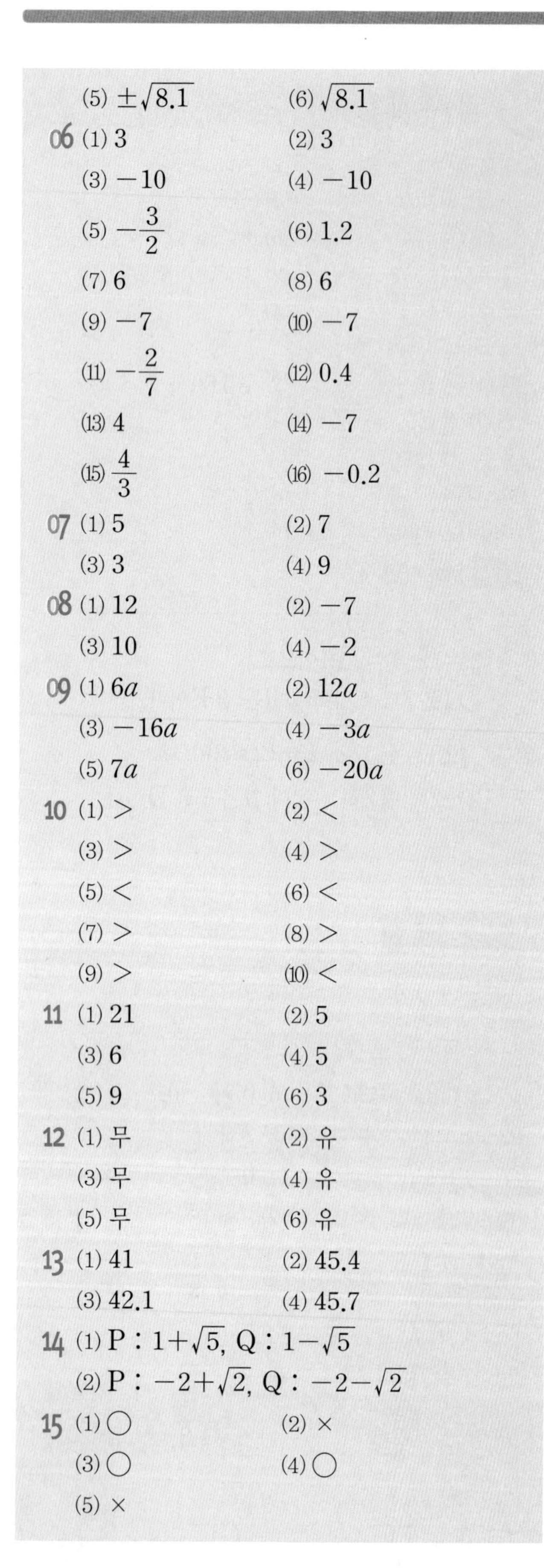

(5) $\pm\sqrt{8.1}$ (6) $\sqrt{8.1}$

06 (1) 3 (2) 3
(3) -10 (4) -10
(5) $-\frac{3}{2}$ (6) 1.2
(7) 6 (8) 6
(9) -7 (10) -7
(11) $-\frac{2}{7}$ (12) 0.4
(13) 4 (14) -7
(15) $\frac{4}{3}$ (16) -0.2

07 (1) 5 (2) 7
(3) 3 (4) 9

08 (1) 12 (2) -7
(3) 10 (4) -2

09 (1) $6a$ (2) $12a$
(3) $-16a$ (4) $-3a$
(5) $7a$ (6) $-20a$

10 (1) $>$ (2) $<$
(3) $>$ (4) $>$
(5) $<$ (6) $<$
(7) $>$ (8) $>$
(9) $>$ (10) $<$

11 (1) 21 (2) 5
(3) 6 (4) 5
(5) 9 (6) 3

12 (1) 무 (2) 유
(3) 무 (4) 유
(5) 무 (6) 유

13 (1) 41 (2) 45.4
(3) 42.1 (4) 45.7

14 (1) P : $1+\sqrt{5}$, Q : $1-\sqrt{5}$
(2) P : $-2+\sqrt{2}$, Q : $-2-\sqrt{2}$

15 (1) ○ (2) ×
(3) ○ (4) ○
(5) ×

02 (2) 0.25의 제곱근은 0.5, -0.5 : 2개
(4) -36은 음수이므로 제곱근이 없다.

06 (13) $\sqrt{16}=\sqrt{4^2}=4$
(14) $-\sqrt{49}=-\sqrt{7^2}=-7$
(15) $\sqrt{\frac{16}{9}}=\sqrt{\left(\frac{4}{3}\right)^2}=\frac{4}{3}$
(16) $-\sqrt{0.04}=-\sqrt{(0.2)^2}=-0.2$

07 (1) (주어진 식)$=3+2=5$
(2) (주어진 식)$=2+5=7$
(3) (주어진 식)$=6-3=3$
(4) (주어진 식)$=\sqrt{18^2}-\sqrt{9^2}=18-9=9$

08 (1) (주어진 식)$=\sqrt{3^2}\times\sqrt{4^2}=3\times4=12$
(2) (주어진 식)$=-6\times\frac{7}{6}=-7$
(3) (주어진 식)$=8\div\frac{4}{5}=8\times\frac{5}{4}=10$
(4) (주어진 식)$=-10\div5=-2$

09 (2) $-12a<0$이므로
$\sqrt{(-12a)^2}=|-12a|=-(-12a)=12a$
(3) $-16a<0$이므로
$-\sqrt{(-16a)^2}=-|-16a|$
$=-\{-(-16a)\}=-16a$
(5) $7a<0$이므로
$-\sqrt{(7a)^2}=-|7a|=-(-7a)=7a$
(6) $-20a>0$이므로
$\sqrt{(-20a)^2}=|-20a|=-20a$

10 (6) $7=\sqrt{49}$이므로 $\sqrt{48}<\sqrt{49}$ ➡ $\sqrt{48}<7$
(8) $0.8=\sqrt{0.64}$이므로
$\sqrt{0.8}>\sqrt{0.64}$ ➡ $\sqrt{0.8}>0.8$
(9) $-6=-\sqrt{36}$이므로
$-\sqrt{36}>-\sqrt{37}$ ➡ $-6>-\sqrt{37}$

11 (2) $20=2^2\times5$이므로 지수가 홀수인 소인수 : 5
(4) $180=2^2\times3^2\times5$이므로 지수가 홀수인 소인수 : 5
(5) $27+x=6^2$ $\therefore x=9$
(6) $7-x=1^2$일 때, $x=6$
$7-x=2^2$일 때, $x=3$

12 (2) $\sqrt{16}=4$ ➡ 유리수

(4) $\sqrt{\frac{4}{25}}=\frac{2}{5}$ ➡ 유리수

(6) $-\sqrt{1.\dot{7}}=-\sqrt{\frac{16}{9}}=-\frac{4}{3}$ ➡ 유리수

13 (1) $x=20$, $y=21$이므로 $x+y=41$

14 (1) 피타고라스의 정리에 의하여 $\overline{AC}=\sqrt{5}$
따라서 점 P는 $1+\sqrt{5}$, 점 Q는 $1-\sqrt{5}$

2 근호를 포함한 식의 계산

P. 34~37

개념 11 제곱근의 곱셈과 나눗셈

예 3, $\sqrt{6}$, 4, $8\sqrt{6}$ / 2, $\sqrt{3}$, 4, $2\sqrt{2}$

01 (1) $\sqrt{14}$ (2) $\sqrt{15}$ (3) $\sqrt{21}$ (4) $\sqrt{30}$ (5) $\sqrt{22}$ (6) $\sqrt{42}$

02 (1) $\sqrt{6}$ (2) $\sqrt{2}$ (3) $\sqrt{6}$ (4) $\sqrt{\frac{1}{2}}$ (5) $\sqrt{21}$

03 (1) 6 (2) 7 (3) 2 (4) -2

04 (1) $10\sqrt{6}$ (2) $12\sqrt{10}$ (3) $-6\sqrt{21}$ (4) $-6\sqrt{42}$

05 (1) $2\sqrt{10}$ (2) $8\sqrt{5}$ (3) $-15\sqrt{10}$ (4) $14\sqrt{\frac{5}{6}}$

06 (1) 36 (2) -30 (3) 20

07 (1) $\sqrt{2}$ (2) $\sqrt{\frac{3}{5}}$ (3) $\sqrt{5}$ (4) $\sqrt{7}$

08 (1) $\sqrt{5}$ (2) $\sqrt{14}$ (3) $\sqrt{\frac{3}{2}}$ (4) $\sqrt{21}$

09 (1) 3 (2) 2 (3) -3 (4) 5

10 (1) $2\sqrt{3}$ (2) $-3\sqrt{7}$ (3) $3\sqrt{5}$ (4) $3\sqrt{\frac{5}{7}}$

11 (1) $2\sqrt{2}$ (2) $6\sqrt{5}$ (3) $2\sqrt{5}$ (4) $-5\sqrt{3}$

12 (1) -6 (2) 6 (3) 10

13 (1) $\sqrt{42}$ (2) $-\sqrt{7}$ (3) -6 (4) $2\sqrt{11}$

도전! 100점 **14** ④

01 (1) $\sqrt{2}\times\sqrt{7}=\sqrt{2\times7}=\sqrt{14}$
(5) $\sqrt{2}\times\sqrt{11}=\sqrt{2\times11}=\sqrt{22}$

02 (1) $\sqrt{8}\times\sqrt{\frac{3}{4}}=\sqrt{8\times\frac{3}{4}}=\sqrt{6}$

03 (1) $\sqrt{3}\times\sqrt{12}=\sqrt{36}=\sqrt{6^2}=6$

04 (1) $5\sqrt{2}\times2\sqrt{3}=(5\times2)\sqrt{2\times3}=10\sqrt{6}$

05 (1) (주어진 식)$=2\times\sqrt{12\times\frac{5}{6}}=2\sqrt{10}$
(2) (주어진 식)$=(4\times2)\sqrt{\frac{5}{2}\times2}=8\sqrt{5}$

06 (1) $3\sqrt{18}\times2\sqrt{2}=(3\times2)\sqrt{18\times2}=6\sqrt{6^2}=36$
(2) $-3\sqrt{15}\times2\sqrt{\frac{5}{3}}=-6\sqrt{15\times\frac{5}{3}}$
$=-6\sqrt{5^2}=-30$

07 (1) $\frac{\sqrt{8}}{\sqrt{4}}=\sqrt{\frac{8}{4}}=\sqrt{2}$

08 $\sqrt{3}\div\sqrt{\frac{3}{5}}=\sqrt{3\div\frac{3}{5}}=\sqrt{3\times\frac{5}{3}}=\sqrt{5}$

09 (1) $\sqrt{18\div2}=\sqrt{9}=\sqrt{3^2}=3$
(4) (주어진 식)$=\sqrt{\frac{15}{4}\div\frac{3}{20}}=\sqrt{\frac{15}{4}\times\frac{20}{3}}$
$=\sqrt{5^2}=5$

10 (1) $8\sqrt{21}\div4\sqrt{7}=\frac{8\sqrt{21}}{4\sqrt{7}}=\frac{8}{4}\sqrt{\frac{21}{7}}=2\sqrt{3}$

11 (1) (주어진 식)$=\frac{8}{4}\sqrt{5\div\frac{5}{2}}=2\sqrt{5\times\frac{2}{5}}=2\sqrt{2}$
(4) (주어진 식)$=-\frac{15}{3}\sqrt{\frac{7}{3}\times\frac{9}{7}}=-5\sqrt{3}$

12 (1) (주어진 식)$=-\dfrac{4\sqrt{54}}{2\sqrt{6}}=-2\sqrt{\dfrac{54}{6}}$

$=-2\sqrt{3^2}=-6$

(3) (주어진 식)$=\dfrac{4}{2}\sqrt{\dfrac{15}{2}\times\dfrac{10}{3}}=2\sqrt{5^2}=10$

13 (4) (주어진 식)$=2\sqrt{\dfrac{22}{3}\times\dfrac{3}{10}\times 5}=2\sqrt{11}$

14 ④ (주어진 식)$=5\sqrt{9}=5\times 3=15$

P. 38～39

개념 12 근호가 있는 식의 변형

예 2, 2 / 2, 2

01 (1) $2\sqrt{6}$ (2) $3\sqrt{3}$
(3) $3\sqrt{5}$ (4) $5\sqrt{2}$
(5) $-2\sqrt{2}$ (6) $-3\sqrt{2}$
(7) $-2\sqrt{5}$

02 (1) $\sqrt{20}$ (2) $\sqrt{28}$
(3) $\sqrt{48}$ (4) $-\sqrt{12}$
(5) $-\sqrt{18}$ (6) $-\sqrt{54}$

03 (1) $\dfrac{\sqrt{6}}{5}$ (2) $\dfrac{\sqrt{13}}{7}$
(3) $\dfrac{\sqrt{7}}{9}$ (4) $\dfrac{\sqrt{2}}{3}$
(5) $-\dfrac{\sqrt{5}}{2}$ (6) $-\dfrac{\sqrt{5}}{8}$
(7) $-\dfrac{\sqrt{3}}{2}$

04 (1) $\sqrt{\dfrac{2}{9}}$ (2) $\sqrt{\dfrac{1}{2}}$
(3) $\sqrt{3}$ (4) $-\sqrt{\dfrac{10}{49}}$
(5) $-\sqrt{2}$

도전! 100점 05 ⑤

01 (1) $\sqrt{24}=\sqrt{2^2\times 6}=2\sqrt{6}$
(2) $\sqrt{27}=\sqrt{3^2\times 3}=3\sqrt{3}$

02 (1) $2\sqrt{5}=\sqrt{2^2\times 5}=\sqrt{20}$
(4) $-2\sqrt{3}=-\sqrt{2^2\times 3}=-\sqrt{12}$

03 (1) $\sqrt{\dfrac{6}{25}}=\dfrac{\sqrt{6}}{\sqrt{5^2}}=\dfrac{\sqrt{6}}{5}$

(4) $\sqrt{\dfrac{6}{27}}=\sqrt{\dfrac{2}{9}}=\dfrac{\sqrt{2}}{3}$

04 (1) $\dfrac{\sqrt{2}}{3}=\dfrac{\sqrt{2}}{\sqrt{3^2}}=\sqrt{\dfrac{2}{9}}$

(5) $-\dfrac{\sqrt{32}}{4}=-\sqrt{\dfrac{32}{16}}=-\sqrt{2}$

05 ① $\sqrt{12}=2\sqrt{3}$ ② $\sqrt{56}=2\sqrt{14}$ ③ $\sqrt{20}=2\sqrt{5}$
④ $-\sqrt{\dfrac{3}{16}}=-\dfrac{\sqrt{3}}{4}$ ⑤ $\dfrac{2\times 3\sqrt{2}}{\sqrt{2}}=6$

P. 40～41

개념 13 분모의 유리화

예 $\sqrt{2}$, $\dfrac{\sqrt{2}}{2}$, 3, $\dfrac{5\sqrt{3}}{6}$

01 (1) $\dfrac{\sqrt{5}}{5}$ (2) $\dfrac{\sqrt{6}}{6}$
(3) $\dfrac{2\sqrt{3}}{3}$ (4) $\dfrac{2\sqrt{5}}{5}$
(5) $\sqrt{7}$ (6) $2\sqrt{3}$

02 (1) $\dfrac{\sqrt{6}}{3}$ (2) $\dfrac{\sqrt{14}}{2}$
(3) $\dfrac{\sqrt{10}}{5}$ (4) $\dfrac{\sqrt{15}}{3}$
(5) $\dfrac{\sqrt{22}}{2}$ (6) $\dfrac{\sqrt{6}}{3}$

03 (1) $\dfrac{\sqrt{6}}{12}$ (2) $\dfrac{5\sqrt{2}}{6}$
(3) $\dfrac{\sqrt{7}}{14}$ (4) $\dfrac{\sqrt{10}}{20}$
(5) $\dfrac{2\sqrt{3}}{9}$ (6) $\dfrac{3\sqrt{2}}{4}$
(7) $\dfrac{\sqrt{6}}{9}$ (8) $\dfrac{\sqrt{3}}{2}$

04 (1) $\dfrac{\sqrt{35}}{10}$ (2) $\dfrac{\sqrt{22}}{6}$
(3) $\dfrac{\sqrt{15}}{10}$ (4) $\dfrac{3\sqrt{14}}{8}$

(5) $\frac{\sqrt{15}}{2}$

도전! 100점 05 ②

01 (1) $\frac{1}{\sqrt{5}}=\frac{1\times\sqrt{5}}{\sqrt{5}\times\sqrt{5}}=\frac{\sqrt{5}}{5}$

(3) $\frac{2}{\sqrt{3}}=\frac{2\times\sqrt{3}}{\sqrt{3}\times\sqrt{3}}=\frac{2\sqrt{3}}{3}$

(5) $\frac{7}{\sqrt{7}}=\frac{7\times\sqrt{7}}{\sqrt{7}\times\sqrt{7}}=\frac{7\sqrt{7}}{7}=\sqrt{7}$

02 (1) $\frac{\sqrt{2}}{\sqrt{3}}=\frac{\sqrt{2}\times\sqrt{3}}{\sqrt{3}\times\sqrt{3}}=\frac{\sqrt{6}}{3}$

(2) $\frac{\sqrt{21}}{\sqrt{6}}=\sqrt{\frac{21}{6}}=\sqrt{\frac{7}{2}}=\frac{\sqrt{7}\times\sqrt{2}}{\sqrt{2}\times\sqrt{2}}=\frac{\sqrt{14}}{2}$

(4) $\sqrt{\frac{5}{3}}=\frac{\sqrt{5}\times\sqrt{3}}{\sqrt{3}\times\sqrt{3}}=\frac{\sqrt{15}}{3}$

(6) $\sqrt{\frac{12}{18}}=\sqrt{\frac{2}{3}}=\frac{\sqrt{2}\times\sqrt{3}}{\sqrt{3}\times\sqrt{3}}=\frac{\sqrt{6}}{3}$

03 (1) $\frac{1}{2\sqrt{6}}=\frac{1\times\sqrt{6}}{2\sqrt{6}\times\sqrt{6}}=\frac{\sqrt{6}}{12}$

(2) $\frac{5}{3\sqrt{2}}=\frac{5\times\sqrt{2}}{3\sqrt{2}\times\sqrt{2}}=\frac{5\sqrt{2}}{6}$

(3) $\frac{1}{\sqrt{28}}=\frac{1\times\sqrt{7}}{2\sqrt{7}\times\sqrt{7}}=\frac{\sqrt{7}}{14}$

(4) $\frac{1}{\sqrt{40}}=\frac{1\times\sqrt{10}}{2\sqrt{10}\times\sqrt{10}}=\frac{\sqrt{10}}{20}$

(5) $\frac{2}{\sqrt{27}}=\frac{2\times\sqrt{3}}{3\sqrt{3}\times\sqrt{3}}=\frac{2\sqrt{3}}{9}$

(6) $\frac{6}{\sqrt{32}}=\frac{6\times\sqrt{2}}{4\sqrt{2}\times\sqrt{2}}=\frac{3\sqrt{2}}{4}$

(7) $\frac{4}{3\sqrt{24}}=\frac{4}{3\times2\sqrt{6}}=\frac{4\sqrt{6}}{36}=\frac{\sqrt{6}}{9}$

(8) $\frac{9}{2\sqrt{27}}=\frac{9}{2\times3\sqrt{3}}=\frac{9\sqrt{3}}{18}=\frac{\sqrt{3}}{2}$

04 (1) $\frac{\sqrt{7}}{2\sqrt{5}}=\frac{\sqrt{7}\times\sqrt{5}}{2\sqrt{5}\times\sqrt{5}}=\frac{\sqrt{35}}{10}$

(2) $\frac{\sqrt{11}}{\sqrt{18}}=\frac{\sqrt{11}\times\sqrt{2}}{3\sqrt{2}\times\sqrt{2}}=\frac{\sqrt{22}}{6}$

(4) $\frac{3\sqrt{7}}{4\sqrt{2}}=\frac{3\sqrt{7}\times\sqrt{2}}{4\sqrt{2}\times\sqrt{2}}=\frac{3\sqrt{14}}{8}$

05 $\frac{6}{\sqrt{2}}=\frac{6\sqrt{2}}{2}=3\sqrt{2}$이므로 $a=3$

$\frac{6}{\sqrt{27}}=\frac{6}{3\sqrt{3}}=\frac{2}{\sqrt{3}}=\frac{2\sqrt{3}}{3}$ 이므로 $b=\frac{2}{3}$

$\therefore\ ab=3\times\frac{2}{3}=2$

P. 42～45

개념 14 제곱근의 덧셈과 뺄셈

예 3, $5\sqrt{5}$ / 3, $2\sqrt{2}$

01 (1) $9\sqrt{2}$ (2) $7\sqrt{3}$
(3) $3\sqrt{6}$ (4) $10\sqrt{7}$
(5) $-5\sqrt{2}$ (6) $-2\sqrt{5}$
(7) $5\sqrt{10}$ (8) $3\sqrt{11}$

02 (1) $\frac{5\sqrt{2}}{2}$ (2) $\frac{7\sqrt{3}}{3}$
(3) $\frac{5\sqrt{5}}{6}$ (4) $-\frac{\sqrt{2}}{2}$
(5) $\frac{\sqrt{3}}{3}$ (6) $\frac{5\sqrt{7}}{6}$

03 (1) $9\sqrt{2}$ (2) $10\sqrt{5}$
(3) $14\sqrt{3}$ (4) $\frac{8\sqrt{7}}{3}$

04 (1) $5\sqrt{2}+9\sqrt{3}$ (2) $6\sqrt{2}+8\sqrt{5}$
(3) $7\sqrt{3}+6\sqrt{7}$ (4) $\frac{7\sqrt{5}}{2}+\frac{5\sqrt{6}}{3}$

05 (1) $5\sqrt{3}$ (2) $9\sqrt{5}$
(3) $5\sqrt{2}$ (4) $8\sqrt{3}+7\sqrt{5}$

06 (1) $2\sqrt{2}$ (2) $3\sqrt{5}$
(3) $-3\sqrt{3}$ (4) $-\sqrt{10}$
(5) $-4\sqrt{3}$ (6) $-10\sqrt{6}$

07 (1) $\frac{3\sqrt{2}}{2}$ (2) $\frac{8\sqrt{5}}{3}$
(3) $\frac{\sqrt{3}}{2}$ (4) $\frac{5\sqrt{7}}{6}$
(5) $-\frac{7\sqrt{3}}{3}$ (6) $-\frac{7\sqrt{10}}{2}$
(7) $-\frac{9\sqrt{6}}{4}$ (8) $-\frac{3\sqrt{2}}{4}$

08 (1) $5\sqrt{2}$ (2) $-6\sqrt{3}$

(3) $-8\sqrt{7}$　(4) $\frac{3\sqrt{6}}{4}$

09 (1) $2\sqrt{3}-2\sqrt{5}$　(2) $-7\sqrt{6}-4\sqrt{10}$

(3) $-3\sqrt{2}+2\sqrt{5}$　(4) $\frac{2\sqrt{3}}{3}+\frac{3\sqrt{7}}{2}$

10 (1) $2\sqrt{3}$　(2) $-4\sqrt{2}$

(3) $-7\sqrt{5}$　(4) $-2\sqrt{2}$

11 (1) $3\sqrt{5}$　(2) $7\sqrt{7}$

(3) $9\sqrt{3}$　(4) $9\sqrt{2}$

(5) $\frac{16\sqrt{2}}{3}$　(6) $\frac{29\sqrt{6}}{3}$

(7) $\frac{3\sqrt{5}}{2}+\frac{7\sqrt{10}}{3}$

(8) $2\sqrt{3}+\sqrt{6}$

도전! 100점 **12** ②, ⑤　**13** ⑤

01 (1) $4\sqrt{2}+5\sqrt{2}=(4+5)\sqrt{2}=9\sqrt{2}$

(3) $2\sqrt{6}+\sqrt{6}=(2+1)\sqrt{6}=3\sqrt{6}$

(5) $-8\sqrt{2}+3\sqrt{2}=(-8+3)\sqrt{2}=-5\sqrt{2}$

02 (1) $2\sqrt{2}+\frac{\sqrt{2}}{2}=\left(2+\frac{1}{2}\right)\sqrt{2}=\frac{5\sqrt{2}}{2}$

(3) $\frac{\sqrt{5}}{2}+\frac{\sqrt{5}}{3}=\left(\frac{3}{6}+\frac{2}{6}\right)\sqrt{5}=\frac{5\sqrt{5}}{6}$

(4) $-2\sqrt{2}+\frac{3\sqrt{2}}{2}=\left(-2+\frac{3}{2}\right)\sqrt{2}=-\frac{\sqrt{2}}{2}$

03 (1) $2\sqrt{2}+4\sqrt{2}+3\sqrt{2}=(2+4+3)\sqrt{2}=9\sqrt{2}$

04 (1) (주어진 식)$=(3\sqrt{2}+2\sqrt{2})+(5\sqrt{3}+4\sqrt{3})$

$=5\sqrt{2}+9\sqrt{3}$

(3) (주어진 식)$=(3\sqrt{3}+4\sqrt{3})+(\sqrt{7}+5\sqrt{7})$

$=7\sqrt{3}+6\sqrt{7}$

05 (1) (주어진 식)$=2\sqrt{3}+3\sqrt{3}=5\sqrt{3}$

(2) (주어진 식)$=2\sqrt{5}+3\sqrt{5}+4\sqrt{5}=9\sqrt{5}$

(3) (주어진 식)$=2\sqrt{2}+3\sqrt{2}=5\sqrt{2}$

(4) (주어진 식)$=3\sqrt{3}+4\sqrt{5}+3\sqrt{5}+5\sqrt{3}$

$=8\sqrt{3}+7\sqrt{5}$

06 (1) (주어진 식)$=(5-3)\sqrt{2}=2\sqrt{2}$

(4) (주어진 식)$=(1-2)\sqrt{10}=-\sqrt{10}$

(5) (주어진 식)$=(-1-3)\sqrt{3}=-4\sqrt{3}$

07 (1) $3\sqrt{2}-\frac{3\sqrt{2}}{2}=\frac{6\sqrt{2}-3\sqrt{2}}{2}=\frac{3\sqrt{2}}{2}$

(4) $\frac{3\sqrt{7}}{2}-\frac{2\sqrt{7}}{3}=\frac{9\sqrt{7}-4\sqrt{7}}{6}=\frac{5\sqrt{7}}{6}$

(8) $-\frac{\sqrt{2}}{2}-\frac{\sqrt{2}}{4}=\frac{-2\sqrt{2}-\sqrt{2}}{4}=-\frac{3\sqrt{2}}{4}$

08 (1) (주어진 식)$=(12-3-4)\sqrt{2}=5\sqrt{2}$

09 (1) (주어진 식)$=(8-6)\sqrt{3}+(3-5)\sqrt{5}$

$=2\sqrt{3}-2\sqrt{5}$

(4) (주어진 식)$=\frac{6\sqrt{3}-4\sqrt{3}}{3}+\frac{8\sqrt{7}-5\sqrt{7}}{2}$

$=\frac{2\sqrt{3}}{3}+\frac{3\sqrt{7}}{2}$

10 (1) (주어진 식)$=4\sqrt{3}-2\sqrt{3}=2\sqrt{3}$

(2) (주어진 식)$=5\sqrt{2}-7\sqrt{2}-2\sqrt{2}=-4\sqrt{2}$

(3) (주어진 식)$=-4\sqrt{5}-3\sqrt{5}=-7\sqrt{5}$

(4) (주어진 식)$=8\sqrt{2}+4\sqrt{7}-10\sqrt{2}-4\sqrt{7}$

$=-2\sqrt{2}$

11 (3) (주어진 식)$=10\sqrt{3}+3\sqrt{3}-4\sqrt{3}$

$=(10+3-4)\sqrt{3}=9\sqrt{3}$

(5) (주어진 식)$=5\sqrt{2}+\frac{4}{2\sqrt{2}}-\frac{2\sqrt{2}}{3}$

$=5\sqrt{2}+\sqrt{2}-\frac{2}{3}\sqrt{2}=\frac{16\sqrt{2}}{3}$

(8) (주어진 식)$=3\sqrt{3}-5\sqrt{6}-\sqrt{3}+6\sqrt{6}$

$=2\sqrt{3}+\sqrt{6}$

12 ② $6\sqrt{3}-2\sqrt{3}=4\sqrt{3}$

③ (주어진 식)$=5\sqrt{3}+2\sqrt{3}=7\sqrt{3}$

④ (주어진 식)$=3\sqrt{2}-4\sqrt{2}=-\sqrt{2}$

⑤ $\sqrt{7}+\sqrt{6}$은 더 이상 간단히 할 수 없다.

13 (좌변)$=3\sqrt{2}-5\sqrt{2}+a\sqrt{2}=(-2+a)\sqrt{2}$

이므로 $-2+a=1$　$\therefore a=3$

P. 46~47

근호를 포함한 식의 계산

예 $\sqrt{6}+\sqrt{10}$ / 0 , 1

01 (1) $\sqrt{6}+\sqrt{14}$ (2) $5+\sqrt{10}$
(3) $-15-6\sqrt{5}$ (4) $\sqrt{21}-3$
(5) $8\sqrt{6}-6\sqrt{2}$ (6) $-6+2\sqrt{6}$

02 (1) $\dfrac{\sqrt{6}+\sqrt{2}}{2}$ (2) $\dfrac{5\sqrt{5}-3\sqrt{35}}{5}$
(3) $\dfrac{\sqrt{6}-2\sqrt{3}}{3}$ (4) $\dfrac{\sqrt{30}-3\sqrt{6}}{3}$
(5) $\sqrt{14}+2$

03 (1) $8\sqrt{2}$ (2) $-\sqrt{5}$
(3) $7\sqrt{3}$ (4) $\sqrt{2}$
(5) $19\sqrt{3}$ (6) $-2\sqrt{7}$
(7) $\sqrt{6}+3\sqrt{10}$ (8) $6\sqrt{2}+4\sqrt{6}$
(9) $-\dfrac{\sqrt{2}}{2}-\dfrac{\sqrt{6}}{6}$ (10) $2+2\sqrt{6}$

04 (1) -7 (2) 2
(3) 1

도전! 100점 05 ⑤

02 (1) $\dfrac{\sqrt{3}+1}{\sqrt{2}}=\dfrac{\sqrt{2}(\sqrt{3}+1)}{\sqrt{2}\sqrt{2}}=\dfrac{\sqrt{6}+\sqrt{2}}{2}$

(3) $\dfrac{\sqrt{2}-2}{\sqrt{3}}=\dfrac{\sqrt{3}(\sqrt{2}-2)}{\sqrt{3}\sqrt{3}}=\dfrac{\sqrt{6}-2\sqrt{3}}{3}$

(5) $\dfrac{7\sqrt{2}+\sqrt{28}}{\sqrt{7}}=\dfrac{\sqrt{7}(7\sqrt{2}+2\sqrt{7})}{\sqrt{7}\sqrt{7}}$
$=\dfrac{7\sqrt{14}+14}{7}=\sqrt{14}+2$

03 (4) (주어진 식)$=2\sqrt{6}\times\sqrt{3}-5\sqrt{2}$
$=6\sqrt{2}-5\sqrt{2}=\sqrt{2}$

(5) (주어진 식)$=8\sqrt{12}+\dfrac{6\sqrt{15}}{2\sqrt{5}}$
$=16\sqrt{3}+3\sqrt{3}=19\sqrt{3}$

(7) (주어진 식)$=2\sqrt{6}+2\sqrt{10}+\sqrt{10}-\sqrt{6}$
$=\sqrt{6}+3\sqrt{10}$

(8) (주어진 식)$=6\sqrt{6}+3\sqrt{72}-2\sqrt{6}-4\sqrt{18}$
$=6\sqrt{6}+18\sqrt{2}-2\sqrt{6}-12\sqrt{2}$
$=6\sqrt{2}+4\sqrt{6}$

(9) (주어진 식)$=\dfrac{3\sqrt{2}}{2}+\dfrac{5\sqrt{6}}{6}-2\sqrt{2}-\sqrt{6}$
$=-\dfrac{\sqrt{2}}{2}-\dfrac{\sqrt{6}}{6}$

(10) (주어진 식)$=3\sqrt{6}+6-4-\sqrt{6}=2+2\sqrt{6}$

04 (1) (주어진 식)$=(7+a)\sqrt{2}+3$
➡ 유리수가 될 조건 : $7+a=0$ ➡ $a=-7$
(3) (주어진 식)$=6-\sqrt{6}+a\sqrt{6}+12$
$=18+(-1+a)\sqrt{6}$
➡ 유리수가 될 조건 : $-1+a=0$ ➡ $a=1$

05 (주어진 식)$=3\sqrt{3}(\sqrt{2}+\sqrt{6})-3\sqrt{2}(\sqrt{3}-2)$
$=3\sqrt{6}+3\sqrt{18}-3\sqrt{6}+6\sqrt{2}$
$=9\sqrt{2}+6\sqrt{2}=15\sqrt{2}$

P. 48 ~ 49

개념 16 뺄셈을 이용한 실수의 대소 관계

예 $>$ / $<$

01 (1) $<$ (2) $>$
(3) $<$ (4) $>$
(5) $<$ (6) $>$

02 (1) $<$ (2) $>$
(3) $>$ (4) $>$
(5) $>$ (6) $<$

03 (1) $>$ (2) $>$
(3) $<$ (4) $<$
(5) $<$ (6) $>$
(7) $<$ (8) $>$

04 (1) $>$ / $a>b$ (2) $<$ / $a<c$
(3) $<$, $<$, b, c / $b<a<c$

도전! 100점 05 ⑤

01 (1) $4+\cancel{\sqrt{7}}\ \square\ 5+\cancel{\sqrt{7}} \xrightarrow{4<5} 4+\sqrt{7}<5+\sqrt{7}$
(4) $\cancel{3}+\sqrt{6}\ \square\ \cancel{3}+\sqrt{5} \xrightarrow{\sqrt{6}>\sqrt{5}} 3+\sqrt{6}>3+\sqrt{5}$

02 (1) $\cancel{\sqrt{5}}+\sqrt{3}\ \square\ \cancel{\sqrt{5}}+2 \xrightarrow{\sqrt{3}<2=\sqrt{4}} \sqrt{5}+\sqrt{3}<\sqrt{5}+2$

03 (1) $\sqrt{3}+2\ \square\ 3 \xrightarrow{\sqrt{3}+2-3=\sqrt{3}-1>0} \sqrt{3}+2>3$

05 ⑤ $\sqrt{5}<\sqrt{6}$이므로 $\sqrt{8}-\sqrt{5}>\sqrt{8}-\sqrt{6}$

개념정복 P. 50～53

01 (1) $\sqrt{30}$ (2) 4
(3) $10\sqrt{6}$ (4) $6\sqrt{10}$
(5) $\sqrt{5}$ (6) $\sqrt{2}$
(7) $2\sqrt{5}$ (8) 4

02 (1) $4\sqrt{2}$ (2) 2
(3) $15\sqrt{2}$ (4) $12\sqrt{5}$
(5) $-3\sqrt{14}$ (6) $-\frac{1}{9}$

03 (1) $3\sqrt{2}$ (2) $2\sqrt{5}$
(3) $4\sqrt{2}$ (4) $-10\sqrt{3}$
(5) $\frac{\sqrt{3}}{5}$ (6) $-\frac{\sqrt{7}}{6}$
(7) $\frac{\sqrt{5}}{3}$ (8) $-\frac{\sqrt{11}}{5}$

04 (1) $\frac{\sqrt{10}}{10}$ (2) $\frac{5\sqrt{2}}{2}$
(3) $\frac{\sqrt{15}}{3}$ (4) $\frac{\sqrt{42}}{7}$
(5) $\frac{\sqrt{2}}{8}$ (6) $\frac{\sqrt{6}}{4}$
(7) $\frac{\sqrt{15}}{9}$ (8) $\frac{\sqrt{6}}{4}$

05 (1) $9\sqrt{2}$ (2) $\frac{10\sqrt{3}}{3}$
(3) $5\sqrt{5}+7\sqrt{6}$ (4) $-\sqrt{2}$
(5) $5\sqrt{6}$ (6) $4\sqrt{2}$
(7) $3\sqrt{5}-3\sqrt{3}$ (8) $\frac{5\sqrt{7}}{7}-\frac{3\sqrt{2}}{2}$

06 (1) $\sqrt{6}+\sqrt{15}$ (2) $\sqrt{30}-\sqrt{15}$
(3) $4-\sqrt{5}$ (4) $5\sqrt{3}$
(5) $\frac{5\sqrt{6}}{2}$ (6) $-10+13\sqrt{2}$

07 (1) $a=0$ (2) $a=3$
(3) $a=-2$ (4) $a=-\frac{5}{2}$

08 (1) $-\frac{1}{6}$ (2) 35
(3) 4 (4) 1

09 (1) $<$ (2) $>$
(3) $<$ (4) $>$
(5) $<$ (6) $>$
(7) $>$ (8) $<$

05 (7) (주어진 식)$=2\sqrt{3}+7\sqrt{5}-4\sqrt{5}-5\sqrt{3}$
$=3\sqrt{5}-3\sqrt{3}$

(8) (주어진 식)$=\sqrt{7}-3\sqrt{2}-\frac{2\sqrt{7}}{7}+\frac{3\sqrt{2}}{2}$
$=\frac{5\sqrt{7}}{7}-\frac{3\sqrt{2}}{2}$

06 (5) (주어진 식)$=\sqrt{6}+\sqrt{3}+\frac{3\sqrt{3}}{\sqrt{2}}-\frac{\sqrt{6}}{\sqrt{2}}$
$=\sqrt{6}+\sqrt{3}+\frac{3\sqrt{6}}{2}-\sqrt{3}=\frac{5\sqrt{6}}{2}$

(6) (주어진 식)$=10\sqrt{2}-10+5\sqrt{2}-2\sqrt{2}$
$=-10+13\sqrt{2}$

07 (1) (주어진 식)$=3a\sqrt{6}+6$에서 $3a=0$ $\therefore a=0$

(2) (주어진 식)$=2+a\sqrt{5}-3\sqrt{5}+1$
$=3+(a-3)\sqrt{5}$
$a-3=0$ $\therefore a=3$

(3) (주어진 식)$=-a\sqrt{6}+2(3-\sqrt{6})$
$=6-(a+2)\sqrt{6}$
$a+2=0$ $\therefore a=-2$

(4) (주어진 식)$=2a\sqrt{2}-1+5\sqrt{2}-5$
$=(2a+5)\sqrt{2}-6$
$2a+5=0$ $\therefore a=-\frac{5}{2}$

08 (1) $\frac{1}{\sqrt{12}}=\frac{\sqrt{3}}{6}$, $-\frac{15}{\sqrt{45}}=-\sqrt{5}$이므로
$a=\frac{1}{6}$, $b=-1$ $\therefore ab=-\frac{1}{6}$

(2) $-\frac{3\sqrt{7}}{\sqrt{32}}=-\frac{3\sqrt{14}}{8}$, $\frac{5\sqrt{6}}{\sqrt{24}}=\frac{5}{2}$이므로
$a=14$, $b=\frac{5}{2}$ $\therefore ab=35$

(3) $\sqrt{8}\times\frac{\sqrt{2}}{4}+\sqrt{18}\div\frac{\sqrt{6}}{3}=1+3\sqrt{3}$이므로
$a=1$, $b=3$ $\therefore a+b=4$

(4) $(\sqrt{125}+5)\div\sqrt{5}-3=2+\sqrt{5}$이므로
$a=2$, $b=-1$ $\therefore a+b=1$

09 (1) $\sqrt{10}-3-(\sqrt{10}-2)=-1<0$

➡ $\sqrt{10}-3<\sqrt{10}-2$

(3) $\sqrt{8}+\sqrt{15}-(\sqrt{8}+4)=\sqrt{15}-\sqrt{16}<0$

➡ $\sqrt{8}+\sqrt{15}<\sqrt{8}+4$

(7) $6-(\sqrt{24}+1)=\sqrt{25}-\sqrt{24}>0$

➡ $6>\sqrt{24}+1$

내신정복

P. 54~56

01 ⑤	02 ①
03 ④	04 ④
05 ④	06 ⑤
07 ②	08 ③
09 ①	10 ④
11 ⑤	12 ⑤
13 ②, ⑤	14 ④
15 ②, ③	16 ②
17 ④	18 ③

01 ① 0의 제곱근은 0이다.

② 제곱근 25는 5이다.

③ 9의 제곱근은 3, −3이다.

④ −16의 제곱근은 없다.

02 $a=\sqrt{9}=3$

$b=\sqrt{\frac{1}{9}}=\frac{1}{3}$

$\therefore ab=3\times\frac{1}{3}=1$

03 ①, ②, ③, ⑤ −3 ④ 3

04 (주어진 식)$=\sqrt{11^2}\div\sqrt{11^2}-(-\sqrt{10})^2$

$=11\div11-10$

$=1-10$

$=-9$

05 (주어진 식)$=a-b-(b-a)=a-b-b+a$

$=2a-2b$

$=2(a-b)$

06 ① $(1+\sqrt{3})-3=\sqrt{3}-2=\sqrt{3}-\sqrt{4}<0$

$\therefore 1+\sqrt{3}<3$

② $(3-\sqrt{2})-2=1-\sqrt{2}=\sqrt{1}-\sqrt{2}<0$

$\therefore 3-\sqrt{2}<2$

③ $(5-\sqrt{2})-3=2-\sqrt{2}=\sqrt{4}-\sqrt{2}>0$

$\therefore 5-\sqrt{2}>3$

④ $\sqrt{6}>\sqrt{5}$이므로 $\sqrt{6}-1>\sqrt{5}-1$

⑤ $\sqrt{7}>\sqrt{6}$이므로 $\sqrt{10}-\sqrt{7}<\sqrt{10}-\sqrt{6}$

07 ② π는 무리수이다.

③ $\sqrt{81}=9$

④ $\sqrt{\frac{1}{16}}=\frac{1}{4}$

⑤ $\sqrt{0.25}=0.5$

08 피타고라스 정리에 의하여 $\overline{BD}=\overline{BP}=\sqrt{2}$이므로 점 P에 대응하는 수는 $3+\sqrt{2}$이다.

09 (주어진 식)$=\frac{\sqrt{3}}{2\sqrt{2}}\times2\sqrt{6}=\sqrt{\frac{3}{2}\times6}=\sqrt{9}=3$

10 $\sqrt{24}=2\sqrt{6}$이므로 $a=6$

$\sqrt{45}=3\sqrt{5}$이므로 $b=5$

$\therefore a-b=1$

11 ① $\sqrt{20}=2\sqrt{5}$

② $\sqrt{60}=2\sqrt{15}$

③ $\sqrt{8}=2\sqrt{2}$

④ $-\sqrt{\frac{7}{9}}=-\frac{\sqrt{7}}{3}$

⑤ $\frac{3\times2\sqrt{7}}{\sqrt{7}}=6$

12 $\frac{6}{\sqrt{3}}=\frac{6\sqrt{3}}{3}=2\sqrt{3}$이므로 $a=2$

$\frac{10}{\sqrt{8}}=\frac{10}{2\sqrt{2}}=\frac{5}{\sqrt{2}}=\frac{5\sqrt{2}}{2}$이므로 $b=\frac{5}{2}$

$\therefore ab=2\times\frac{5}{2}=5$

13 ② $4\sqrt{3}-\sqrt{3}=3\sqrt{3}$

③ $4\sqrt{6}+2\sqrt{6}=6\sqrt{6}$

④ $2\sqrt{3}-4\sqrt{3}=-2\sqrt{3}$

⑤ $\sqrt{5}+\sqrt{10}$은 더 이상 간단히 할 수 없다.

14 $\sqrt{3}(3\sqrt{2}+\sqrt{6})-\sqrt{6}(\sqrt{3}-3)$

$=3\sqrt{6}+3\sqrt{2}-3\sqrt{2}+3\sqrt{6}=6\sqrt{6}$

15 ① $\sqrt{0.07}=\frac{\sqrt{7}}{10}=\frac{2.646}{10}=0.2646$

② $\sqrt{0.7}=\sqrt{\frac{70}{100}}=\frac{1}{10}\sqrt{70}$

③ $\sqrt{2.8}=\sqrt{\frac{280}{100}}=\frac{2\sqrt{70}}{10}=\frac{1}{5}\sqrt{70}$

④ $\sqrt{700}=10\sqrt{7}=10\times2.646=26.46$

⑤ $\sqrt{2800}=20\sqrt{7}=20\times2.646=52.92$

16 48을 소인수분해하면 $48=2^4\times3$
따라서 $\sqrt{48x}$가 자연수가 되게 하는 가장 작은 자연수 x의 값은 3이다.

17 ㉠$=3a\sqrt{2}-9-2a-3\sqrt{2}$
$=(3a-3)\sqrt{2}-2a-9$
에서 $3a-3=0$ $\therefore a=1$
㉡$=-2-2b\sqrt{6}+4\sqrt{6}+6b$
$=(-2b+4)\sqrt{6}+6b-2$
에서 $-2b+4=0$ $\therefore b=2$

18 (삼각형의 넓이)$=\frac{1}{2}\times3\sqrt{3}\times2\sqrt{6}$
$=3\sqrt{18}=9\sqrt{2}(\text{cm}^2)$
직사각형의 가로의 길이가 $2\sqrt{2}$ cm이므로
(직사각형의 세로의 길이)$=\frac{9\sqrt{2}}{2\sqrt{2}}=\frac{9}{2}(\text{cm})$

Ⅱ. 다항식의 곱셈과 인수분해

1 다항식의 곱셈

P. 58~59

개념 01 곱셈 공식(1)

예 6, 3, 4 / 3, 3, a^2+6a+9, 4, $a^2-8a+16$ / 2, a^2-4

01 (1) $4xy-12x-y^2+3y$
(2) $3xy+3x+6y+6$
(3) $2x^2+6xy-x-3y$
(4) $-3ac+ad-6bc+2bd$
(5) $ax+bx+cx-ay-by-cy$
(6) $15a^2-3a-8b^2-2b-2ab$
(7) $2x^2+3x-3y^2-9y-5xy$
(8) $-x^2+x+3y^2-3y+2xy$

02 (1) x, x, 2, 2 / x^2+4x+4
(2) x, x, 5, 5 / $x^2+10x+25$
(3) $3x$, $3x$, 2, 2 / $9x^2+12x+4$
(4) $2x$, $2x$, 5, 5 / $4x^2+20x+25$
(5) x, x, 3, 3 / x^2-6x+9
(6) x, x, 6, 6 / $x^2-12x+36$
(7) $2x$, $2x$, 1, 1 / $4x^2-4x+1$
(8) $4x$, $4x$, 3, 3 / $16x^2-24x+9$

03 (1) x, 1 / x^2-1 (2) x, 2 / x^2-4
(3) $2x$, 5 / $4x^2-25$
(4) $\frac{1}{3}x$, $4y$ / $\frac{1}{9}x^2-16y^2$

도전! 100점 **04** ②

04 $(-2+x)(-2-x)=4-x^2$

P. 60~61

개념 02 곱셈공식(2)

예 2, 2, x^2+3x+2 / 5, 7, $10x^2+29x+21$

01 (1) 2, 3, 2, 3 / x^2+5x+6
(2) -2, 4, -2, 4 / x^2+2x-8
(3) -2, -5, -2, -5 / $x^2-7x+10$
(4) $-y$, $3y$, $-y$, $3y$ / $x^2+2xy-3y^2$

02 (1) 2, 1, 4, 2 / $2x^2+5x+2$
(2) 20, 35, 8, 14 / $20x^2+43x+14$
(3) 2, 4, -3, -6 / $2x^2+x-6$
(4) -12, $9y$, $4y$, $-3y^2$ / $-12x^2+13xy-3y^2$

03 (1) $x^2+7x+10$ (2) $x^2+10x+21$
(3) $a^2+ab-12b^2$ (4) $x^2+3x-10$
(5) x^2+2x-8 (6) $10x^2+19xy+6y^2$
(7) $6x^2+xy-15y^2$ (8) $42a^2-23ab-10b^2$
(9) $\frac{1}{6}x^2-3xy+12y^2$
(10) $\frac{1}{15}x^2+\frac{1}{15}xy-6y^2$

04 (1) 8 (2) 3
(3) $5x$ (4) $3y$
(5) $5b$

도전! 100점 05 ③ 06 ①

05 $(x-A)(x-6)=x^2-(A+6)x+6A$이므로
$-(A+6)=-B$, $6A=24$
따라서 $A=4$, $B=10$이므로 $AB=40$

06 $(3x+7)(2x-3)=6x^2+5x-21$이므로
$a=6$, $b=5$, $c=-21$ $\therefore a+b+c=-10$

P. 62~63

개념 03 곱셈 공식의 활용

예 30, 60, 961, 2, 60, 841 / 3, 100, 506

01 (1) 2, 400, 10404
(2) 100, 10000, 800, 9216
(3) 100, 10000, 9, 9409

02 (1) 10816 (2) 2601
(3) 5329 (4) 1521
(5) 2401 (6) 9604
(7) 27.04 (8) 7.84

03 (1) 1, 1, 1, 1, 9999 (2) 0.01, 35.99
(3) 1, 100, 10000, 600, 10605
(4) 1, 2, 150, 2652

04 (1) 2496 (2) 9984
(3) 3599 (4) 10506
(5) 9021 (6) 5025
(7) 15.96 (8) 46.8

도전! 100점 05 ③

02 (2) $(50+1)^2=50^2+2\times50\times1+1^2$
$=2500+100+1=2601$
(4) $(40-1)^2=40^2-2\times40\times1+1^2$
$=1600-80+1=1521$
(7) $(5+0.2)^2=5^2+2\times5\times0.2+0.2^2$
$=25+2+0.04=27.04$

04 (4) $102\times103=(100+2)(100+3)$
$=100^2+(2+3)\times100+6$
$=10506$
(8) $(7+0.2)(6+0.5)$
$=42+7\times0.5+0.2\times6+0.1$
$=46.8$

05 $84\times96=(90-6)(90+6)=90^2-6^2=8064$

P. 64~65

개념 04 곱셈 공식을 이용한 제곱근 계산

예 2, $2\sqrt{6}$, $5+2\sqrt{6}$, $\sqrt{3}$, $2\sqrt{6}$, $5-2\sqrt{6}$, 1 / 3, $2-\sqrt{3}$

01 (1) $3+2\sqrt{2}$ (2) $8+2\sqrt{15}$
(3) $11+4\sqrt{7}$ (4) $7-4\sqrt{3}$
(5) $7-2\sqrt{10}$ (6) $16-8\sqrt{3}$
(7) 3 (8) -23
(9) 7

02 (1) $-2+\sqrt{5}$ (2) $-1+\sqrt{2}$
(3) $\frac{3+\sqrt{3}}{6}$ (4) $4-\sqrt{15}$
(5) $3-\sqrt{7}$ (6) $4+2\sqrt{3}$
(7) $12+3\sqrt{15}$ (8) $9+3\sqrt{10}$

03 (1) $2-\sqrt{2}$ (2) $-3+2\sqrt{3}$
(3) $\frac{3\sqrt{3}+\sqrt{15}}{4}$ (4) $-9+4\sqrt{5}$
(5) $7+4\sqrt{3}$

도전! 100점 04 ③

01 (3) $(\sqrt{7}+2)^2=(\sqrt{7})^2+2\times\sqrt{7}\times2+2^2$
$=11+4\sqrt{7}$

(6) $(2\sqrt{3}-2)^2=(2\sqrt{3})^2-2\times2\sqrt{3}\times2+2^2$
$=16-8\sqrt{3}$

(9) (주어진 식)$=(3\sqrt{3})^2-(2\sqrt{5})^2$
$=27-20=7$

02 (1) $\dfrac{1}{2+\sqrt{5}}=\dfrac{-2+\sqrt{5}}{(2+\sqrt{5})(-2+\sqrt{5})}$
$=-2+\sqrt{5}$

(5) $\dfrac{2}{3+\sqrt{7}}=\dfrac{2(3-\sqrt{7})}{(3+\sqrt{7})(3-\sqrt{7})}$
$=\dfrac{2(3-\sqrt{7})}{9-7}=3-\sqrt{7}$

03 (1) $\dfrac{\sqrt{2}}{\sqrt{2}+1}=\dfrac{\sqrt{2}(\sqrt{2}-1)}{(\sqrt{2}+1)(\sqrt{2}-1)}=2-\sqrt{2}$

(4) $\dfrac{(2-\sqrt{5})^2}{(2+\sqrt{5})(2-\sqrt{5})}=\dfrac{9-4\sqrt{5}}{4-5}$
$=-9+4\sqrt{5}$

04 (주어진 식)$=(3+2\sqrt{2})^2+\dfrac{1}{2}(2-\sqrt{2})^2$
$=(9+12\sqrt{2}+8)$
$+\dfrac{1}{2}(4-4\sqrt{2}+2)$
$=20+10\sqrt{2}$

이므로 $a=20$, $b=10$ $\quad\therefore a-b=20-10=10$

P. 66~67

개념 05 곱셈 공식의 변형

예 5 / 6, 1 / 2, 2 / 4, 12

01 (1) 90 (2) $\dfrac{5}{18}$
(3) 50 (4) 13

02 (1) 13 (2) 1
(3) $\dfrac{56}{9}$ (4) 4

03 (1) 23 (2) 47
(3) $\dfrac{17}{4}$ (4) 14
(5) 11 (6) 27
(7) 66

04 (1) 5 (2) 45
(3) 20 (4) 68

도전! 100점 **05** ③

01 (1) $a^2+b^2=(a+b)^2-2ab=100-10=90$
(3) $a^2+b^2=(a-b)^2+2ab=36+14=50$

02 (1) $(a-b)^2=(a+b)^2-4ab=25-12=13$
(3) $(a+b)^2=(a-b)^2+4ab$
$=4+4\times\dfrac{5}{9}=\dfrac{56}{9}$

03 (1) $a^2+\dfrac{1}{a^2}=\left(a+\dfrac{1}{a}\right)^2-2=25-2=23$
(5) $a^2+\dfrac{1}{a^2}=\left(a-\dfrac{1}{a}\right)^2+2=9+2=11$

04 (1) $\left(a-\dfrac{1}{a}\right)^2=\left(a+\dfrac{1}{a}\right)^2-4=9-4=5$
(3) $\left(a+\dfrac{1}{a}\right)^2=\left(a-\dfrac{1}{a}\right)^2+4=16+4=20$

05 $a^2+b^2=(a+b)^2-2ab=16+2=18$
$(a-b)^2=(a+b)^2-4ab=16+4=20$

06 개념정복

P. 68~71

01 (1) $3xy-3x+4y-4$
(2) $2a^2-7ab+6a+5b^2-15b$
(3) $x^2+8x+16$ (4) $9x^2+6x+1$
(5) $\dfrac{1}{4}x^2+xy+y^2$
(6) $25x^2+\dfrac{10}{3}xy+\dfrac{1}{9}y^2$
(7) $4x^2-12xy+9y^2$
(8) $x^2-\dfrac{1}{3}x+\dfrac{1}{36}y^2$
(9) $16a^2-\dfrac{8}{7}ab+\dfrac{1}{49}b^2$
(10) $\dfrac{1}{9}a^2-\dfrac{2}{15}ab+\dfrac{1}{25}b^2$

02 (1) x^2-64　(2) $25-x^2$
(3) a^2-25b^2　(4) $9x^2-49y^2$
(5) $\frac{1}{4}y^2-\frac{4}{25}$　(6) $25a^2-\frac{1}{9}b^2$

03 (1) $x^2+7xy+10y^2$　(2) $x^2-4xy-12y^2$
(3) $x^2-2xy-15y^2$　(4) $a^2-ab-6b^2$
(5) $x^2-3xy+2y^2$　(6) $a^2-8ab+12b^2$
(7) $a^2-ab+\frac{2}{9}b^2$　(8) $x^2+\frac{1}{6}xy-\frac{1}{18}y^2$

04 (1) $5x^2+8x+3$　(2) $2x^2+7x+6$
(3) $12x^2+23x+10$　(4) $6x^2+5x-6$
(5) $6x^2+7x-20$　(6) $20x^2-27x-14$
(7) $2x^2-11x+12$　(8) $-x^2+5x-6$

05 (1) 5　(2) -6
(3) 4　(4) 5
(5) -2　(6) $5x$
(7) $4y$　(8) $-5b$

06 (1) ○　(2) ×
(3) ×　(4) ○

07 (1) 1764　(2) 2209
(3) 89999　(4) 105.06
(5) 13

08 (1) $16+6\sqrt{7}$　(2) $9-4\sqrt{5}$
(3) $28-16\sqrt{3}$　(4) 7
(5) -4　(6) $\frac{2-\sqrt{2}}{2}$
(7) $\frac{3+\sqrt{3}}{3}$　(8) $10+3\sqrt{11}$

09 (1) 13　(2) 34
(3) 8　(4) 81
(5) 18　(6) 2
(7) 21　(8) 40

06 (2) $996^2=(1000-4)^2 \Rightarrow (a-b)^2$
(3) $105\times 94=(100+5)(100-6)$
$\Rightarrow (x+a)(x+b)$

07 (1) $(40+2)^2=40^2+2\times 40\times 2+2^2$
$=1600+160+4=1764$
(2) $(50-3)^2=50^2-2\times 50\times 3+3^2$
$=2500-300+9=2209$
(3) $(300+1)(300-1)=300^2-1^2=89999$
(4) $(10+0.2)(10+0.3)$
$=10^2+(0.2+0.3)\times 10+0.2\times 0.3$
$=100+5+0.06=105.06$
(5) $(5+0.2)(2+0.5)$
$=10+2.5+0.4+0.1=13$

08 (5) (주어진 식)$=(3\sqrt{5})^2-7^2=45-49=-4$
(7) $\frac{2(3+\sqrt{3})}{(3-\sqrt{3})(3+\sqrt{3})}=\frac{2(3+\sqrt{3})}{6}$
$=\frac{3+\sqrt{3}}{3}$
(8) $\frac{(\sqrt{11}+3)^2}{(\sqrt{11}-3)(\sqrt{11}+3)}=\frac{11+6\sqrt{11}+9}{11-9}$
$=10+3\sqrt{11}$

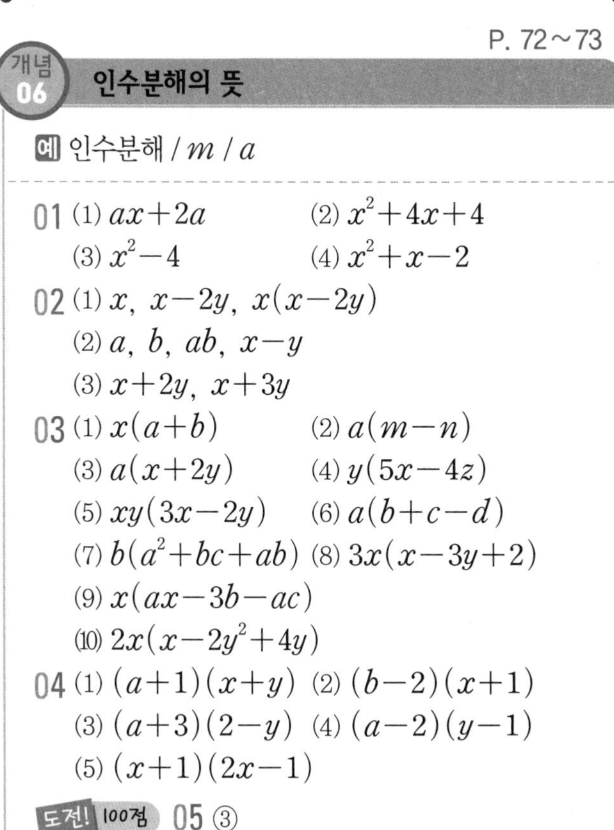

2 인수분해

P. 72~73

개념 06 인수분해의 뜻

예 인수분해 / m / a

01 (1) $ax+2a$　(2) x^2+4x+4
(3) x^2-4　(4) x^2+x-2

02 (1) x, $x-2y$, $x(x-2y)$
(2) a, b, ab, $x-y$
(3) $x+2y$, $x+3y$

03 (1) $x(a+b)$　(2) $a(m-n)$
(3) $a(x+2y)$　(4) $y(5x-4z)$
(5) $xy(3x-2y)$　(6) $a(b+c-d)$
(7) $b(a^2+bc+ab)$　(8) $3x(x-3y+2)$
(9) $x(ax-3b-ac)$
(10) $2x(x-2y^2+4y)$

04 (1) $(a+1)(x+y)$　(2) $(b-2)(x+1)$
(3) $(a+3)(2-y)$　(4) $(a-2)(y-1)$
(5) $(x+1)(2x-1)$

도전! 100점 **05** ③

03 (1) (주어진 식)$=a\times x-b\times x=x(a+b)$

(5) (주어진 식)$=3x\times xy-2y\times xy$
$=xy(3x-2y)$

(8) (주어진 식)$=3x\times x+3x\times(-3y)+3x\times 2$
$=3x(x-3y+2)$

04 (4) $y(a-2)+2-a=y(a-2)-(a-2)$
$=(a-2)(y-1)$

(5) $x(x+1)+(x-1)(x+1)$
$=(x+1)(x+x-1)$
$=(x+1)(2x-1)$

05 $a(x-2)-x+2=a(x-2)-(x-2)$
$=(x-2)(a-1)$

P. 74~75

개념 07 인수분해 공식(1) – 완전제곱식

예 $(x+1)^2$, $(x-2)^2$

01 (1) $(x+2)^2$ (2) $(x+6)^2$
(3) $(x+9)^2$ (4) $(x+y)^2$
(5) $(x+3y)^2$ (6) $(x+7y)^2$

02 (1) $(3x+1)^2$ (2) $(4x+1)^2$
(3) $(5x+2y)^2$ (4) $\left(2x+\frac{1}{4}\right)^2$
(5) $\left(\frac{1}{2}x+1\right)^2$ (6) $\left(\frac{1}{3}x+\frac{1}{2}y\right)^2$

03 (1) $(x-3)^2$ (2) $(x-4)^2$
(3) $(x-5)^2$ (4) $(x-7)^2$
(5) $(x-2y)^2$ (6) $(x-6y)^2$
(7) $(x-9y)^2$ (8) $(x-10y)^2$

04 (1) $(3x-1)^2$ (2) $(6x-1)^2$
(3) $(5x-3y)^2$ (4) $\left(x-\frac{2}{3}\right)^2$
(5) $\left(x-\frac{3}{2}\right)^2$ (6) $\left(\frac{3}{5}x-y\right)^2$

도전! 100점 **05** ⑤

01 (1) $x^2+2\times x\times 2+2^2=(x+2)^2$
(5) $x^2+2\times x\times 3y+(3y)^2=(x+3y)^2$

02 (1) $(3x)^2+2\times 3x\times 1+1^2=(3x+1)^2$
(4) $(2x)^2+2\times 2x\times\frac{1}{4}+\left(\frac{1}{4}\right)^2=\left(2x+\frac{1}{4}\right)^2$

03 (1) $x^2-2\times x\times 3+3^2=(x-3)^2$

04 (1) $(3x)^2-2\times 3x\times 1+1^2=(3x-1)^2$

05 ① $(x-6)^2$ ② $(2a+7)^2$
③ $(x+1)^2$ ④ $\left(a-\frac{1}{5}\right)^2$

P. 76~77

개념 08 완전제곱식이 되기 위한 조건

예 1, 6

01 (1) 9 (2) 25
(3) 36 (4) 4
(5) 16 (6) $\frac{1}{4}$

02 (1) ± 2 (2) ± 8
(3) ± 10 (4) ± 6
(5) ± 14 (6) $\pm\frac{2}{3}$

03 (1) 9 (2) 4
(3) 25

04 (1) ± 10 (2) ± 12
(3) ± 28

05 (1) 4 (2) 49
(3) 16 (4) x^2
(5) 36

도전! 100점 **06** ④

06 $-6x=2\times x\times(-3)$이므로 $a=(-3)^2=9$
$x^2-6x+9=(x-3)^2$이므로 $b=-3$
$\therefore a-b=9-(-3)=9+3=12$

P. 78~79

개념 09 인수분해 공식(2) – 제곱의 차

예 3

01 (1) $(x+1)(x-1)$ (2) $(x+4)(x-4)$
(3) $(x+7)(x-7)$ (4) $(x+8)(x-8)$

(5) $(x+3y)(x-3y)$ (6) $(x+5y)(x-5y)$
(7) $(x+6y)(x-6y)$ (8) $(x+9y)(x-9y)$

02 (1) $(3x+1)(3x-1)$ (2) $(4x+1)(4x-1)$
(3) $(5x+1)(5x-1)$ (4) $(7x+1)(7x-1)$
(5) $(6x+y)(6x-y)$ (6) $(8x+y)(8x-y)$
(7) $(9x+y)(9x-y)$
(8) $(10x+y)(10x-y)$

03 (1) $(2x+5)(2x-5)$
(2) $(3x+8)(3x-8)$
(3) $(5x+6)(5x-6)$
(4) $(3x+5)(3x-5)$
(5) $(4x+7y)(4x-7y)$
(6) $(4x+3)(4x-3)$
(7) $(5x+4)(5x-4)$
(8) $(8x+5y)(8x-5y)$

04 (1) $\left(\frac{1}{3}x+2\right)\left(\frac{1}{3}x-2\right)$
(2) $\left(\frac{1}{4}x+3\right)\left(\frac{1}{4}x-3\right)$
(3) $\left(\frac{1}{2}x+\frac{1}{3}\right)\left(\frac{1}{2}x-\frac{1}{3}\right)$
(4) $\left(\frac{1}{5}x+\frac{1}{2}\right)\left(\frac{1}{5}x-\frac{1}{2}\right)$
(5) $\left(\frac{3}{2}x+5y\right)\left(\frac{3}{2}x-5y\right)$
(6) $\left(\frac{2}{3}x+\frac{5}{4}y\right)\left(\frac{2}{3}x-\frac{5}{4}y\right)$

도전! 100점 05 ③

05 $9x^2-4=(3x)^2-2^2=(3x+2)(3x-2)$

P. 80 ~ 81

개념 10 인수분해 공식(3) – x^2의 계수가 1인 이차식

예 2

01 (1) 1, 3 (2) 2, 3
(3) -2, 3 (4) -2, 5
(5) -3, 2 (6) -5, 3
(7) -1, -6 (8) -2, -4

02 (1) 5, 5, $5x$, $7x$ (2) 2, -2, $-2x$, $2x$
(3) 1, 1, x, $-3x$

03 (1) $(x+1)(x+4)$ (2) $(x+2)(x+6)$
(3) $(x+3)(x-2)$ (4) $(x+8)(x-5)$
(5) $(x+1)(x-2)$ (6) $(x+3)(x-7)$
(7) $(x-1)(x-4)$ (8) $(x-3)(x-6)$

04 (1) $(x+3y)(x+4y)$ (2) $(x+3y)(x+9y)$
(3) $(x+3y)(x-y)$ (4) $(x+2y)(x-6y)$
(5) $(x+3y)(x-8y)$ (6) $(x-4y)(x-7y)$

도전! 100점 05 ③

01 (1) 곱이 3인 두 정수 : $(1, 3)$, $(-1, -3)$
합이 4인 두 정수 : 1, 3
(5) 곱이 -6인 두 정수
$(-1, 6)$, $(-2, 3)$, $(-3, 2)$, $(-6, 1)$
합이 -1인 두 정수 : -3, 2

05 $x^2+5x-14=(x+7)(x-2)$이므로
두 일차식의 합은 $(x+7)+(x-2)=2x+5$

P. 82 ~ 83

개념 11 인수분해 공식(4) – x^2의 계수가 1이 아닌 이차식

예 $2x+1$

01 (1) 3, 3, $3x$, $5x$ (2) 3, 3, $3x$, x
(3) 2, 2, $4x$, $-5x$ (4) $2y$, $2y$, $6xy$, $10xy$
(5) $3y$, $-3y$, $-6xy$, $-11xy$

02 (1) $(x+1)(2x+1)$ (2) $(x+3)(5x+2)$
(3) $(2x+5)(2x-1)$ (4) $(2x+3)(3x-4)$
(5) $(x-2)(2x+3)$ (6) $(3x+2)(3x-4)$
(7) $(x-3)(3x-2)$ (8) $(2x-3)(3x-4)$

03 (1) $(2x+y)(3x+2y)$
(2) $(3x-2y)(3x+4y)$
(3) $(2x+5y)(3x-2y)$
(4) $(2x+y)(4x-3y)$
(5) $(x-2y)(6x-y)$
(6) $(3x-2y)(4x-y)$

도전! 100점 04 ②

04 $2x^2-9x+4=(x-4)(2x-1)$
$6x^2+5x-4=(2x-1)(3x+4)$
따라서 구하는 공통인수는 $2x-1$이다.

개념 12 복잡한 식의 인수분해

P. 84~85

예 $x-2$, $x-1$ / $A+1$, $(x+2)^2$ / $x+1$, $x-y-2$

01 (1) $-(x+2)^2$ (2) $-(x-3)^2$
(3) $3(x+3)(x-3)$
(4) $2(x-2)(x+3)$
(5) $-4(x-y)(x-2y)$
(6) $3(x+2y)(2x+3y)$

02 (1) $x(x+1)^2$ (2) $xy(x+2)^2$
(3) $2y(x-1)^2$ (4) $x(x+3y)(x-3y)$
(5) $3y(x+y)(x+2y)$
(6) $2xy(x-2y)(2x-y)$

03 (1) $(x-1)^2$ (2) $(3x+4)(x+2)$
(3) $(x+5y+1)(x+5y-6)$
(4) $(3x-2y+2)(9x-6y+4)$

04 (1) $(x+5)(y-3)$ (2) $(x-y)(x+y+3)$
(3) $(x-2)(y+1)$ (4) $(3x+5z)(2y-1)$

05 (1) $(x+y+1)(x-y+1)$
(2) $(x+2y+3)(x+2y-3)$
(3) $(x+y+2)(x-y-2)$
(4) $(1+2a+b)(1-2a-b)$

도전! 100점 06 ② 07 ⑤

01 (1) $-x^2-4x-4=-(x^2+4x+4)$
$=-(x+2)^2$
(3) $3x^2-27=3(x^2-9)=3(x+3)(x-3)$
(5) $-4x^2+12xy-8y^2=-4(x^2-3xy+2y^2)$
$=-4(x-y)(x-2y)$

03 (1) $x-2=A$로 치환하면
$A^2+2A+1=(A+1)^2$,
$A=x-2$ 대입하면 $(x-2+1)^2=(x-1)^2$
(2) $2x+3=A$, $x+1=B$로 치환하면
$A^2-B^2=(A+B)(A-B)$
$=(2x+3+x+1)(2x+3-x-1)$
$=(3x+4)(x+2)$

04 (1) (주어진 식)$=x(y-3)+5(y-3)$
$=(x+5)(y-3)$
(2) (주어진 식)$=(x+y)(x-y)+3(x-y)$
$=(x-y)(x+y+3)$
(3) (주어진 식)$=xy+x-2y-2$
$=x(y+1)-2(y+1)$
$=(x-2)(y+1)$
(4) (주어진 식)$=3x(2y-1)+5z(-1+2y)$
$=(3x+5z)(2y-1)$

05 (3) (주어진 식)$=x^2-(y^2+4y+4)$
$=x^2-(y+2)^2$
$=(x+y+2)(x-y-2)$

06 $x+2=A$라 하면
$A^2-8A+16=(A-4)^2=(x-2)^2$
$=(x+a)^2$
$\therefore a=-2$

07 $x^2y^2-x^2-y^2+1$
$=x^2(y^2-1)-(y^2-1)=(x^2-1)(y^2-1)$
$=(x+1)(x-1)(y+1)(y-1)$
따라서 인수가 아닌 것은 ⑤ $xy-1$이다.

개념 13 수의 계산과 식의 값

P. 86~87

예 10, 1000 / 4, 10000

01 (1) 2700 (2) 11700
(3) 12300 (4) 1400
(5) 9800 (6) 3900

02 (1) 2500 (2) 3600
(3) 100 (4) 900
(5) 4800 (6) 7000
(7) -2600 (8) 64

03 (1) 10000 (2) 200
(3) 5 (4) $2-3\sqrt{2}$
(5) $12\sqrt{6}$ (6) 400
(7) 12 (8) 6

04 (1) 20 (2) 96
(3) 13 (4) $\sqrt{6}$
(5) 14

도전! 100점 05 ①

01 (1) (주어진 식)$=27\times(33+67)$
$=27\times100=2700$
(4) (주어진 식)$=14\times(128-28)$
$=14\times100=1400$

02 (1) (주어진 식)$=(33+17)^2=50^2=2500$
(5) (주어진 식)$=(74+26)(74-26)$
$=100\times48=4800$

03 (2) $x^2-6x-16=(x-8)(x+2)$
$=(18-8)(18+2)=200$
(3) $x^2-8x+16=(x-4)^2$
$=(4+\sqrt{5}-4)^2=5$
(4) $x^2+x-2=(x+2)(x-1)$
$=(-2+\sqrt{2}+2)(-2+\sqrt{2}-1)$
$=\sqrt{2}(\sqrt{2}-3)=2-3\sqrt{2}$
(8) $x=\sqrt{10}+3$, $y=\sqrt{10}-3$이고
$x^2y-xy^2=xy(x-y)$
$=1\cdot(\sqrt{10}+3-\sqrt{10}+3)$
$=6$

04 (2) $2xy^2-2x^2y=2xy(y-x)$
$=2\times(-8)\times(-6)=96$
(5) $x^2+2x+1-y^2=(x+1)^2-y^2$
$=(x+y+1)(x-y+1)$
$=(4+\sqrt{2})(4-\sqrt{2})$
$=16-2=14$

05 $7.6^2+2\times7.6\times2.4+2.4^2$
$=(7.6+2.4)^2=10^2=100$

개념정복 P. 88～91

01 (1) x, $x-3$, $(x-3)^2$
(2) 2, $a+1$, $2(b-5)$
(3) $3x$, xy, $y(1-y)$
(4) $2a-b$, a^2+3ab

02 (1) $xy(2x-5y)$ (2) $ab(a+b+c)$
(3) $(a+3)(x+y)$ (4) $(x-1)(2x+3)$

03 (1) $(x+4)^2$ (2) $(2x+3)^2$
(3) $\left(x+\frac{1}{5}\right)^2$ (4) $(x-8)^2$
(5) $(4x-7y)^2$ (6) $\left(x-\frac{1}{4}y\right)^2$
(7) $\left(\frac{4}{3}a-2\right)^2$ (8) $\left(\frac{1}{5}a+\frac{3}{2}b\right)^2$

04 (1) 16 (2) ±12
(3) 9 (4) ±12
(5) 9 (6) 64
(7) $\pm3a$ (8) $4b^2$

05 (1) $(x+2)(x-2)$ (2) $(6x+1)(6x-1)$
(3) $(2x+7)(2x-7)$
(4) $\left(\frac{2}{3}x+2\right)\left(\frac{2}{3}x-2\right)$
(5) $(8x+3y)(8x-3y)$
(6) $(11+12y)(11-12y)$
(7) $(0.4a+0.5b)(0.4a-0.5b)$
(8) $\left(\frac{5}{6}a+\frac{2}{7}b\right)\left(\frac{5}{6}a-\frac{2}{7}b\right)$

06 (1) $(x+1)(x+3)$ (2) $(x-2)(x-4)$
(3) $(x-y)(x+5y)$
(4) $(x+2y)(x-8y)$
(5) $(a-2)(a+3)$ (6) $(b+3)(b+5)$
(7) $(a+7b)(a-8b)$
(8) $(a-7b)(a-5b)$

07 (1) $(x+2)(3x+1)$
(2) $(2x-3)(3x+7)$
(3) $(2x+3y)(2x-5y)$
(4) $(x-2y)(5x-y)$
(5) $(2a+1)(3a-2)$
(6) $(7b-1)(b+3)$
(7) $(2a-b)(5a-3b)$
(8) $(3a-2b)(5a+3b)$

08 (1) $4(x+2)(x-2)$
(2) $-2(x-1)(x+3)$
(3) $xy(x-1)^2$ (4) $x(3x-1)(3x-2)$
(5) $(x-5)^2$ (6) $(4x+1)(2x+3)$
(7) $(x+y-2)(x+y-5)$

(8) $(a+1)(b-7)$

(9) $(x-5y+2)(x-5y-2)$

09 (1) 8100 (2) 6400

(3) 2500 (4) 600

(5) 10000 (6) 28

(7) 48 (8) 7200

08 (3) $x^3y-2x^2y+xy=xy\times x^2-2x\times xy+xy$
$=xy(x^2-2x+1)$
$=xy(x-1)^2$

(9) (주어진 식)$=(x^2-10xy+25y^2)-4$
$=(x-5y)^2-2^2$
$=(x-5y+2)(x-5y-2)$

09 (8) $4x^2-y^2=(2x+y)(2x-y)$
$=100\times72=7200$

내신정복 P. 92~94

01 ④	02 ⑤
03 ③	04 ②
05 ①	06 ④
07 ③	08 ②
09 ②	10 ③
11 ④	12 ⑤
13 ④	14 ③
15 ①	16 ③
17 ⑤	18 ②
19 ①	20 ④

01 $(4x-3y)^2=16x^2-24xy+9y^2$이므로
y^2의 계수는 9이다.

02 $(x+6)(x+a)=x^2+(6+a)x+6a$
$=x^2+4x+b$
이므로 $6+a=4$, $6a=b$
따라서 $a=-2$, $b=-12$이므로
$a+b=-2+(-12)=-14$

03 $995\times1005=(1000-5)(1000+5)$
$=1000^2-5^2=999975$

04 $(x-7)(x+8)=x^2+x-56$이므로
$A=1$, $B=-56$
$\therefore A+B=-55$

05 $(5x-2)(6x+1)=30x^2-7x-2$이므로
x의 계수는 -7, 상수항은 -2이다.
따라서 x의 계수와 상수항의 합은 -9

06 ④ $(x-9)(x+5)=x^2+(-9+5)x-9\times5$
$=x^2-4x-45$

07 $(x-y)^2=(x+y)^2-4xy$
$=3^2-4\times2=9-8=1$

08 $(ax-4)(2x-3)=2ax^2-(3a+8)x+12$
$=6x^2-bx+12$
이므로 $2a=6$, $3a+8=b$
따라서 $a=3$, $b=17$이므로 $a-b=-14$

09 $xy(a-b)+x(a-b)=(xy+x)(a-b)$
$=x(y+1)(a-b)$

10 $10x=2\times\frac{1}{2}x\times10$이므로 $\square=10^2=100$

11 ① $(x+2)^2$ ② $(5a-1)^2$
③ $(x-1)^2$ ⑤ $(5x-3y)^2$

12 $4x=2\times x\times2$이므로 $a=2^2=4$
$x^2+4x+4=(x+2)^2$이므로 $b=2$
$\therefore ab=8$

13 $25x^2-64=(5x)^2-8^2=(5x+8)(5x-8)$

14 $x^2-6x-7=(x+1)(x-7)$이므로
두 일차식의 합은
$(x+1)+(x-7)=2x-6$

15 ① $y^2-4y+4=(y-2)^2$

16 $a^2+2a+1=(a+1)^2=(\sqrt{3}-1+1)^2=3$

17 $3x^2-10x-8=(x-4)(3x+2)$
$6x^2+x-2=(2x-1)(3x+2)$
따라서 구하는 공통인수는 $3x+2$이다.

18 $11.2^2-2\times11.2\times1.2+1.2^2$
$=(11.2-1.2)^2=10^2=100$

19 $3x-2=A$, $x+1=B$라 하면

$$A^2-B^2=(A+B)(A-B)$$
$$=(3x-2+x+1)(3x-2-x-1)$$
$$=(4x-1)(2x-3)$$

따라서 $a=-1$, $b=2$이므로 $ab=-1\times2=-2$

20 (주어진 식)$=x^2-y^2-3x+3y$
$$=(x+y)(x-y)-3(x-y)$$
$$=(x-y)(x+y-3)$$

따라서 $A=-1$, $B=1$, $C=-3$이므로
$$A+B+C=-1+1+(-3)$$
$$=-1+1-3=-3$$

Ⅲ. 이차방정식

1 이차방정식의 풀이

P. 96 ~ 97

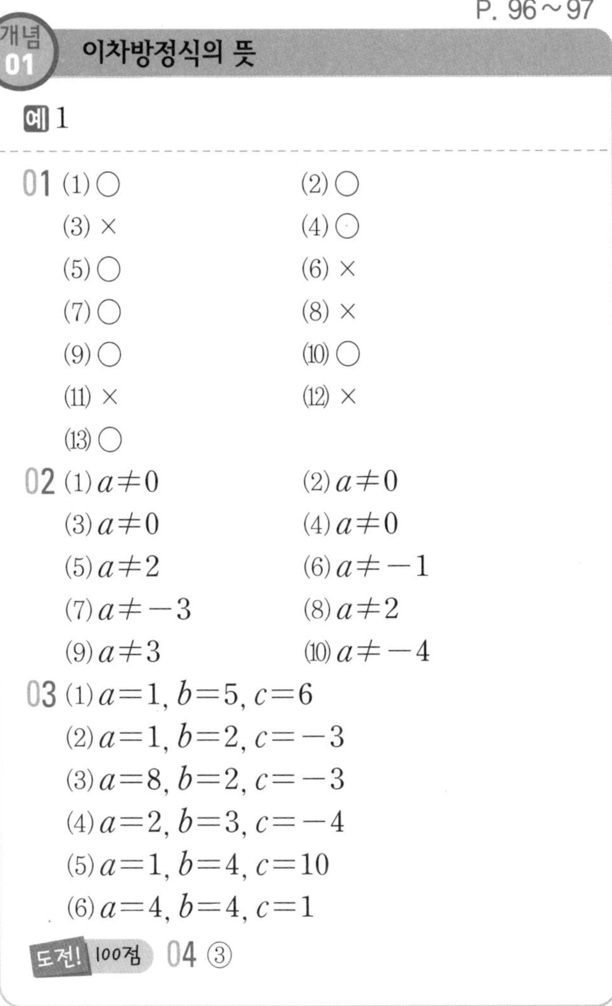

개념 01 이차방정식의 뜻

예 1

01 (1) ○ (2) ○
(3) × (4) ○
(5) ○ (6) ×
(7) ○ (8) ×
(9) ○ (10) ○
(11) × (12) ×
(13) ○

02 (1) $a\neq0$ (2) $a\neq0$
(3) $a\neq0$ (4) $a\neq0$
(5) $a\neq2$ (6) $a\neq-1$
(7) $a\neq-3$ (8) $a\neq2$
(9) $a\neq3$ (10) $a\neq-4$

03 (1) $a=1$, $b=5$, $c=6$
(2) $a=1$, $b=2$, $c=-3$
(3) $a=8$, $b=2$, $c=-3$
(4) $a=2$, $b=3$, $c=-4$
(5) $a=1$, $b=4$, $c=10$
(6) $a=4$, $b=4$, $c=1$

도전! 100점 04 ③

01 (10) 모든 항을 좌변으로 이항하면
$2x^2-5x=0$이므로 이차방정식
(11) 모든 항을 좌변으로 이항하면
$-2x+2=0$이므로 이차방정식이 아니다.

02 (8) 모든 항을 좌변으로 이항하면
$(a-2)x^2-5x+2=0$에서 $a-2\neq0$이므로
$a\neq2$

03 (1) 주어진 식을 전개하면 x^2+5x+6에서
$a=1$, $b=5$, $c=6$
(6) 주어진 식을 전개하면
$9x^2-6x+1=5x^2-10x$, $4x^2+4x+1=0$
에서 $a=4$, $b=4$, $c=1$

04 ① $x^2+x-4=0$ ② $x^2-5x=0$
③ $x+2=0$ ④ $x^2+1=0$
⑤ $3x^2-2x=0$

P. 98~99

개념 02 이차방정식의 해

예 1 / 0, 2

01 (1) ○ (2) ○
(3) ○ (4) ×
(5) × (6) ×
(7) ○ (8) ×
(9) × (10) ○
(11) ○ (12) ×

02 (1) $x=0$ (2) $x=-1$ 또는 $x=1$
(3) $x=1$ (4) $x=-1$

03 (1) $x=0$ 또는 $x=1$ (2) $x=2$
(3) $x=1$ (4) $x=-1$

04 (1) -3 (2) -2
(3) -1 (4) 1
(5) 5 (6) 2

도전! 100점 05 ③

01 (10) $x^2+x=2x+2$ ➡ $x^2-x-2=0$에서
$x=-1$을 대입하면 $(-1)^2-(-1)-2=0$
$\therefore x=-1$은 해이다.

02 (1) $x=-1$일 때, (좌변)$=1-2=-1$
$x=0$일 때, (좌변)$=0$
$x=1$일 때, (좌변)$=1+2=3$

04 (1) x^2+2x+a에 $x=1$을 대입하면
$1+2+a=0$ $\therefore a=-3$
(6) $2x^2+x+1=3-ax$에 $x=-2$를 대입하면
$8-2+1=3+2a$, $2a=4$ $\therefore a=2$

05 $x=-1$일 때, (좌변)$=1+3-4=0$
$x=0$일 때, (좌변)$=-4$
$x=1$일 때, (좌변)$=1-3-4=-6$
따라서 해는 $x=-1$뿐이므로 구하는 합은 -1이다.

P. 100~101

개념 03 인수분해를 이용한 이차방정식의 풀이

예 0, 2 / 3

01 (1) $x=2$ 또는 $x=-3$
(2) $x=-5$ 또는 $x=2$
(3) $x=-7$ 또는 $x=7$
(4) $x=-1$ 또는 $x=-4$
(5) $x=0$ 또는 $x=-2$
(6) $x=-\frac{3}{2}$ 또는 $x=\frac{2}{3}$

02 (1) $x=0$ 또는 $x=2$
(2) $x=0$ 또는 $x=5$
(3) $x=0$ 또는 $x=-3$
(4) $x=0$ 또는 $x=-8$
(5) $x=0$ 또는 $x=2$
(6) $x=0$ 또는 $x=-4$

03 (1) $x=-2$ 또는 $x=2$
(2) $x=-5$ 또는 $x=5$
(3) $x=-4$ 또는 $x=4$
(4) $x=-\frac{3}{2}$ 또는 $x=\frac{3}{2}$

04 (1) $x=-1$ 또는 $x=-2$
(2) $x=-3$ 또는 $x=1$
(3) $x=-2$ 또는 $x=3$
(4) $x=1$ 또는 $x=6$
(5) $x=-4$ 또는 $x=3$

05 (1) $x=-1$ 또는 $x=-\frac{1}{2}$
(2) $x=-1$ 또는 $x=\frac{1}{3}$
(3) $x=-\frac{2}{5}$ 또는 $x=1$
(4) $x=\frac{1}{3}$ 또는 $x=\frac{1}{2}$
(5) $x=-\frac{1}{2}$ 또는 $x=4$

도전! 100점 06 ③

02 (5) $3x^2-6x=0$ ➡ $3x(x-2)=0$
➡ $x=0$ 또는 $x=2$

03 (4) $4x^2-9=0$ ➡ $(2x+3)(2x-3)=0$
➡ $x=-\frac{3}{2}$ 또는 $x=\frac{3}{2}$

05 (1) $2x^2+3x+1=0 \Rightarrow (x+1)(2x+1)=0$

$\Rightarrow x=-1$ 또는 $x=-\frac{1}{2}$

(5) $2x^2-7x-4=0 \Rightarrow (2x+1)(x-4)=0$

$\Rightarrow x=-\frac{1}{2}$ 또는 $x=4$

06 $(x-2)(x-5)=0 \quad \therefore x=2$ 또는 $x=5$

$(x+4)(x-2)=0 \quad \therefore x=-4$ 또는 $x=2$

따라서 구하는 해는 $x=2$

P. 102～103

개념 04 이차방정식의 중근

예 1 / 1

---

01 (1) $x=-5$(중근) (2) $x=-\frac{1}{2}$(중근)

(3) $x=-4$(중근) (4) $x=-9$(중근)

(5) $x=-\frac{1}{5}$(중근) (6) $x=-\frac{5}{2}$(중근)

02 (1) $x=4$(중근) (2) $x=\frac{2}{3}$(중근)

(3) $x=2$(중근) (4) $x=6$(중근)

(5) $x=\frac{1}{3}$(중근) (6) $x=\frac{4}{3}$(중근)

03 (1) 16 (2) 49

(3) $\frac{9}{4}$ (4) 7

(5) 3

04 (1) ±2 (2) ±6

(3) ±8 (4) ±10

(5) $\pm\frac{4}{5}$ (6) ±40

(7) ±20 (8) ±15

(9) ±6

도전! 100점 05 ④

01 (3) $x^2+8x+16=0 \Rightarrow (x+4)^2=0$

$\Rightarrow x=-4$(중근)

(6) $4x^2+20x+25=0 \Rightarrow (2x+5)^2=0$

$\Rightarrow x=-\frac{5}{2}$(중근)

03 (1) $k=\left(\frac{8}{2}\right)^2=16$

(4) $k-3=\left(\frac{4}{2}\right)^2=4 \Rightarrow k=7$

04 (1) $\left(\frac{k}{2}\right)^2=1 \Rightarrow k^2=4 \Rightarrow k=\pm2$

(6) $\pm(2\times4x\times5)=kx \Rightarrow k=\pm40$

(8) $\pm(2\times3x\times\frac{5}{2})=kx \Rightarrow k=\pm15$

05 $-4=2\times1\times(-2)$이므로

$2k-2=(-2)^2=4$, $2k=6$

$\therefore k=3$

P. 104～105

개념 05 제곱근을 이용한 이차방정식의 풀이

예 $\pm\sqrt{2}$ / $\pm\frac{\sqrt{6}}{2}$ / $1\pm\sqrt{2}$ / $-1\pm\sqrt{2}$

---

01 (1) $x=\pm2$ (2) $x=\pm2\sqrt{3}$

(3) $x=\pm\frac{2}{5}$ (4) $x=\pm\frac{\sqrt{14}}{3}$

(5) $x=\pm\sqrt{3}$ (6) $x=\pm\sqrt{7}$

02 (1) $x=\pm\sqrt{6}$ (2) $x=\pm2\sqrt{3}$

(3) $x=\pm3$ (4) $x=\pm\frac{7\sqrt{2}}{2}$

(5) $x=\pm\sqrt{5}$ (6) $x=\pm\frac{\sqrt{2}}{3}$

03 (1) $x=-1\pm\sqrt{3}$ (2) $x=-3\pm2\sqrt{2}$

(3) $x=-2\pm\frac{\sqrt{21}}{3}$ (4) $x=-1$ 또는 $x=9$

(5) $x=6\pm2\sqrt{3}$ (6) $x=3\pm\frac{\sqrt{3}}{2}$

(7) $x=-5\pm3\sqrt{2}$ (8) $x=-1$ 또는 $x=5$

04 (1) $x=-2\pm\sqrt{5}$ (2) $x=-2$ 또는 $x=1$

(3) $x=1\pm\sqrt{6}$ (4) $x=5\pm\frac{5\sqrt{3}}{3}$

(5) $x=-1\pm2\sqrt{3}$ (6) $x=2\pm\frac{\sqrt{15}}{3}$

도전! 100점 05 ③

02 (2) $x^2=12 \Rightarrow x=\pm\sqrt{12}=\pm2\sqrt{3}$

(4) $x^2=\frac{49}{2} \Rightarrow x=\pm\frac{\sqrt{49}}{\sqrt{2}}=\pm\frac{7\sqrt{2}}{2}$

03 (1) $x+1=\pm\sqrt{3}$ ➡ $x=-1\pm\sqrt{3}$
(4) $x-4=\pm\sqrt{25}$ ➡ $x=4\pm5$
➡ $x=-1$ 또는 $x=9$

04 (1) $(x+2)^2=5$ ➡ $x+2=\pm\sqrt{5}$
➡ $x=-2\pm\sqrt{5}$
(2) $\left(x+\frac{1}{2}\right)^2=\frac{9}{4}$ ➡ $x+\frac{1}{2}=\pm\frac{3}{2}$
➡ $x=-2$ 또는 $x=1$

05 $x+4=\pm\sqrt{7}$이므로 $x=-4\pm\sqrt{7}$
따라서 $a=-4$, $b=7$이므로 $a+b=-4+7=3$

P. 106~107

개념 06 완전제곱식을 이용한 이차방정식의 풀이

예 $x-2$ / $2\pm\sqrt{7}$

01 (1) $(x+3)^2=10$ (2) $(x+4)^2=13$
(3) $(x-1)^2=6$ (4) $(x-2)^2=11$
(5) $(x+2)^2=3$ (6) $(x-3)^2=7$

02 (1) $(x+3)^2=11$ (2) $(x+2)^2=5$
(3) $(x-1)^2=2$ (4) $(x-2)^2=2$
(5) $(x+1)^2=3$ (6) $(x-4)^2=12$

03 (1) $x=-1\pm\sqrt{2}$ (2) $x=-2\pm2\sqrt{2}$
(3) $x=-5\pm\sqrt{15}$ (4) $x=1\pm\sqrt{5}$
(5) $x=3\pm\sqrt{5}$ (6) $x=4\pm\sqrt{7}$
(7) $x=-2\pm\sqrt{7}$ (8) $x=-\frac{5}{2}\pm\frac{\sqrt{29}}{2}$
(9) $x=4\pm2\sqrt{3}$ (10) $x=\frac{3}{2}\pm\frac{\sqrt{5}}{2}$

04 (1) $x=-1\pm\sqrt{3}$ (2) $x=-1\pm\sqrt{6}$
(3) $x=2\pm\sqrt{7}$ (4) $x=3\pm\sqrt{13}$
(5) $x=-1\pm\sqrt{5}$ (6) $x=2\pm\sqrt{2}$

도전! 100점 05 ①

01 (1) $x^2+6x+9=1+9$ ➡ $(x+3)^2=10$
(5) $x^2+4x=-1$ ➡ $x^2+4x+4=-1+4$
➡ $(x+2)^2=3$

02 (1) $3x^2+18x=6$ ➡ $x^2+6x=2$
➡ $x^2+6x+9=2+9$
➡ $(x+3)^2=11$
(5) $2x^2+4x=4$ ➡ $x^2+2x=2$
➡ $x^2+2x+1=2+1$
➡ $(x+1)^2=3$

03 (1) $x^2+2x+1=1+1$ ➡ $(x+1)^2=2$
➡ $x+1=\pm\sqrt{2}$
$\therefore x=-1\pm\sqrt{2}$
(7) $x^2+4x+4=3+4$ ➡ $(x+2)^2=7$
➡ $x+2=\pm\sqrt{7}$
$\therefore x=-2\pm\sqrt{7}$

04 (1) $x^2+2x=2$ ➡ $x^2+2x+1=3$ ➡ $(x+1)^2=3$
➡ $x+1=\pm\sqrt{3}$ $\therefore x=-1\pm\sqrt{3}$
(6) $4(x^2-4x+4)=-8+16$ ➡ $(x-2)^2=2$
➡ $x-2=\pm\sqrt{2}$ $\therefore x=2\pm\sqrt{2}$

05 $x^2-10x=-17$, $x^2-10x+25=-17+25$,
$(x-5)^2=8$ $\therefore a=-5$, $b=8$

P. 108~109

개념 07 이차방정식의 근의 공식

예 $\frac{1\pm\sqrt{17}}{4}$ / $-1\pm\sqrt{6}$

01 (1) $x=\frac{-1\pm\sqrt{13}}{2}$ (2) $x=\frac{-5\pm\sqrt{13}}{2}$
(3) $x=-1$ 또는 $x=2$ (4) $x=\frac{3\pm\sqrt{5}}{2}$
(5) $x=\frac{7\pm\sqrt{69}}{2}$ (6) $x=\frac{-3\pm\sqrt{17}}{4}$
(7) $x=\frac{-5\pm\sqrt{13}}{6}$ (8) $x=\frac{-1\pm\sqrt{41}}{10}$
(9) $x=\frac{5\pm\sqrt{73}}{12}$ (10) $x=\frac{7\pm\sqrt{37}}{6}$

02 (1) $x=-1\pm\sqrt{3}$ (2) $x=-2\pm\sqrt{5}$
(3) $x=-4$ 또는 $x=6$ (4) $x=2\pm2\sqrt{3}$
(5) $x=3\pm\sqrt{6}$ (6) $x=\frac{-2\pm\sqrt{10}}{2}$
(7) $x=\frac{-5\pm\sqrt{15}}{2}$ (8) $x=\frac{-4\pm\sqrt{10}}{3}$

(9) $x=\frac{1}{5}$ 또는 $x=1$

03 (1) -3 (2) -2
(3) -4 (4) -2
(5) $\frac{1}{2}$

도전! 100점 04 ②

01 (1) $a=1, b=1, c=-3$이므로
$x=\frac{-1\pm\sqrt{1^2-4\times1\times(-3)}}{2}=\frac{-1\pm\sqrt{13}}{2}$

02 (1) $a=1, b'=1, c=-2$이므로
$x=-1\pm\sqrt{1^2-(-2)}=-1\pm\sqrt{3}$

03 (1) $x=\frac{-1\pm\sqrt{1^2-4a}}{2}=\frac{-1\pm\sqrt{13}}{2}$,
$1-4a=13, 4a=-12 \quad \therefore a=-3$
(4) $x^2+4x+a=0$에서 $b'=2$이므로
$x=-2\pm\sqrt{2^2-a}=-2\pm\sqrt{6}, 4-a=6$
$\therefore a=-2$

04 $x=\frac{3\pm\sqrt{9+24}}{4}=\frac{3\pm\sqrt{33}}{4}$이므로 $a=3, b=33$
$\therefore a+b=3+33=36$

P. 110 ~ 111

개념 08 복잡한 이차방정식의 풀이

예 2, 4 / 2, 4 / 3, 1 / A, A

01 (1) $x=-1$ (중근) (2) $x=\frac{-2\pm\sqrt{14}}{2}$
(3) $x=\frac{7\pm3\sqrt{5}}{2}$ (4) $x=\frac{1\pm\sqrt{17}}{2}$
(5) $x=-1$ 또는 $x=7$

02 (1) $x=\frac{-8\pm\sqrt{46}}{6}$ (2) $x=-9$ 또는 $x=3$
(3) $x=\frac{-3\pm\sqrt{41}}{8}$ (4) $x=\frac{1\pm\sqrt{5}}{4}$
(5) $x=1$ 또는 $x=2$

03 (1) $x=-2$ (중근) (2) $x=-1$ 또는 $x=\frac{1}{4}$
(3) $x=-1$ 또는 $x=3$
(4) $x=\frac{1\pm\sqrt{7}}{3}$

04 (1) $A^2+10A+25=0$
(2) $A^2+3A-28=0$
(3) $A^2-2A-15=0$
(4) $3A^2-7A+4=0$

05 (1) $x=-1$ (중근) (2) $x=-7$ 또는 $x=2$
(3) $x=0$ 또는 $x=7$ (4) $x=\frac{2}{3}$ 또는 $x=3$

도전! 100점 06 ⑤

01 (1) $x^2-2x+1+4x=0, x^2+2x+1=0$
$(x+1)^2=0 \quad \therefore x=-1$(중근)
(2) $2(x^2+2x+1)-7=0, 2x^2+4x-5=0$
$\therefore x=\frac{-2\pm\sqrt{14}}{2}$

02 (1) (양변)$\times12$를 하면 $6x^2+16x+3=0$
근의 공식을 이용하여 $x=\frac{-8\pm\sqrt{46}}{6}$
(2) (양변)$\times3$을 하면 $x^2+6x-27=0$
$(x+9)(x-3)=0 \quad \therefore x=-9$ 또는 $x=3$

03 (1) (양변)$\times10$을 하면 $x^2+4x+4=0$
$(x+2)^2=0 \quad \therefore x=-2$(중근)

05 (1) $x+3=A$로 치환하면 $A^2-4A+4=0$
$(A-2)^2=0, x+3=2$
$\therefore x=-1$(중근)
(4) $x-1=A$로 치환하면 $3A^2-5A-2=0$
$(3A+1)(A-2)=0$,
$x-1=-\frac{1}{3}$ 또는 $x-1=2$
$\therefore x=\frac{2}{3}$ 또는 $x=3$

06 양변에 10을 곱하면 $5x^2-7x+2=0$이므로
$(x-1)(5x-2)=0 \quad \therefore x=1$ 또는 $x=\frac{2}{5}$
따라서 두 근의 합은 $x=\frac{7}{5}$

개념정복 P. 112~115

01 (1) ○ (2) × (3) ○ (4) × (5) ×

02 (1) $a\neq0$ (2) $a\neq-2$ (3) $a\neq4$ (4) $a\neq-6$ (5) $a\neq5$

03 (1) ○ (2) ○ (3) × (4) × (5) ○

04 (1) 0 (2) 5 (3) -2 (4) 3 (5) -1

05 (1) $x=1$ 또는 $x=3$ (2) $x=0$ 또는 $x=4$ (3) $x=2$ 또는 $x=\frac{5}{2}$ (4) $x=-1$ 또는 $x=\frac{1}{3}$ (5) $x=3$ 또는 $x=-\frac{5}{4}$

06 (1) $x=0$ 또는 $x=-4$ (2) $x=-1$ 또는 $x=1$ (3) $x=-3$ 또는 $x=7$ (4) $x=\frac{1}{2}$ 또는 $x=\frac{3}{2}$ (5) $x=-\frac{1}{2}$ 또는 $x=-3$

07 (1) $x=-3$(중근) (2) $x=-\frac{1}{4}$(중근) (3) $x=7$(중근) (4) $x=5$(중근) (5) $x=-\frac{11}{7}$(중근)

08 (1) 9 (2) 2 (3) ±12 (4) ±12 (5) ±15

09 (1) $x=\pm2\sqrt{2}$ (2) $x=\pm3$ (3) $x=\pm\sqrt{5}$ (4) $x=\pm\frac{2\sqrt{3}}{3}$ (5) $x=\pm2\sqrt{3}$

10 (1) $x=1\pm\sqrt{6}$ (2) $x=-5$ 또는 $x=1$ (3) $x=4\pm\sqrt{2}$ (4) $x=-1\pm\sqrt{3}$ (5) $x=3\pm\frac{\sqrt{6}}{3}$

11 (1) $(x+2)^2=2$ (2) $(x-4)^2=18$ (3) $(x+7)^2=40$ (4) $(x+3)^2=10$ (5) $\left(x-\frac{1}{4}\right)^2=\frac{1}{8}$

12 (1) $x=-3\pm\sqrt{7}$ (2) $x=5\pm4\sqrt{2}$ (3) $x=4\pm\sqrt{3}$ (4) $1\pm\sqrt{5}$ (5) $x=4\pm2\sqrt{3}$

13 (1) $x=\frac{-3\pm\sqrt{17}}{2}$ (2) $x=\frac{1\pm\sqrt{13}}{6}$ (3) $x=-3\pm\sqrt{7}$ (4) $x=\frac{4\pm\sqrt{6}}{2}$ (5) $x=1\pm\sqrt{5}$

14 (1) 5 (2) -2 (3) 6 (4) 3 (5) -7

15 (1) $x=-3$(중근) (2) $x=\frac{3\pm\sqrt{3}}{2}$ (3) $x=\frac{3\pm\sqrt{29}}{2}$ (4) $x=-\frac{5}{2}$(중근) (5) $x=\frac{10\pm2\sqrt{7}}{3}$

16 (1) $x=-1$(중근) (2) $x=-4$ 또는 $x=5$ (3) $x=6$ 또는 $x=0$ (4) $x=-\frac{9}{2}$ 또는 $x=\frac{9}{2}$ (5) $x=3$ 또는 $x=\frac{7}{6}$

02 (4) $ax^2+(3a+1)x+3=-6x^2+7$,
$(a+6)x^2+(3a+1)x-4=0$에서 $a\neq-6$
(5) $4x^2-4x+1-3x=(a-1)x^2+4$,
$(5-a)x^2-7x-3=0$에서 $a\neq5$

06 (5) $2x^2-x=-8x-3$ ➡ $2x^2+7x+3=0$
➡ $(x+3)(2x+1)=0$
➡ $x=-\frac{1}{2}$ 또는 $x=-3$

08 (2) $k+2=\left(\frac{-4}{2}\right)^2$ ➡ $k+2=4$ ➡ $k=2$
(5) $\pm(2\times3x\times5)=2kx$ ➡ $k=\pm15$

10 (3) $4-x=\pm\sqrt{2}$ ➡ $x=4\mp\sqrt{2}$

11 (1) $x^2+4x+4=-2+4$ ➡ $(x+2)^2=2$
(4) $x^2+6x=1$ ➡ $x^2+6x+9=10$
➡ $(x+3)^2=10$

(5) $x^2-\frac{1}{2}x=\frac{1}{16} \Rightarrow x^2-\frac{1}{2}x+\frac{1}{16}=\frac{1}{8}$

$\Rightarrow \left(x-\frac{1}{4}\right)^2=\frac{1}{8}$

12 (1) $x^2+6x+9=7 \Rightarrow (x+3)^2=7 \Rightarrow x+3=\pm\sqrt{7}$

$\therefore x=-3\pm\sqrt{7}$

(4) $9(x^2-2x+1)=36+9 \Rightarrow (x-1)^2=5$

$\Rightarrow x-1=\pm\sqrt{5} \quad \therefore x=1\pm\sqrt{5}$

(5) $x^2-8x=-4 \Rightarrow (x-4)^2=12$

$\Rightarrow x-4=\pm2\sqrt{3}$

$\therefore x=4\pm2\sqrt{3}$

14 (5) $4x^2+4x+a=0$에서 $b'=2$이므로

$x=\frac{-2\pm\sqrt{2^2-4a}}{4}=\frac{-2\pm4\sqrt{2}}{4}$,

$\sqrt{4-4a}=\sqrt{32} \quad \therefore a=-7$

15 (5) (양변)$\times5$를 하면 $3x^2-20x+25=1$

근의 공식을 이용하면 $x=\frac{10\pm2\sqrt{7}}{3}$

2 이차방정식의 활용

P. 116～117

개념 09 이차방정식의 근의 개수

예 5, 2 / 0, 1 / -8, 0 / $k\le\frac{9}{4}$

01 (1) 2개 (2) 2개 (3) 2개 (4) 2개 (5) 1개 (6) 1개 (7) 1개 (8) 0개 (9) 0개 (10) 0개

02 (1) $k\le4$ (2) $k\ge-1$ (3) $k\ge-\frac{9}{8}$ (4) $k\le\frac{9}{8}$ (5) $k\ge-\frac{1}{3}$

03 (1) 4 (2) -16 (3) 5 (4) 1 (5) 5

04 (1) $k>1$ (2) $k>\frac{9}{4}$ (3) $k<-\frac{25}{4}$ (4) $k<-\frac{4}{3}$ (5) $k>-\frac{1}{2}$

도전! 100점 **05** ⑤

01 (1) $x^2+3x-1=0$에서

$3^2-4\times(-1)=13>0$이므로 근의 개수는 2개이다.

(5) $x^2+4x+4=0$에서

$4^2-4\times4=0$이므로 근의 개수는 1개이다.

(8) $x^2-5x+7=0$에서

$(-5)^2-4\times7=-3<0$이므로 근의 개수는 0개이다.

02 (1) $x^2+4x+k=0$에서 $4^2-4k\ge0$

$\therefore k\le4$

(2) $x^2-2x-k=0$에서 $(-2)^2+4k\ge0$

$\therefore k\ge-1$

03 (1) $x^2-4x+k=0$에서 $(-4)^2-4k=0$

$\therefore k=4$

04 (1) $x^2+2x+k=0$에서 $2^2-4k<0$

$\therefore k>1$

05 ① $b^2-4ac=1+16=17>0 \quad \therefore$ 2개

② $b^2-4ac=16+8=24>0 \quad \therefore$ 2개

③ $b^2-4ac=16-16=0 \quad \therefore$ 1개

④ $b^2-4ac=49-12=37>0 \quad \therefore$ 2개

⑤ $b^2-4ac=4-12=-8<0 \quad \therefore$ 0개

P. 118～121

개념 10 이차방정식의 활용

01 (1) 4, 2, 7 (2) $(x+4)^2=2x+7$ (3) $x=-3$ (중근) (4) -3

02 (1) $(x+3)^2$, $2(x+3)$

(2) $(x+3)^2=2(x+3)$, $x=-1$ 또는 $x=-3$

(3) -1 또는 -3

03 -2 또는 -5

04 (1) 1
(2) $x(x+1)=182$
(3) $x=-14$ 또는 $x=13$
(4) 13, 14
05 (1) 2
(2) $x(x+2)=168$, $x=-14$ 또는 $x=12$
(3) 12, 14
06 (1) 3 (2) $x^2+(x-3)^2=89$
(3) $x=-5$ 또는 $x=8$
(4) 8살
07 (1) $x+4$
(2) $x^2+(x+4)^2=170$, $x=-11$ 또는 $x=7$
(3) 7살
08 (1) 0 m (2) $-5t^2+15t=0$
(3) $t=0$ 또는 $t=3$ (4) 3초 후
09 (1) $-5t^2+40t=35$ (2) $t=1$ 또는 $t=7$
(3) 1초 후
10 (1) $16-x$ (2) $x(16-x)=48$
(3) $x=4$ 또는 $x=12$ (4) 4 cm 또는 12 cm
11 (1) $(x+2)$cm
(2) $\frac{1}{2}x(x+2)=24$, $x=-8$ 또는 $x=6$
(3) 6 cm
12 (1) 4
(2) $x(x-4)=45$
(3) $x=-5$ 또는 $x=9$
(4) 9명
13 (1) $x-2$
(2) $x(x-2)=80$, $x=-8$ 또는 $x=10$
(3) 10명
14 8명
도전! 100점 15 ② 16 ③

01 (3) $(x+4)^2=2x+7$, $x^2+8x+16=2x+7$
$x^2+6x+9=0$, $(x+3)^2=0$
$\therefore x=-3$(중근)

03 어떤 수를 x라 할 때,
$(x+5)^2=3x+15$, $x^2+10x+25=3x+15$
$x^2+7x+10=0$, $(x+2)(x+5)=0$
$\therefore x=-2$ 또는 $x=-5$

08 (3) $-5t^2+15t=0$, $-5t(t-3)=0$
$\therefore t=0$ 또는 $t=3$

10 (3) $x(16-x)=48$, $x^2-16x+48=0$
$(x-4)(x-12)=0$ $\therefore x=4$ 또는 $x=12$

12 (3) $x(x-4)=45$, $x^2-4x-45=0$
$(x+5)(x-9)=0$ $\therefore x=-5$ 또는 $x=9$

14 학생 수를 x명, 한 사람당 귤 수를 $(x-3)$개라 하면
$x(x-3)=40$, $x^2-3x-40=0$,
$(x-8)(x+5)=0$,
$\therefore x=8$ 또는 $x=-5$
$x>0$이므로 학생 수는 8명이다.

15 두 수 중 작은 수를 x라 하면 $x^2+(x+1)^2=113$
$2x^2+2x-112=0$, $x^2+x-56=0$,
$(x+8)(x-7)=0$ $\therefore x=-8$ 또는 $x=7$
x는 자연수이므로 $x=7$
따라서 두 자연수는 7, 8이므로 $7+8=15$

16 길의 폭을 xm라 하면 $(14-x)(10-x)=77$
$x^2-24x+63=0$, $(x-3)(x-21)=0$
$0<x<10$이므로 $x=3$
$\therefore$ 3 m

03 개념정복 P. 122~123

01 (1) 2개 (2) 2개
(3) 1개 (4) 1개
(5) 0개
02 (1) $k\le16$ (2) $k\le\frac{25}{4}$
(3) $k\ge-2$ (4) $k\le4$
(5) $k\ge-\frac{25}{12}$
03 (1) 9 (2) 1
(3) 9 (4) $\frac{11}{4}$
(5) 0
04 (1) $k>\frac{1}{4}$ (2) $k<-4$
(3) $k>1$ (4) $k<-\frac{1}{3}$

(5) $k<-\frac{16}{5}$

05 (1) $(x+3)^2=2x^2+2$
(2) $x=-1$ 또는 $x=7$
(3) 7

06 (1) 1
(2) $x(x+1)=132$, $x=-12$ 또는 $x=11$
(3) 11, 12

07 (1) $(x-5)$살
(2) $x(x-5)=204$, $x=-12$ 또는 $x=17$
(3) 17살

08 (1) $-5t^2+30t=40$
(2) $t=2$ 또는 $t=4$
(3) 2초 후

09 (1) $(x-4)$ cm
(2) $\frac{1}{2}x(x-4)=96$, $x=16$ 또는 $x=-12$
(3) 16 cm

10 (1) $(x-8)$권
(2) $x(x-8)=105$, $x=15$ 또는 $x=-7$
(3) 15명

02 (4) $8^2-4\times4k\geq0$, $-16k\geq-64$, $k\leq4$
(5) $5^2-4\times(-3k)\geq0$, $12k\geq-25$, $k\geq-\frac{25}{12}$

내신정복 P. 124~126

01 ③	02 ④
03 ①	04 ④
05 ②	06 ④
07 ④	08 ①
09 ②	10 ④
11 ⑤	12 ⑤
13 ⑤	14 ③
15 ③	16 ②
17 ⑤	18 ②

01 ① $x^2-x-6=1$이므로 $x^2-x-7=0$
② $x^2+x=2x$이므로 $x^2-x=0$
③ $2x^2-3x+1=2x^2-1$이므로 $-3x+2=0$
④ $x^2-4x+4=-4x$이므로 $x^2+4=0$
⑤ $3x^2-x=0$

02 ① (좌변)$=(-3)^2=9$
② (좌변)$=1-5+3=-1$
③ (좌변)$=2\times4+8=16$
④ (좌변)$=1+2-3=0$
⑤ (좌변)$=2\times4\times1=8$

03 $(x+4)(x-1)=0$ $\therefore x=-4$ 또는 $x=1$
$(x+4)(x-5)=0$ $\therefore x=-4$ 또는 $x=5$
따라서 구하는 해는 $x=-4$

04 $4x^2-5x+1=(x-1)(4x-1)=0$
$\therefore x=1$ 또는 $x=\frac{1}{4}$

05 ① $x=1$(중근)
② $x^2-25=0$, $(x+5)(x-5)=0$
$\therefore x=-5$ 또는 $x=5$
③ $\left(\frac{1}{2}x-1\right)^2=0$ $\therefore x=2$(중근)
④ $-2(x^2-4x+4)=0$, $-2(x-2)^2=0$
$\therefore x=2$(중근)
⑤ $x=\frac{1}{3}$(중근)

06 x의 계수 $2=2\times1\times1$이므로
$3k-2=1^2=1$, $3k=3$ $\therefore k=1$

07 ① $x=\pm\sqrt{9}=\pm3$
② $x^2=2$ $\therefore x=\pm\sqrt{2}$
③ $x-1=\pm\sqrt{3}$ $\therefore x=1\pm\sqrt{3}$
④ $2x+1=\pm\sqrt{5}$, $2x=-1\pm\sqrt{5}$
$\therefore x=\frac{-1\pm\sqrt{5}}{2}$
⑤ $(x+1)^2=8$, $x+1=\pm\sqrt{8}$
$\therefore x=-1\pm2\sqrt{2}$

08 양변에 2를 곱하면
$x^2-6x+2=0$, $x^2-6x=-2$
➡ $x^2-6x+9=-2+9$
➡ $(x-3)^2=7$
$\therefore a=-3$, $b=7$

09 근의 공식을 이용하여

$x=\frac{-3\pm\sqrt{3^2-4\times2\times(-1)}}{4}=\frac{-3\pm\sqrt{17}}{4}$

10 주어진 식에 $x=-2$를 대입하면,

$12+8a-2a-6=0$, $6a=-6$ $\quad\therefore a=-1$

$3x^2+4x-4=0$, $(x+2)(3x-2)=0$

$\therefore x=-2$ 또는 $x=\frac{2}{3}$

11 양변에 10을 곱하면 $x^2+3x-10=0$이므로

$(x+5)(x-2)=0$ $\quad\therefore x=-5$ 또는 $x=2$

$\alpha\beta=(-5)\times2=-10$

12 $(x-2)^2=5$에서 $x^2-4x-1=0$

근의 공식을 이용하면

$x=2\pm\sqrt{(-2)^2-1\times(-1)}=2\pm\sqrt{5}$

따라서 $a=2$, $b=5$이므로 $a+b=2+5=7$

[다른 풀이]

$(x-2)^2=5$에서 $x-2=\pm\sqrt{5}$이므로

$x=2\pm\sqrt{5}$

따라서 $a=2$, $b=5$이므로 $a+b=7$

13 근의 공식을 이용하면

$x=\frac{-5\pm\sqrt{25+12}}{6}=\frac{-5\pm\sqrt{37}}{6}$이므로

$a=-5$, $b=37$

$\therefore b-a=37-(-5)=42$

14 ① $b^2-4ac=9-32=-23<0$ $\quad\therefore$ 0개

② $b^2-4ac=16-16=0$ $\quad\therefore$ 1개

③ $(x-3)^2=2$에서 $x^2-6x+9=2$이므로

$x^2-6x+7=0$

$\therefore b^2-4ac=36-28=8>0$ $\quad\therefore$ 2개

④ $b^2-4ac=1-4=-3<0$ $\quad\therefore$ 0개

⑤ $b^2-4ac=100-100=0$ $\quad\therefore$ 1개

15 $a=1$, $b=-2$, $c=2k-1$이므로

$b^2-4ac=4-4(2k-1)\geq0$

$4-8k+4\geq0$, $-8k\geq-8$ $\quad\therefore k\leq1$

16 $-5t^2+40t+10=70$에서

$-5t^2+40t-60=0$, $t^2-8t+12=0$,

$(t-2)(t-6)=0$ $\quad\therefore t=2$ 또는 $t=6$

따라서 처음으로 지면으로부터의 높이가 70 m가 되는 것은 쏘아 올린지 2초 후이다.

17 어떤 자연수를 x라 하면 $x^2-15=2x$

$x^2-2x-15=0$, $(x+3)(x-5)=0$

$\therefore x=-3$ 또는 $x=5$

x는 자연수이므로 $x=5$

따라서 어떤 자연수는 5이다.

18 길의 폭을 x m라 하면 $(15-x)(12-x)=130$

$x^2-27x+50=0$, $(x-2)(x-25)=0$

$0<x<12$이므로 $x=2$

$\therefore$ 2 m

Ⅳ. 이차함수

1 이차함수와 그래프 (1)

P. 128 ~ 129

개념 01 이차방정식의 뜻

예 이차, 일차 / 3

01 (1) ○　(2) ×　(3) ×
(4) ×　(5) ○　(6) ×

02 (1) $y=3x$, ×　(2) $y=\pi x^2$, ○　(3) $y=x^3$, ×
(4) $y=10\pi x^2$, ○　(5) $y=6x^2$, ○

03 (1) -1　(2) -2　(3) 2
(4) 7　(5) 14

04 (1) -3　(2) -5　(3) -5
(4) 1　(5) -3

05 (1) 2　(2) 3　(3) 0
(4) -6　(5) -2　(6) $\frac{1}{2}$

도전! 100점 06 ②

01 (3) 이차방정식

03 (1) $x=1$을 대입하면 $1-4+2=-1$

04 (1) $x=1$을 대입하면 $f(1)=4-2-5=-3$

06 ② $y=2(x^2-2x+1)-2x^2=-4x+2$

P. 130 ~ 131

개념 02 이차함수 $y=x^2$의 그래프

예 y, 감소

01 (1) $1, 0, 4, 9$
(2)

02 (1) $-1, 0, -4, -9$
(2)

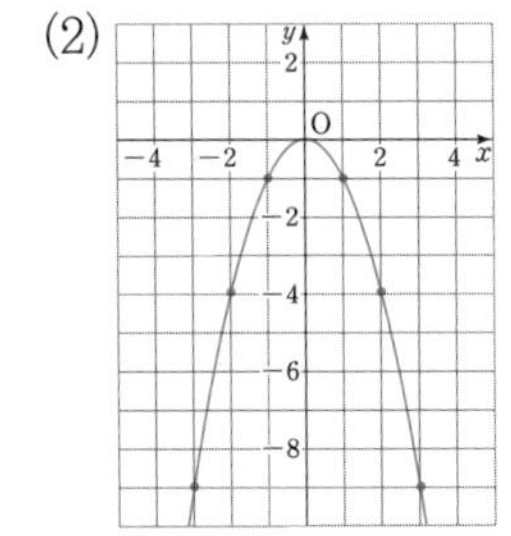

03 (1) $(0, 0)$　(2) $x=0$
(3) $x<0$

04 (1) $(0, 0)$　(2) $x=0$
(3) $x<0$

05 (1) ○　(2) ×
(3) ×　(4) ○
(5) ○

도전! 100점 06 ③, ④

06 ③ 위로 볼록한 포물선이다.
④ $x>0$인 구간에서 x의 값이 증가하면 y의 값은 감소한다.

P. 132 ~ 135

개념 03 이차함수 $y=ax^2$의 그래프

예 >, <, 클

01

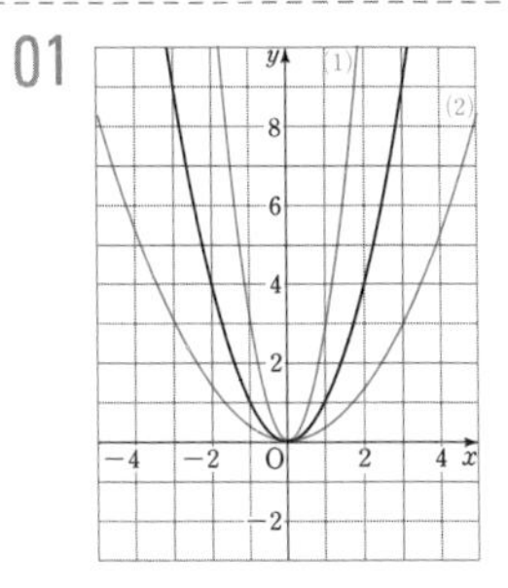

02

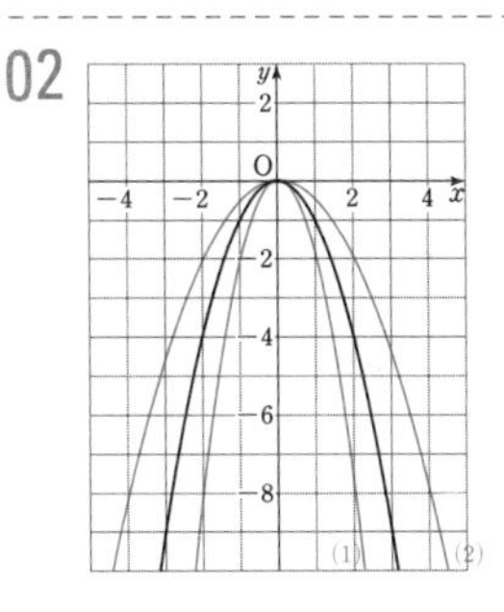

03 (1) $(0, 0)$　(2) $x=0$
(3) 아래　(4) $1, 2$

04 (1) $(0, 0)$　(2) $x=0$
(3) 아래　(4) $1, 2$

05 (1) $x<0$　(2) $4, 16$
(3) $y=-4x^2$

06 (1) $x>0$　(2) $2, 8$
(3) $y=-\frac{1}{2}x^2$

07 (1) $(0, 0)$　(2) $x=0$
(3) 위　(4) $3, 4$

08 (1) $(0, 0)$　(2) $x=0$
(3) 위　(4) $3, 4$

09 (1) $x>0$　(2) $-3, -12$
(3) $y=3x^2$

10 (1) $x<0$　(2) $-\frac{4}{3}, -3$

(3) $y=\frac{1}{3}x^2$

11 (1) $y=2x^2$, $y=3x^2$ (2) $y=3x^2$

(3) $y=-\frac{1}{2}x^2$ (4) $y=-2x^2$, $y=2x^2$

12 (1) $y=-5x^2$, $y=-\frac{2}{3}x^2$, $y=-3x^2$

(2) $y=-5x^2$ (3) $y=-\frac{2}{3}x^2$

(4) $y=3x^2$, $y=-3x^2$

13 (1) 3 (2) 2

(3) -2 (4) $\frac{1}{2}$

(5) $\frac{1}{3}$ (6) -7

14 ①

05 (2) $x=1$을 대입하면 $y=4\times1^2=4$

$x=2$를 대입하면 $y=4\times2^2=16$

13 (2) $y=ax^2$에 $(2, 8)$을 대입하면 $8=4a$

$\therefore a=2$

(3) $y=ax^2$에 $(3, -18)$을 대입하면 $-18=9a$

$\therefore a=-2$

14 x^2의 계수의 절댓값이 클수록 그래프의 폭이 좁아진다.

P. 136 ~ 139

개념 04 이차함수 $y=ax^2+q$의 그래프

예 2, 2

01

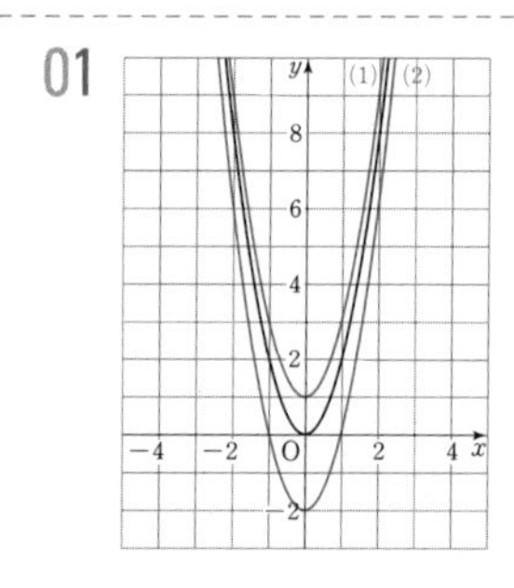

02

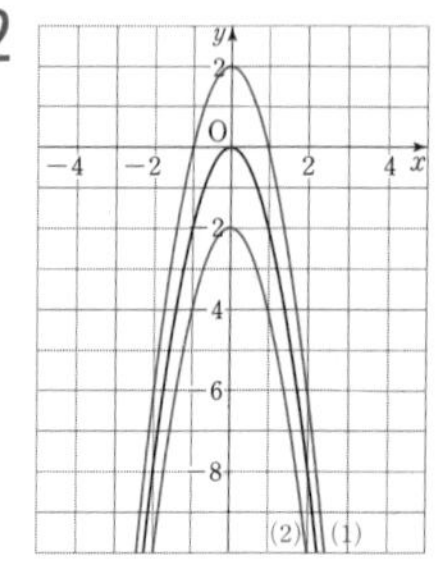

03 (1) 2 (2) $\frac{1}{3}$

(3) -3 (4) $-\frac{3}{4}$

04 (1) 4 (2) $\frac{3}{2}$

(3) -9 (4) $-\frac{1}{2}$

05 (1) $y=x^2+5$ (2) $y=2x^2+3$

(3) $y=\frac{1}{2}x^2+1$ (4) $y=3x^2-1$

(5) $y=\frac{2}{3}x^2-4$ (6) $y=-x^2+2$

(7) $y=-\frac{2}{5}x^2+\frac{1}{3}$ (8) $y=-2x^2-2$

(9) $y=-6x^2-\frac{2}{3}$ (10) $y=-\frac{3}{4}x^2-3$

06 (1) $(0, 5)$ (2) $(0, 3)$

(3) $(0, -2)$ (4) $(0, -9)$

(5) $(0, 6)$ (6) $\left(0, \frac{1}{2}\right)$

(7) $(0, -1)$ (8) $\left(0, -\frac{5}{6}\right)$

07 (1) $x=0$ (2) $x=0$

(3) $x=0$ (4) $x=0$

(5) $x=0$ (6) $x=0$

(7) $x=0$ (8) $x=0$

08 (1) $y=-2x^2-3$ (2) $y=-3x^2-2$

(3) $y=-4x^2-\frac{1}{2}$ (4) $y=-x^2+5$

(5) $y=-\frac{2}{3}x^2+\frac{5}{4}$ (6) $y=2x^2-5$

(7) $y=4x^2-1$ (8) $y=5x^2+4$

(9) $y=4x^2+\frac{6}{5}$ (10) $y=\frac{1}{2}x^2+\frac{2}{3}$

09 (1) 4 (2) -3

(3) 7 (4) 1

(5) -9

도전! 100점 **10** ②

09 (1) $y=2x^2+2$에 $(-1, k)$를 대입하면

$k=2\times(-1)^2+2=4$

10 평행이동한 그래프의 식은 $y=\frac{1}{3}x^2-2$

따라서 점 $(3, a)$를 지나므로

$a=\frac{1}{3}\times9-2=3-2=1$

P. 140 ~ 143

개념 05 이차함수 $y=a(x-p)^2$의 그래프

예 3, 3

01

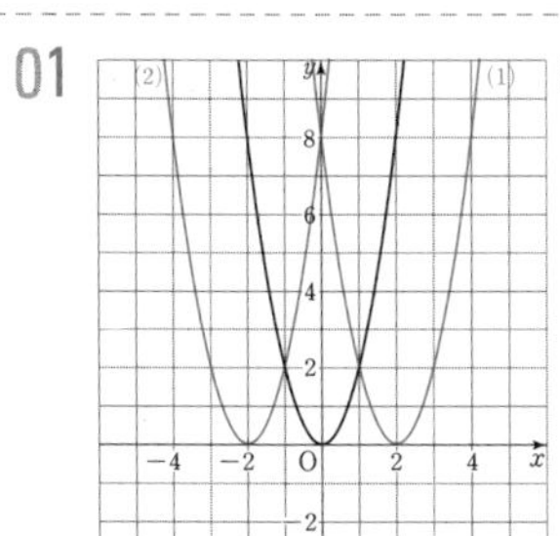

02

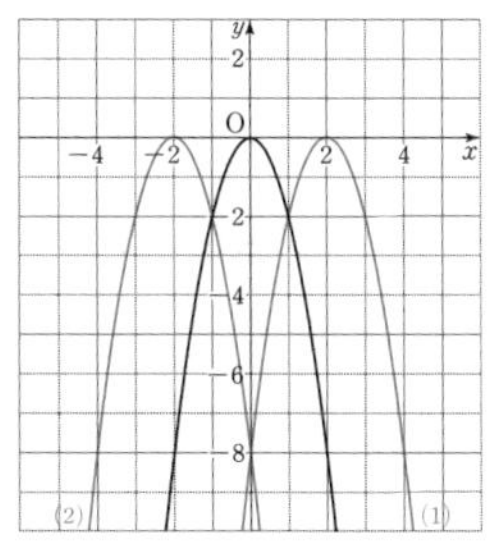

03 (1) 2　(2) $\frac{2}{3}$
(3) -3　(4) $-\frac{5}{3}$

04 (1) 5　(2) $\frac{3}{4}$
(3) -7　(4) $-\frac{1}{4}$

05 (1) $y=(x-3)^2$　(2) $y=3(x-2)^2$
(3) $y=\frac{1}{3}(x-1)^2$　(4) $y=2(x+3)^2$
(5) $y=\frac{5}{2}(x+5)^2$　(6) $y=-(x-4)^2$
(7) $y=-\frac{1}{4}\left(x-\frac{3}{2}\right)^2$　(8) $y=-3(x+1)^2$
(9) $y=-4\left(x+\frac{1}{3}\right)^2$　(10) $y=-\frac{1}{5}(x+2)^2$

06 (1) $(4, 0)$　(2) $(1, 0)$
(3) $(-3, 0)$　(4) $(-5, 0)$
(5) $(1, 0)$　(6) $\left(\frac{1}{2}, 0\right)$
(7) $(-3, 0)$　(8) $\left(-\frac{5}{3}, 0\right)$

07 (1) $x=5$　(2) $x=2$
(3) $x=-2$　(4) $x=-\frac{3}{4}$
(5) $x=4$　(6) $x=1$
(7) $x=-1$　(8) $x=-6$

08 (1) $y=-(x-8)^2$　(2) $y=-4(x-3)^2$
(3) $y=-\frac{2}{5}\left(x-\frac{1}{2}\right)^2$　(4) $y=-2(x+3)^2$
(5) $y=-3(x+9)^2$　(6) $y=5(x-1)^2$
(7) $y=4\left(x-\frac{2}{3}\right)^2$　(8) $y=2(x+7)^2$
(9) $y=6(x+2)^2$　(10) $y=\frac{1}{3}(x+3)^2$

09 (1) 4　(2) 18
(3) -4　(4) -12
(5) -3

도전! 100점 10 ①, ④

09 (1) $y=(x-3)^2$에 $(1, k)$를 대입하면
$k=(1-3)^2=4$

10 ② 제1, 2사분면을 지난다.
③ 축의 방정식은 $x=1$이다.
⑤ $y=5x^2$의 그래프를 x축의 방향으로 1만큼 평행이동한 것이다.

P. 144 ~ 147

개념 06 이차함수 $y=a(x-p)^2+q$의 그래프

예 1, 2, 1

01

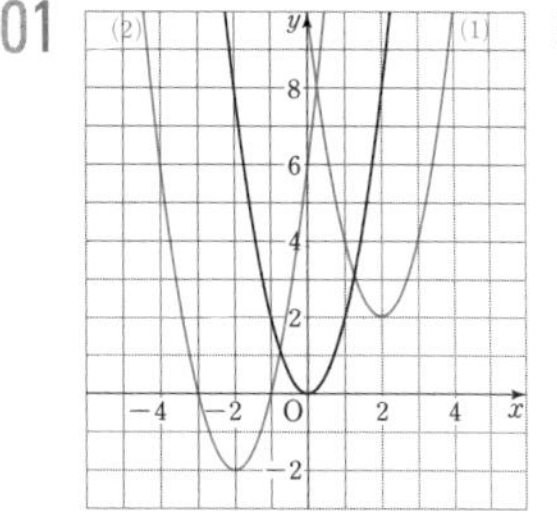

02

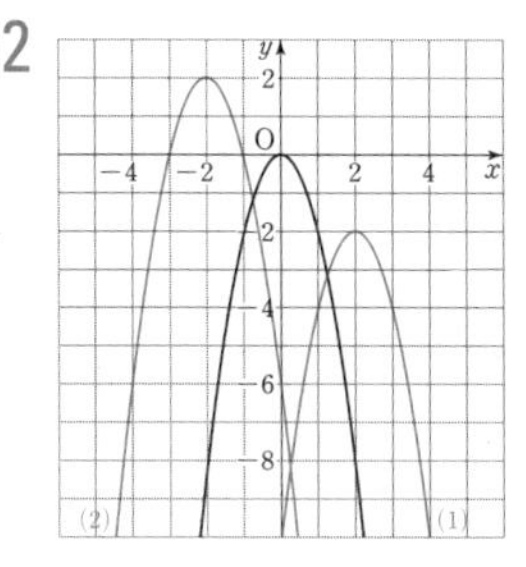

03 (1) 1, 2　(2) 2, -1
(3) -1, $\frac{1}{3}$　(4) $-\frac{3}{4}$, -5

04 (1) 3, $\frac{5}{2}$　(2) $\frac{1}{2}$, -4
(3) -2, 3　(4) -5, -2

05 (1) $y=(x-1)^2+2$　(2) $y=2(x-3)^2+1$
(3) $y=3(x-2)^2-4$　(4) $y=\frac{1}{2}(x+2)^2+2$
(5) $y=4(x+5)^2-3$　(6) $y=-(x-2)^2+4$
(7) $y=-\frac{2}{3}(x-4)^2-1$
(8) $y=-2(x+2)^2+1$
(9) $y=-4(x+1)^2+4$
(10) $y=-6(x+5)^2-1$

06 (1) $(2, 5)$　(2) $(1, 3)$
(3) $(3, -2)$　(4) $(-2, 4)$
(5) $(-1, -1)$　(6) $(3, 1)$

(7) $(2, -2)$ (8) $(-1, 7)$
(9) $(-4, 2)$ (10) $(-1, -3)$

07 (1) $x=3$ (2) $x=2$
(3) $x=1$ (4) $x=-1$
(5) $x=-2$ (6) $x=2$
(7) $x=5$ (8) $x=6$
(9) $x=-3$ (10) $x=-4$

08 (1) $y=-2(x-4)^2-3$
(2) $y=-6(x-1)^2+2$
(3) $y=-\frac{1}{3}(x+7)^2-\frac{5}{4}$
(4) $y=-3(x+1)^2+2$
(5) $y=(x-6)^2-2$
(6) $y=4(x-3)^2+1$
(7) $y=2\left(x+\frac{2}{3}\right)^2-5$
(8) $y=3(x+2)^2+3$

09 (1) 2 (2) 9
(3) 7 (4) -2
(5) -11

도전! 100점 10 ⑤

09 (1) $y=(x-2)^2+1$에 $(1, k)$를 대입하면
$k=(1-2)^2+1=2$

10 주어진 이차함수에 $(0, 4)$를 대입하면
$a+1=4 \quad \therefore a=3$
따라서 이차함수 $y=3(x-1)^2+1$에 $(2, k)$를 대입하면 $k=3\times1+1=3+1=4$

개념정복 P. 148~151

01 (1) ○ (2) ○
(3) × (4) ○
(5) ×

02 (1) $y=2x^2$, ○ (2) $y=2\pi x$, ×
(3) $y=5000-300x$, ×
(4) $y=(x+2)^2$, ○

03 (1) 7 (2) 4
(3) -5 (4) 3
(5) 3

04 (1) ○ (2) ×
(3) × (4) ○
(5) ×

05 (1) ① $(0, 0)$ ② $x=0$
③ 아래 ④ $x<0$
(2) ① $(0, 0)$ ② $x=0$
③ 위 ④ $x>0$

06 (1) $y=6x^2$, $y=7x^2$
(2) $y=-6x^2$, $y=-\frac{1}{6}x^2$
(3) $y=-\frac{1}{6}x^2$
(4) $y=7x^2$
(5) $y=-6x^2$, $y=6x^2$

07 (1) 1 (2) -3
(3) $-\frac{1}{2}$ (4) $\frac{2}{5}$
(5) 12

08 (1) $y=3x^2+1$ (2) $y=\frac{1}{2}x^2-3$
(3) $y=-2x^2+7$ (4) $y=-4x^2-2$
(5) $y=-\frac{5}{2}x^2+\frac{5}{6}$

09 (1) $(0, 10)$, $x=0$ (2) $(0, -4)$, $x=0$
(3) $\left(0, \frac{1}{2}\right)$, $x=0$ (4) $(0, -2)$, $x=0$
(5) $(0, 6)$, $x=0$

10 (1) 3 (2) 10
(3) -9 (4) -2
(5) $\frac{2}{3}$

11 (1) $y=2(x-6)^2$ (2) $y=3(x+2)^2$
(3) $y=-(x-5)^2$ (4) $y=-\frac{2}{3}(x+1)^2$
(5) $y=6\left(x+\frac{1}{3}\right)^2$

12 (1) 2 (2) -8
(3) -1 (4) $\frac{3}{2}$
(5) $k=-3$ 또는 $k=1$

13 (1) $y=4(x-3)^2+2$
(2) $y=2(x-1)^2-3$
(3) $y=-3(x+2)^2+1$
(4) $y=-\frac{5}{2}(x+1)^2-4$

(5) $y=-2\left(x+\frac{2}{3}\right)^2+6$

14 (1) $(1, 7)$, $x=1$ (2) $(-2, 2)$, $x=-2$
(3) $(3, -4)$, $x=3$ (4) $(-1, -3)$, $x=-1$
(5) $(-4, 7)$, $x=-4$

15 (1) $y=-5(x-1)^2+2$
(2) $y=4(x+2)^2+3$
(3) $y=-2(x-3)^2-8$
(4) $y=\frac{1}{2}(x+4)^2-2$
(5) $y=-\frac{5}{3}(x+3)^2-6$

16 (1) 7 (2) -5
(3) -16 (4) 8
(5) -2

10 (4) $x=-2$, $y=7$을 $y=-kx^2-1$에 대입하면
$7=-4k-1$, $-4k=8$
$\therefore k=-2$

12 (5) $x=1$, $y=4$를 $y=(x+k)^2$에 대입하면
$4=(1+k)^2$, $1+k=\pm2$, $k=-1\pm2$
$\therefore k=-3$ 또는 $k=1$

2 이차함수와 그래프 (2)

P. 152~153

개념 07 이차함수 $y=ax^2+bx+c$의 그래프

예 2, 3

01 (1) $y=(x+2)^2-6$
(2) $y=3(x-1)^2-4$
(3) $y=2(x+3)^2-8$
(4) $y=\frac{1}{2}(x-4)^2-3$
(5) $y=-(x-2)^2-1$
(6) $y=-4(x+2)^2+9$

02 (1) $(5, -8)$, $x=5$
(2) $(1, 1)$, $x=1$
(3) $\left(-\frac{1}{2}, \frac{5}{2}\right)$, $x=-\frac{1}{2}$
(4) $(3, 6)$, $x=3$
(5) $(2, 10)$, $x=2$
(6) $(-3, -1)$, $x=-3$

03 (1) $(0, 3)$ (2) $(0, -1)$
(3) $(0, 2)$ (4) $(0, 0)$
(5) $(0, -2)$ (6) $\left(0, \frac{1}{2}\right)$

04 (1)
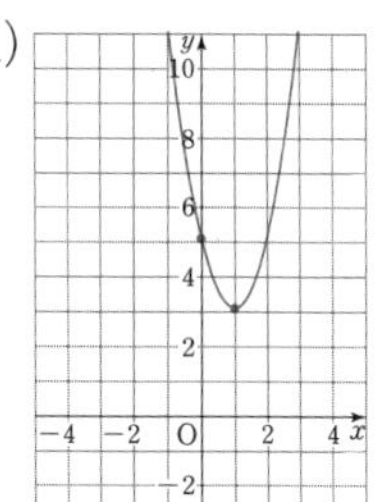
(2)
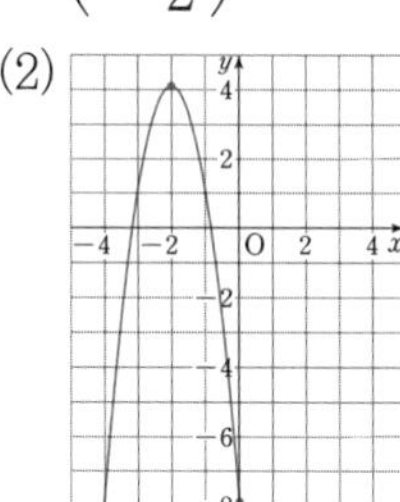

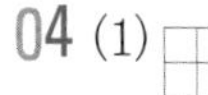
도전! 100점 **05** ⑤

01 (1) $y=(x^2+4x+4)-4-2$
➡ $y=(x+2)^2-6$
(2) $y=3(x^2-2x+1-1)-1$
➡ $y=3(x-1)^2-4$

02 (1) $y=(x^2-10x+25)-25+17$
➡ $y=(x-5)^2-8$
➡ 꼭짓점의 좌표 : $(5, -8)$, 축의 방정식 : $x=5$

05 $y=4(x^2-2x+1-1)+3=4(x-1)^2-1$
⑤ 이차함수 $y=4x^2$의 그래프를 x축의 방향으로 1만큼, y축의 방향으로 -1만큼 평행이동한 것이다.

P. 154~155

개념 08 이차함수 $y=ax^2+bc+c$의 그래프에서 a, b, c의 부호

예 > / < / <

01 (1) > (2) >
(3) < (4) <
(5) <

02 (1) >, >, < (2) >, <, >
(3) >, >, > (4) >, <, =
(5) <, =, > (6) <, <, <

도전! 100점 **03** ③

03 위로 볼록하므로 $a<0$, a, b는 다른 부호이므로 $b>0$, y축과의 교점이 x축의 위쪽에 있으므로 $c>0$

P. 156 ~ 157

이차함수의 식 구하기 (1)

예 1, 2, 2, 2 / 2, 0, $(x-2)^2$

01 (1) $y=(x-1)^2+2$
(2) $y=2(x-1)^2-3$
(3) $y=(x+1)^2+2$
(4) $y=-3(x-3)^2+3$
(5) $y=-(x-1)^2-4$
(6) $y=-4(x+2)^2-3$

02 (1) $y=(x-1)^2+3$
(2) $y=-3(x+1)^2+3$
(3) $y=-(x+2)^2-1$

03 (1) $y=2(x-1)^2+3$
(2) $y=(x+2)^2-1$
(3) $y=-(x-3)^2+5$
(4) $y=-3(x+1)^2+4$

도전! 100점 04 ⑤

01 (1) 꼭짓점의 좌표가 $(1, 2)$이므로
$y=a(x-1)^2+2$, $(3, 6)$을 지나므로
$6=a(3-1)^2+2$에서 $a=1$
따라서 구하는 식은 $y=(x-1)^2+2$

(4) 꼭짓점의 좌표가 $(3, 3)$이므로
$y=a(x-3)^2+3$, $(4, 0)$을 지나므로
$0=a(4-3)^2+3$에서 $a=-3$
따라서 구하는 식은 $y=-3(x-3)^2+3$

02 (1) 꼭짓점의 좌표가 $(1, 3)$이므로
$y=a(x-1)^2+3$, $(3, 7)$을 지나므로
$7=a(3-1)^2+3$에서 $a=1$
따라서 구하는 식은 $y=(x-1)^2+3$

(2) 꼭짓점의 좌표가 $(-1, 3)$이므로
$y=a(x+1)^2+3$, $(0, 0)$을 지나므로
$0=a(0+1)^2+3$에서 $a=-3$
따라서 구하는 식은 $y=-3(x+1)^2+3$

04 $p=2$, $q=1$
$y=a(x-2)^2+1$에 $x=1$, $y=4$를 대입하면
$4=a+1$이므로 $a=3$
$\therefore a+p+q=3+2+1=6$

P. 158 ~ 159

개념 10

이차함수의 식 구하기 (2)

예 2, -4, $2x^2-4x+1$

01 (1) $y=-2x^2+4x+6$
(2) $y=-x^2+6x-2$
(3) $y=x^2-5x+6$
(4) $y=3x^2-6x-2$
(5) $y=4x^2+3x-1$
(6) $y=-x^2+6x-5$
(7) $y=2x^2-10x+12$

02 (1) $y=x^2+x-2$
(2) $y=x^2-2x-3$
(3) $y=-x^2+6x-8$
(4) $y=2x^2+8x+5$
(5) $y=-x^2+5x+2$
(6) $y=-2x^2-4x+2$

도전! 100점 03 ③

01 (1) $y=ax^2+bx+c$에 $(0, 6)$을 대입하면 $c=6$
점 $(3, 0)$, $(2, 6)$을 차례로 대입하면
$9a+3b+6=0$ ⋯ ㉠, $4a+2b+6=6$ ⋯ ㉡
㉠, ㉡을 연립하여 풀면 $a=-2$, $b=4$
$\therefore y=-2x^2+4x+6$

(6) $y=ax^2+bx+c$에 세 점을 차례로 대입하면

$$\begin{cases} a+b+c=0 & \cdots ㉠ \\ 25a+5b+c=0 & \cdots ㉡ \\ 9a+3b+c=4 & \cdots ㉢ \end{cases}$$

㉡－㉠을 하면 $24a+4b=0$ ⋯ ㉣
㉢－㉠을 하면 $8a+2b=4$ ⋯ ㉤
㉣과 ㉤을 연립하여 풀면 $a=-1$, $b=6$
㉠에 $a=-1$, $b=6$을 대입하면 $c=-5$
$\therefore y=-x^2+6x-5$

02 (1) $y=ax^2+bx+c$에 $(0, -2)$를 대입하면

$c=-2$

점 $(1, 0)$, $(2, 4)$를 차례로 대입하면

$a+b-2=0$ ⋯ ㉠, $4a+2b-2=4$ ⋯ ㉡

㉠, ㉡을 연립하여 풀면 $a=1$, $b=1$

$\therefore y=x^2+x-2$

03 세 점을 차례로 대입하면

$c=3$, $4a+2b+c=1$, $16a+4b+c=3$

세 식을 연립하여 풀면

$a=\frac{1}{2}$, $b=-2$, $c=3$

$\therefore abc=\frac{1}{2}\times(-2)\times3=-3$

(4) $y=-\frac{1}{3}(x+6)^2-3$

(5) $y=\frac{1}{2}(x-3)^2+3$

07 (1) $y=-x^2+3x+4$

(2) $y=2x^2-3x+2$

(3) $y=-3x^2+12x-11$

(4) $y=-2x^2-4x-5$

(5) $y=4x^2+24x+40$

(6) $y=-3x^2+2x+4$

(7) $y=5x^2+5x-30$

(8) $y=-4x^2+4$

개념정복 P. 160 ~ 161

01 (1) $y=(x-5)^2-8$

(2) $y=3(x+1)^2-5$

(3) $y=-(x-3)^2+5$

(4) $y=-2(x+2)^2+9$

(5) $y=\frac{1}{4}(x-6)^2-6$

02 (1) $(2, 1)$, $x=2$

(2) $(-4, -2)$, $x=-4$

(3) $(1, -3)$, $x=1$

(4) $(-3, 14)$, $x=-3$

(5) $\left(-\frac{3}{2}, \frac{15}{4}\right)$, $x=-\frac{3}{2}$

03 (1) $(0, -4)$ (2) $(0, 1)$

(3) $(0, 3)$ (4) $(0, 7)$

04 (1) $>, >, =$ (2) $<, >, <$

(3) $>, >, >$

05 (1) $y=3(x-2)^2+2$

(2) $y=-2(x+1)^2+3$

(3) $y=8(x-3)^2-3$

(4) $y=-3(x+2)^2+4$

(5) $y=-\frac{1}{2}(x+4)^2-2$

06 (1) $y=(x+1)^2-7$

(2) $y=-6(x-5)^2-1$

(3) $y=-4(x+2)^2+9$

내신정복 P. 162 ~ 164

01 ⑤	02 ③
03 ③, ④	04 ②
05 ①	06 ②
07 ⑤	08 ④
09 ④	10 ①
11 ②	12 ①
13 ②	14 ④
15 ③	16 ⑤
17 ①	18 ④

01 ⑤ $y=-4(x^2+2x+1)+4x^2=-8x-4$

02 $f(-1)=1+2-7=-4$

03 ③ 아래로 볼록한 포물선이다.

④ $x<0$인 구간에서 x의 값이 증가하면 y의 값은 감소한다.

04 ② $x>0$인 구간에서 x의 값이 증가하면 y의 값은 감소한다.

05 x^2의 계수의 절댓값이 클수록 그래프의 폭이 좁아진다.

06 ② 폭이 가장 넓은 것은 x^2의 계수의 절댓값이 가장 작은 ㅁ이다.

07 ① 제1, 2사분면을 지난다.

② 축의 방정식은 $x=0$이다.
③ 꼭짓점의 좌표는 $(0, 1)$이다.
④ $y=-\frac{1}{2}x^2-1$의 그래프와 x축에 대하여 대칭이다.

08 평행이동한 그래프의 식은 $y=2x^2+a$
따라서 점 $(2, 10)$을 지나므로 $10=2\times4+a$에서
$a=2$
$x=1$, $y=b$를 $y=2x^2+2$에 대입하면
$b=2+2$, $b=4$
$\therefore a+b=6$

09 $y=\frac{5}{2}(x+2)^2$의 축의 방정식은 $x=-2$,
꼭짓점의 좌표는 $(-2, 0)$이므로
$a=-2$, $b=-2$, $c=0$
$\therefore a+b+c=-4$

10 ② 축의 방정식은 $x=2$이다.
③ 꼭짓점의 좌표는 $(2, 0)$이다.
④ $x=1$을 대입하면 $y=-(-1)^2=-1$이므로 점 $(1, -1)$을 지난다.
⑤ $x>2$인 구간에서 x의 값이 증가하면 y의 값은 감소한다.

11 평행이동한 그래프의 식은 $y=-6(x-3)^2-2$
따라서 구하는 꼭짓점의 좌표는 $(3, -2)$이다.

12 $k=-2\times1-3=-2-3=-5$

13 $y=2(x^2-2x+1-1)+5=2(x-1)^2+3$
이므로 $a=2$, $p=1$, $q=3$, $m=1$, $n=3$
$\therefore a+p+q+m+n=2+1+3+1+3=10$

14 꼭짓점의 좌표가 $(-1, 0)$이므로 $p=-1$
$y=a(x+1)^2$의 그래프가 점 $(0, 2)$를 지나므로
$2=a\times1^2$에서 $a=2$
$\therefore a+p=2+(-1)=2-1=1$

15 위로 볼록하므로 $a<0$
꼭짓점이 제1사분면 위에 있으므로 $p>0$, $q>0$

16 $y=-2(x^2-2x+1-1)-1$
$=-2(x-1)^2+1$
⑤ 이차함수 $y=-2x^2$의 그래프를 x축의 방향으로 1만큼, y축의 방향으로 1만큼 평행이동한 것이다.

17 아래로 볼록하므로 $a>0$, a, b는 다른 부호이므로 $b<0$, y축과의 교점이 x축의 아래쪽에 있으므로 $c<0$

18 $y=ax^2+bx+c$에 세 점을 차례로 대입하면
$c=-5$, $a-b+c=-8$, $a+b+c=-4$
세 식을 연립하여 풀면 $a=-1$, $b=2$, $c=-5$
$\therefore y=-x^2+2x-5$

Memo

Memo